职教师资本科化学工程与工艺专业核心课程系列教材

化工分离技术

唐 强 杜 娜 胡立新 主 编

科学出版社
北 京

内 容 简 介

　　本书主要介绍化工生产中常用的分离方法,包括这些分离方法的基本原理、工艺计算、主要设备及设备的日常维护、操作及工业应用。教材以"过程的认识""装备的感知""基本理论""过程的操作""安全生产"及"工业应用"等全新的思路组织编写,倡导"能力本位",更加突出"实用、实际和实践"的特色。书中从分离过程的共性出发,按多组分精馏、多组分吸收、干燥、蒸发与结晶、层析、膜分离等模块对工业生产中常见主流分离方法进行了详细的讲解。全书共六大模块,各模块均有一定数量的例题和习题,

　　本书可作为高等院校化学工程专业及相近化工类各专业的大学本科教材,也可供化工领域中从事科研、设计和生产和科技人员参考。

图书在版编目(CIP)数据

化工分离技术/唐强,杜娜,胡立新主编.—北京:科学出版社,2016.6
职教师资本科化学工程与工艺专业核心课程系列教材
ISBN 978-7-03-049231-9

Ⅰ.①化… Ⅱ.①唐… ②杜… ③胡… Ⅲ.①化工过程－分离－职业教育－教材 Ⅳ.①TQ028

中国版本图书馆 CIP 数据核字(2016)第 147866 号

责任编辑:闫　陶　杜　权/责任校对:黄彩霞
责任印制:彭　超/封面设计:何家辉　苏　波

科 学 出 版 社 出版
北京东黄城根北街 16 号
邮政编码:100717
http://www.sciencep.com

武汉市首壹印务有限公司印刷
科学出版社发行　各地新华书店经销
*

开本:787×1092　1/16
2016 年 6 月第　一　版　印张:15 3/4
2016 年 6 月第一次印刷　字数:400 000
定价:40.00 元
(如有印装质量问题,我社负责调换)

丛书编委会

主　　编：胡立新

副主编：唐　强　胡传群　李　祝　范明霞　周宝晗　何家辉

编　　委：高林霞　李冬梅　陈　钢　杜　娜　查振华　徐宝明
　　　　　陈　梦　毛仁群　俞丹青　赵春玲　张运华　刘　军
　　　　　罗智浩　李　飞　姜　凯　张云婷　胡　蓉　李　佳
　　　　　王　勇　万端极　张会琴　汪淑廉　皮科武　黄　磊
　　　　　柯文彪　魏星星　李　俊　朱　林　程德玺　周浩东
　　　　　彭　璟　刘　煜　张　叶　叶方仪　葛　莹　李毅洲
　　　　　付思宇　殷利民　万式青　张　铭　金小影　闫会征

丛 书 序

"十二五"期间,中华人民共和国财政部安排专项资金,支持全国重点建设职教师资培养培训基地等有关机构申报职教师资本科专业培养标准、培养方案、核心课程和特色教材开发项目,开展职教师资培训项目建设,提升职教师资基地的培养培训能力,完善职教师资培养培训体系。湖北工业大学作为牵头单位,与山西大学、西北农林科技大学、湖北轻工职业技术学院、湖北宜化集团一起,获批承担化学工程与工艺专业职教师资培养资源开发项目。

这套丛书,称为职教师资本科化学工程与工艺专业核心课程系列教材,是该专业培养资源开发项目的核心成果之一。

职业技术师范专业,顾名思义,需要兼顾"职业"、"师范"和"专业"三者的内涵。简单地说,职教师资化学工程与工艺本科专业是培养中职或高职学校的化工及相关专业教师的,学生毕业时,需要获得教师职业资格和化工专业职业技能证书,成为一名准职业学校专业教师。

丛书现包括五本教材,分别是《典型化学品生产》《化工分离技术》《化工设计》《化工清洁生产》和《职教师资化工专业教学理论与实践》。作者中既有长期从事本专业教学实践及研究的教授、博士、高级讲师,也有近年来崭露头角的青年才俊。除高校教师外,有十余所中职、高职的教师参与了教材的编写工作。

这套教材的编写,力图突出职业教育特点,以技能教育作为主线,以"理实一体化"作为基本思路,以工作过程导向作为原则,将项目教学法、案例分析法等教学方法贯穿教学过程,并大量吸收了中职和高职学校成功的教学案例,改变了现有本科专业教材中重理论教学、轻技能培养的教学体系。这也是与前期研究成果相互印证的。

丛书的编写,得到兄弟高校和大量中职高职学校的无私支持,其中有许多作者克服困难,参与教学视频拍摄和编写会议讨论,并反复修改文稿,使人感动。这里尤其要感谢对口指导我们进行研究的专家组的倾情指导,可以说,如果没有他们的正确指导,我们很难交出这份合格答卷。

期待着本套系列教材的出版有助于国内应用技术型高校的教师和学生的培养,有助于职业教育的思想在更多的专业教育中得到接受和应用。我们希望在一个不太长的时期里,有更多的读者熟悉这套丛书,也期待大家对该套丛书的不足处给予批评和指正。

胡立新

2015 年 12 月于湖北武汉

前　言

　　化工分离技术是现代化工生产中的重要环节之一，它不仅在化学工业，同时在石油炼制、矿物资源的利用、海洋资源的利用、医药工业、食品工业、生物化工、环境工程等中得到了广泛的应用。随着现代工业的发展，人们对分离技术提出了越来越高的要求。例如，高纯产品的提取、各类物质的深加工、各种资源的综合利用、全球对环保的严格要求等对分离提出了更新更高的要求。

　　全书力求强调学生知识、能力、素质培养的有机统一。以"能"做什么、"会"做什么明确了学生的能力目标；以"掌握""理解""了解"三个层次明确了学生的知识目标；并从注重学生的学习方法与创新思维的养成，情感价值观、职业操守的培养，安全节能环保意识的树立和团队合作精神等渗透明确了学生的素质培养目标。

　　本教材包括多组分精馏技术、多组分吸收技术、干燥技术、蒸发与结晶技术、层析技术、膜分离技术六大模块。本教材适用于化学工程与工艺、制药技术、环保及其相关专业的本科教材，也可用于其他各类化工及制药技术类职业学校参考教材和职工培训教材，可供化工及其相关专业工程应用型本科学生和其他相关工程技术人员参考阅读。

　　本书在编写过程中，得到了科学出版社及有关单位领导和教师的大力支持与帮助，参考借鉴了大量国内各类院校的相关教材和文献资料，参考文献名录列于书后。在此谨向上述各位领导、专家及参考文献作者表示衷心的感谢。

　　由于编者水平有限，加之时间仓促，不妥之处在所难免，敬请读者批评指正。

编　者

2015 年 12 月

目　录

模块一　多组分精馏技术

知识目标

    1.掌握多组分精馏的基本知识;掌握多组分精馏的相平衡;掌握多组分溶液的泡点和露点计算;掌握多组分精馏的物料衡算、理论塔板数的计算、最小回流比的计算;掌握精馏过程的操作、常见事故及其处理。

    2.理解非理想溶液的相平衡关系;理解特殊精馏的操作特点;理解精馏塔的控制与调节;理解精馏塔的节能。

    3.了解精馏操作的常见事故及其处理;了解精馏设备的日常维护及保养;了解精馏的安全环保要求。

能力目标

1.能够根据生产任务对精馏塔实施基本的操作。

2.能对精馏操作过程中的影响因素进行分析,并运用所学知识解决实际工程问题。

素质目标

1.树立工程观念,培养学生严谨治学、勇于创新的科学态度。

2.培养学生安全生产的职业意识,敬业爱岗、严格遵守操作规程的职业准则。

3.培养学生团结协作、积极进取的团队精神。

单元一　认识多组分精馏

一、多组分精馏简介

    被分离的混合物中含有两个以上组分的精馏过程,称为多组分精馏。多组分精馏所依据的原理及使用的设备与双组分溶液的精馏基本相同。

    在乙苯脱氢制苯乙烯的工艺中,脱氢产物粗苯乙烯(也称为脱氢液和炉油,见表1-1),除含有产物苯乙烯外,还含有没有反应的乙苯和副产物苯、甲苯及少量焦油。脱氢产物的组成因脱氢方法和操作条件的不同而不同。

表 1-1　粗苯烯的组成及各组分的沸点

组分		苯乙烯	乙苯	苯	甲苯	焦油
含量质量分数/%	等温反应器脱氢	35～40	55～60	1.5	2.5	少量
	二段绝热反应器脱氢	60～65	30～35	5	5	少量
	三段绝热反应器脱氢	80～90	14.66	0.88	3.15	少量
沸点/℃		146.2	136.2	80.1	110.6	少量

　　粗苯乙烯的分离和精制流程采用图 1-1 所示的精馏流程。粗苯乙烯先进入乙苯蒸出塔,将没有反应的乙苯、副产物苯和甲苯与苯乙烯进行分离。塔顶蒸出的乙苯、苯和甲苯经过冷凝后,一部分回流,其余送入苯、甲苯回收塔,将乙苯与苯、甲苯分离,塔底分出的乙苯可循环作脱氢原料用。塔顶分出的苯和甲苯送入苯、甲苯分馏塔,将苯和甲苯进行分离。乙苯蒸出塔塔底液体主要是苯乙烯,还含有少量焦油,送入苯乙烯精馏塔,塔顶蒸出聚合级成品苯乙烯,纯度为 99.6%(质量分数)。塔底液体为焦油,焦油里面含有苯乙烯,可进一步进行回收。

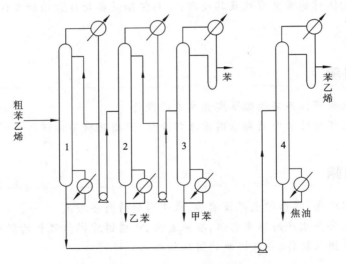

图 1-1　粗苯乙烯的精馏流程

1-乙苯蒸出塔;2-苯、甲苯回收塔;3-苯、甲苯分离塔;4-苯乙烯精馏塔

　　这种将多个组分组成的混合物,根据其沸点的不同而一一将它们分离出来的过程就是多组分精馏。

二、多组分精馏的特点

(一)平衡物系的自由度

　　自由度是指在不改变相变的条件下,可以变动的独立变量数。气液两相平衡共存时

的自由度,根据相律,平衡物系的自由度为

$$F=N-\Phi+2 \qquad\qquad (1\text{-}1)$$

式中,N——独立的组分数;Φ——相数。

双组分物系,$N=2$、$\Phi=2$,则代入式(1-1)得 $F=2$,即双组分物系气液平衡的自由度为 2。

三组分物系,$N=3$、$\Phi=2$,则代入式(1-1)得 $F=3$,即三组分物系气液平衡的自由度为 3。

(二)操作线方程较多

多组分溶液精馏也是以恒摩尔气化和恒摩尔溢流概念为依据。对于多组分系统,组分数若为 N 个,就有 N 个精馏段操作线方程和 N 个提馏段操作线方程。

(三)需要进行流程方案的选择

双组分溶液的精馏,用一个塔可以得到两个接近纯净的组分。对多组分溶液而言,则必须根据组分数和分离要求,采用两个或两个以上的塔。这就出现了第一个塔先分离出何种组分,然后在其他塔内再分离何种组分比较合理的问题。

(四)分离程度不能规定

在双组分溶液的精馏中,可以根据需要,把馏出液和釜液的组成全部规定下来。在多组分溶液的精馏中,人们通常规定其中某几个组分分离的特定程度,其余组分的分离程度则由分离流程与操作情况等条件决定。

(五)设计计算复杂

多组分溶液精馏过程的复杂致使设计计算也相当复杂。多组分溶液精馏的计算通常采用逐板计算法和简捷计算法两种方法。

三、多组分精馏流程的选择

在化工生产中,多组分精馏的流程方案是多样的。例如,有 A、B、C 三组分组成的溶液,即使在不存在共沸物的情况下,在一个塔内也不可能同时得到三个纯组分,则需要多个精馏塔。分离三组分溶液需要两个塔,四组分溶液需要三个塔,n 个组分需要 $n-1$ 个塔。但若采用具有侧线出料的塔,此时的塔数可以减少。

(一)多组分精馏流程选择的基本要求

如何确定分离的方案是分离多组分溶液的一个关键。一般较好的分离方案应满足以下要求:

(1)保证产品质量,满足工艺要求,生产能力大。特别是一些在加热时易发生分解和聚合的物料,在分离方案的确定过程中注意避免分解或聚合的发生。若物料中含有易燃、易爆的组分,还应确保生产的安全。

（2）流程短、设备投资费用少。塔径的大小与气液相负荷有关,同时也影响着再沸器、冷凝器的传热面积,从而影响着设备投资。例如,物料中某一组分的含量较高时,应先将其分离出来,以减少后续塔的负荷,减少其投资费用。

（3）消耗低、收率高、操作费用少。精馏过程所消耗的能量,主要是再沸器所需的热量和冷凝器所需的冷量。

（4）操作管理方便。

（二）多组分精馏流程选择的方案类型

以分离三组分的流程方案为例作简单的分析。

1. 挥发度递减的顺序

有 A、B、C 三组分组成的溶液,挥发度的顺序是依次递增。采用图 1-2(a)所示的流程方案,先蒸出 A 组分,再蒸出 B 组分,最难挥发的组分 C 从最后一塔的塔釜分离出来。在这一方案中,组分 A 和 B 各被气化了一次,而 C 组分既没有被气化也没有被冷凝,可节省更多的能源,在能量消耗上来说是合理的。

2. 挥发度递增的顺序

有 A、B、C 三组分组成的溶液,挥发度的顺序是依次递增。采用图 1-2(b)所示的流程方案,易挥发组分 A 从最后一塔的塔顶蒸出。在这一方案中,组分 A 被气化和冷凝各两次,组分 B 被气化和冷凝各一次,组分 C 没有被气化和冷凝。

从冷凝和气化的次数看,图 1-2(b)方案中因加热和冷却介质消耗量大,操作费用高;同时方案(b)中上升蒸气量要多,因此所需的塔径和再沸器及冷凝器的传热面积大,投资费用也高。可见确定多组分精馏的最佳方案时,通常先要满足工艺要求、保证产品质量和生产能力为主,还应考虑多组分溶液的性质,能量的消耗及生产的成本等方面。

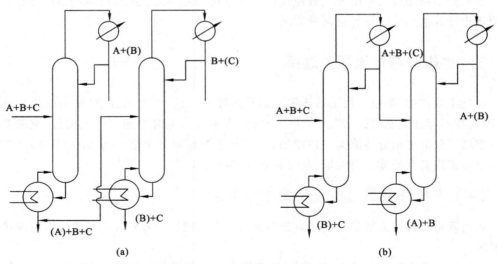

图 1-2　三组分精馏的两种方案

单元二　单级平衡过程

单级平衡分离是指两相经一次紧密接触达到平衡后随即引离的过程,由于平衡两相的组成不同,因而可起到一个平衡级的分离作用。其相平衡用于阐述混合物分离原理、传质推动力和设计计算。

一、气液相平衡

相平衡是指两个或两个以上的相处于平衡状态。"平衡"是指在宏观上系统的性质随时间而改变的趋势已达到零。而"相"是指任何数量的物质在其所占据的空间内宏观性质是均匀一致的,没有不连续的地方。一定数量的物质,即使被分割成若干部分,但只要它们的性质和组成完全一样,则可把它们称为一个"均相"。若有两个或两个以上的均相,虽然它们互相紧密接触,但它们各自的性质并不随时间而改变,通常就用"相平衡"一词来表达这一状态。

对于双组分系统温度-压力-组成的平衡关系,常利用实验来测得,而多组分系统的相平衡关系用实验方法测定就比较复杂。随着相平衡理论研究的深入,对双组分和多组分系统的气液相平衡已建立了一些定量的关系式,利用这些关系式,只需要少量的双组分的实验数据,这就大大减轻了实验工作量。

(一)气液相平衡关系

1. 基本关系式

相平衡条件:组分 i 在气液两相中的化学位相等:

$$\mu_i^{\mathrm{V}} = \mu_i^{\mathrm{L}} \tag{1-2}$$

也可表示为组分 i 在气液两相中的逸度相等:

$$\hat{f}_i^{\mathrm{V}} = \hat{f}_i^{\mathrm{L}} \tag{1-3}$$

$$\hat{f}_i^{\mathrm{V}} = p\hat{\varphi}_i^{\mathrm{V}} y_i = \gamma_i^{\mathrm{V}} f_i^{0\mathrm{V}} y_i \tag{1-4}$$

$$\hat{f}_i^{\mathrm{L}} = p\hat{\varphi}_i^{\mathrm{L}} x_i = \gamma_i^{\mathrm{L}} f_i^{0\mathrm{L}} x_i \tag{1-5}$$

$$p\hat{\varphi}_i^{\mathrm{V}} y_i = p\hat{\varphi}_i^{\mathrm{L}} x_i \quad 或 \quad p\hat{\varphi}_i^{\mathrm{V}} y_i = f_i^{0\mathrm{L}} \gamma_i x_i \tag{1-6}$$

$$f_i^{0\mathrm{L}} = p_i^{\mathrm{s}} \varphi_i^{\mathrm{s}} \exp \frac{V_i(p - p_i^{\mathrm{s}})}{RT} \tag{1-7}$$

其中,φ 为逸度系数,y 为气相中组分摩尔分数,x 为液相中组分摩尔分数,γ 为活度系数。

2. 相平衡常数 K_i

1)定义

工程中常用相平衡常数来表示相平衡关系。

$$K_i = \frac{y_i}{x_i} \tag{1-8}$$

式中,K_i 表示了 i 组分在平衡的气液两相中的分配情况,俗称分配系数。

2）K_i 的计算方法

（1）状态方程法。

$$K_i = \frac{y_i}{x_i} = \frac{\hat{\varphi}_i^{\mathrm{L}}}{\hat{\varphi}_i^{\mathrm{V}}} \tag{1-9}$$

只要给出组分 i 的气液两相的分逸度系数，即可求出 K_i，而已知 K_i 则可由 $x_i(y_i)$ 求与之相平衡的 $y_i(x_i)$。

$\hat{\varphi}_i^{\mathrm{L}}$ 和 $\hat{\varphi}_i^{\mathrm{V}}$ 均可用状态方程来计算，但该状态方程必须同时适用于气液两相，常见的有 SRK、PR 和 BWR 方程，此法适用于中压下，液相非理想性不是很强的烃类系统。

（2）活度系数法。

$$K_i = \frac{y_i}{x_i} = \frac{\gamma_i f_i^{0\mathrm{L}}}{p \hat{\varphi}_i^{\mathrm{V}}} \tag{1-10}$$

用于只能计算 $\hat{\varphi}_i^{\mathrm{V}}$ 的状态方程，如位力方程、RK 方程，而 γ_i 则由活度系数模型来计算。该法用于压力不高，液相非理想性强的系统。

① 可凝性组分基准态逸度。

当 $x_i \to 1$ 时，$\gamma_i \to 1$，则

$$f_i^{0\mathrm{L}} = p_i^{\mathrm{s}} \varphi_i^{\mathrm{s}} \exp \frac{V_i (p - p_i^{\mathrm{s}})}{RT} \tag{1-11}$$

即纯液体 i 在 T、p 下的逸度等于饱和蒸气压乘以两个校正系数，φ_i^{s} 为校正处于饱和蒸气压对理想气体的偏差，指数校正（poynting）因子是校正压力偏离饱和蒸气压的影响。

② 不凝性组分基准态逸度。

当 $x_i \to 0$ 时，$\gamma_i^* \to 1$，则

$$f_i^{0\mathrm{L}} = H = \lim_{x_i \to 0} \frac{\hat{f}_i^{\mathrm{L}}}{x_i} \tag{1-12}$$

或亨利定律：

$$\hat{f}_i^{\mathrm{L}} = H x_i$$

（3）K_i 与 α_{ij} 的关系。

相对挥发度 α_{ij} 的定义是 i、j 两组分的相平衡常数之比。

固有分离因子：

$$\alpha_{ij} = \frac{K_i}{k_j} = \frac{\dfrac{y_i}{x_i}}{\dfrac{y_j}{x_j}} = \frac{\dfrac{y_i}{y_j}}{\dfrac{x_i}{x_j}} \tag{1-13}$$

若 $\alpha_{ij} = 1$，表示气液两相中 i、j 两组分的浓度之比相等，因此不能用一般的精馏来分离，α_{ij} 值越大，两相平衡后的比值越小。

$$K_i = \frac{\alpha_{ij}}{\sum \alpha_{ij} x_i} \qquad y_i = \frac{\alpha_{ij} x_i}{\sum \alpha_{ij} x_i} \tag{1-14a}$$

$$K_i = \alpha_{ij} \sum \frac{y_i}{\alpha_{ij}} \qquad x_i = \frac{\dfrac{y_i}{\alpha_{ij}}}{\sum \dfrac{y_i}{\alpha_{ij}}} \tag{1-14b}$$

（二）气液平衡的分类与计算

1. 气液平衡的分类

气液相平衡系统分类见表 1-2。

基本关系式：

$$p\hat{\varphi}_i^{\mathrm{V}} y_i = f_i^{\mathrm{0L}} \gamma_i x_i = p_i^{\mathrm{s}} \varphi_i^{\mathrm{s}} \gamma_i x_i$$

忽略指数校正因子为

$$f_i^{\mathrm{0L}} = p_i^{\mathrm{s}} \varphi_i^{\mathrm{s}}$$

表 1-2　气液相平衡系统分类

气相\液相	理想气体的混合物 $\hat{\varphi}_i^{\mathrm{V}}=1, \varphi_i^{\mathrm{s}}=1$	理想的气体混合物 $\hat{\varphi}_i^{\mathrm{V}}=\varphi_i^{\mathrm{V}}$	真实气体混合物
理想溶液 $\gamma_i=1$	$py_i = p_i^{\mathrm{s}} x_i$ $K_i = \dfrac{p_i^{\mathrm{s}}}{p} = f(T, p)$	$py_i \varphi_i^{\mathrm{V}} = p_i^{\mathrm{s}} \varphi_i^{\mathrm{s}} x_i$ $K_i = \dfrac{p_i^{\mathrm{s}} \varphi_i^{\mathrm{s}}}{p \varphi_i^{\mathrm{V}}} = f(T, p)$	$py_i \hat{\varphi}_i = p_i^{\mathrm{s}} \varphi_i^{\mathrm{s}} x_i$ $K_i = \dfrac{p_i^{\mathrm{s}} \varphi_i^{\mathrm{s}}}{p \hat{\varphi}_i^{\mathrm{V}}} = f(T, p, y_i)$
非理想溶液	$py_i = \gamma_i p_i^{\mathrm{s}} x_i$ $K_i = \dfrac{p_i^{\mathrm{s}} \gamma_i}{p} = f(T, p, x_i)$	$py_i \varphi_i^{\mathrm{V}} = p_i^{\mathrm{s}} \varphi_i^{\mathrm{s}} \gamma_i x_i$ $K_i = \dfrac{p_i^{\mathrm{s}} \varphi_i^{\mathrm{s}} \gamma_i}{p \varphi_i^{\mathrm{V}}} = f(T, p, x_i)$	$py_i \hat{\varphi}_i = p_i^{\mathrm{s}} \varphi_i^{\mathrm{s}} \gamma_i x_i$ $K_i = \dfrac{p_i^{\mathrm{s}} \varphi_i^{\mathrm{s}} \gamma_i}{p \hat{\varphi}_i} = f(T, p, x_i y_i)$

2. 气液平衡常数的计算

1）逸度系数的计算

计算逸度系数可以通过气体状态方程、pvt 实验数据、普遍化关系，可根据情况任选一种，其基本关系如下。

（1）纯组分的逸度系数。

$$\ln\varphi_i = \int_0^p (Z_i - 1) \frac{\mathrm{d}p}{p} \tag{1-15}$$

当 $V_r \geqslant 2$ 时：

$$\ln\varphi_i = \frac{p_r}{T_r} (B^0 + \omega B^1) \tag{1-16}$$

$$B^0 = 0.083 - \frac{0422}{T_r^{1.6}} \quad B^1 = 0.139 - \frac{0.172}{T_r^{42}}$$

当 $V_r < 2$ 时：

$$\ln\varphi_i = \ln\varphi_i^0 + \omega\ln\varphi_i^1$$

$\ln\varphi_i^0, \ln\varphi_i^1 = f(T_r, p_r)$ 可查图。

其中，Z 为压缩因子，ω 为偏心因子。

（2）二元混合物的逸度系数。

$$\ln\hat{\varphi}_i = \int (\overline{Z}_i - 1) \frac{\mathrm{d}p}{p} \tag{1-17}$$

① 位力方程。

$$\ln\hat{\varphi}_i = \left[2\left(\sum_j y_j B_{ij}\right) - B_M \right]\frac{p}{RT} \tag{1-18}$$

$$B_M = \sum_i \sum_j y_i y_j B_{ij} \qquad \frac{B p_C}{R T_C} = B^0 + \omega B^1$$

其中，B_M 为混合位力系数，B_{ij} 为位力系数，T_C 为临界温度，p_C 为临界压力。B_{ij} 用混合规则求，即先求 T_{Cij}、p_{Cij}、ω_{ij}。

② RK 方程。

$$\ln\hat{\varphi}_i = \ln\frac{V_m}{V_m - b_m} + \frac{b_i}{V_m - b_m} - \frac{2\sum_k y_k a_{ik}}{RT^{3/2} b_m}\ln\left(\frac{V_m + b_m}{V_m}\right)$$
$$+ \frac{a_m b_i}{RT^{3/2} b_m^2}\left[\ln\left(\frac{V_m + b_m}{V_m}\right) - \frac{b_m}{V_m + b_m}\right] - \ln\left(\frac{p V_m}{RT}\right) \tag{1-19}$$

$$b_m = \sum_j y_i b_i \qquad a_m = \sum_j \sum_i y_i y_j a_{ij}$$

2）活度系数的计算

当 $\gamma_i > 1$，称为对拉乌尔定律有正偏差；当 $\gamma_i < 1$ 为负偏差。

大多数非烃类混合物，都表现为正偏差，少数由于有缔合现象或属于电解质溶液，能发生负偏差。一般可以液相中分子间的作用力来估计偏差的正负。

目前，还不能完满地定量计算活度系数，对于双组分系统，主要通过实验测定，也可采用某些公式计算；对于三组分或更多组分的非理想溶液，实验数据很少，活度系数主要用公式估算。

$$\frac{G^E}{RT} = \sum_i (x_i \ln\gamma_i) \qquad \ln\gamma_i = \left[\frac{\partial(nG^E/RT)}{\partial n_i}\right]_{T,p,n_j} \tag{1-20}$$

只要知道 G^E 的数学模型，就可通过组分 i 的物质的量 n_i 求偏导数得到 γ_i 的表达式。

（1）二元溶液的活度系数。

① 范拉尔（van laar）方程。

$$\lg\gamma_1 = \frac{A_{12}}{\left(1 + \dfrac{A_{12} x_1}{A_{21} x_2}\right)^2} \qquad \lg\gamma_2 = \frac{A_{21}}{\left(1 + \dfrac{A_{21} x_2}{A_{12} x_1}\right)^2} \tag{1-21}$$

讨论：

a. A 的物理意义。

$$A_{12} = \lim_{x_1 \to 0}\lg\gamma_1 = \lg\gamma_1^\infty \qquad A_{21} = \lim_{x_2 \to 0}\lg\gamma_2 = \lg\gamma_2^\infty$$

b. 由 $\lg\gamma_i \to A_{12}, A_{21}$，得

$$A_{12} = \lg\gamma_1\left(1 + \frac{x_2\lg\gamma_2}{x_1\lg\gamma_1}\right)^2 \qquad A_{21} = \lg\gamma_2\left(1 + \frac{x_1\lg\gamma_1}{x_2\lg\gamma_2}\right)^2$$

c. 当 $A_{12} = A_{21} = A$ 时，此二元系统称对称系统，方程可变为单参数的对称方程：

$$\lg\gamma_1 = A_{12} x_2^2 = A x_2^2 \qquad \lg\gamma_2 = A_{21} x_1^2 = A x_1^2$$

d. 当 $A_{12} = A_{21} = 0$ 时，$\gamma_i = 1$，为理想体系；

当 $A_{12} < 0$，$A_{21} < 0$ 时，$\gamma_i < 1$，为负偏差非理想体系；

当 $A_{12} > 0$，$A_{21} > 0$ 时，$\gamma_i > 1$，为正偏差非理想体系。

A 可用来判别实际溶液与理想溶液的偏离度。

② 马居尔（Margules）方程。

$$\lg\gamma_1 = x_2^2[A_{12}+2x_1(A_{21}-A_{12})] \quad \lg\gamma_2 = x_1^2[A_{21}+2x_2(A_{12}-A_{21})] \quad (1-22)$$

$$A_{12} = \lim_{x_1 \to 0}\lg\gamma_1 \quad A_{21} = \lim_{x_2 \to 0}\lg\gamma_2$$

$$A_{12} = \frac{x_2-x_1}{x_2^2}\lg\gamma_1 + \frac{2\lg\gamma_2}{x_1}$$

范拉尔方程和马居尔方程有悠久的历史,仍有实用价值,特别是定性分析方面。

优点:数学表达式简单;容易从活度系数数据估计参数;非理想性强的二元混合物包括部分互溶物系,也经常能得到满意的结果。

缺点:不能用二元数据正确推断三元体系的活度系数;不能用于多元体系相平衡计算。

③ 威尔逊（Wilson）方程。

$$\ln\gamma_i = 1 - \ln\sum_{j=1}^{n}x_j\lambda_{ij} - \sum_{k=1}^{n}\frac{x_k\lambda_{ki}}{\sum\limits_{j=1}^{n}x_j\lambda_{kj}} \quad (1-23)$$

$$\ln\gamma_i = 1 - \ln(x_1+x_2\lambda_{12}) - \left(\frac{x_1}{x_1+x_2\lambda_{12}} + \frac{x_2\lambda_{21}}{x_1\lambda_{21}+x_2}\right)$$

$$\lambda_{ij} = \frac{V_i^{\mathrm{L}}}{V_j^{\mathrm{L}}}\exp\left(-\frac{g_{ij}-g_{ii}}{RT}\right) \quad (1-24)$$

注意:

a. 当 $x_1 \to 0$ 时,$\ln\gamma_1^{\infty} = 1 - \ln\lambda_{12} - \lambda_{21}$;当 $x_2 \to 0$ 时,$\ln\gamma_2^{\infty} = 1 - \ln\lambda_{21} - \lambda_{12}$。

b. 当 $\lambda_{12}>1$、$\lambda_{21}>1$ 时,为理想体系;当 $\lambda_{12}>1$、$\lambda_{21}<1$ 时,为负偏差非理想体系;当 $\lambda_{12}<1$、$\lambda_{21}<1$ 时,为正偏差非理想体系。

λ 可用来判别实际溶液与理想溶液的偏离度。

c. $g_{ij}=g_{ji}$,但 $\lambda_{ij}\neq\lambda_{ji}$。

该方程考虑了 T、p 的影响,气液平衡计算有较高的精度;适用范围很广,不能用于液液平衡的计算,不能用于部分互溶系统。

④ NRTL 方程和 UNIQUAC 方程。

根据局部摩尔分数的概念建立的。NRTL 方程能进行气液平衡和液液平衡的计算;但方程中每对二元体系多了第三参数 α_{12}。UNIQUAC 方程有 NRTL 的优点,但数学表达式最复杂;适用于分子大小相差悬殊的混合物。

(2)三元溶液的活度系数。

① 马居尔方程。

$$\begin{aligned}
\lg\gamma_1 = {} & x_2^2[A_{12}+2x_1(A_{21}-A_{12})] + x_3^2[A_{13}+2x_1(A_{31}-A_{13})] \\
& + x_2x_3[A_{21}+A_{13}-A_{32}+2x_1(A_{31}-A_{13})+2x_3(A_{32}-A_{23})-C(1-2x_1) \\
& + 2x_3(A_{32}-A_{23})-C(1-2x_1)]
\end{aligned} \quad (1-25)$$

其中,$C=\dfrac{A_{21}-A_{12}+A_{23}-A_{32}+A_{31}-A_{13}}{2}$

A_{ij} 为有关双组分溶液的端值常数,可查阅手册,顺序轮回替换下标,用 2 代 1,3 代 2, 1 代 3,便可求 γ_2 及 γ_3。

② 威尔逊方程。

$$\lambda_{ij}=\frac{V_i^L}{V_j^L}\exp\left(-\frac{g_{ij}-g_{ii}}{RT}\right) \tag{1-26}$$

$$\ln\gamma_i=1-\ln(x_1+x_2\lambda_{12}+x_3\lambda_{13})$$

$$-\left[\frac{x_1}{x_1+x_2\lambda_{12}+x_3\lambda_{13}}+\frac{x_2\lambda_{21}}{x_1\lambda_{21}+x_2+x_3\lambda_{23}}+\frac{x_3\lambda_{31}}{x_1\lambda_{31}+x_2\lambda_{32}+x_3}\right]$$

只需查出有关三个二元溶液的威尔逊参数,计算结果较好,虽较繁复,随着计算机的使用,目前应用较多。

3) K_i 的简化计算(p-T-K 图)

相平衡常数是温度、压力和气液组成的函数,无论用状态方程还是用活度系数模型,其计算工作量都很大,必须借助于计算机辅助计算。烃类物系在化工中十分重要,其行为接近理想情况,可仅考虑 p、T 对 K_i 的影响,迪普里斯特(Depriester)以 BWR 方程为基础,经广泛的实验和理论推算,作出了轻烃类的 p-T-K 列线图(图 1-3),这些图虽然没有假设理想溶液这个条件,但在图上所示的有限的压力范围内,组成对 K 值的影响很小,仍然把 K 看成是 T、p 的函数,平均误差为 $8\%\sim15\%$。适用于 $0.8\sim1$ MPa(绝对压力)以下的较低压区域。

二、泡点和露点计算

泡点温度(压力)是在恒压(温)下加热液体混合物,当液体混合物开始气化出现第一个气泡时的温度(压力),简称泡点。

露点温度(压力)是在恒压(温)下冷却气体混合物,当气体混合物开始冷凝出现第一个液滴时的温度(压力),简称露点。

根据泡点、露点的概念,精馏塔塔顶温度即为对应塔顶气相组成的露点,塔釜温度即为对应塔釜液相组成的泡点。由于气体中出现的露点液和液体中出现的泡点气泡,其物质量仅为原混合物的极为微小部分,因而物系形成了第一个液滴和第一个气泡后,原有物系组成并未改变。在露点和泡点下均会出现气液两相,可以通过泡点、露点的计算,了解在该温度下的气液平衡组成。

(一)泡点温度和压力的计算

1. 泡点计算与有关方程

已知 x_i、$p(T)$,求 y_i、T(泡点温度),(p 为泡点压力)。

$$f=C-\pi+2=C \tag{1-27}$$

即只要给定 C 个变量,整个系统就规定了,可以利用相平衡关系计算。

(1)相平衡关系:

$$y_i=K_ix_i$$

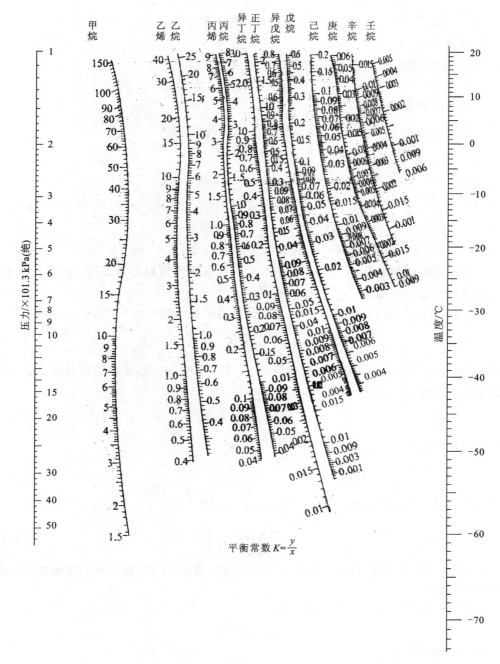

图 1-3　烃类的 p-T-K 图（低温段）

（2）浓度总和式：

$$\sum y_i = \sum K_i x_i = 1$$

（3）相平衡常数关联式：

$$K_i = f(T, p, x_i, y_i)$$

给定 p(或 T)和 $C-1$ 个 x_i,则上述方程有唯一解。

2. 计算方法

(1) 平衡常数与组成无关的泡点计算。

$$K_i = f(T, p)$$

a. p-T-K 列线图;

b. $K_i = \dfrac{1}{p}\exp\left(A_i - \dfrac{B_i}{C_i - T}\right)$,$A_i, B_i, C_i = f(\text{物性}, T)$。

① 手算。

思路:

$$\text{设 } T(p) \xrightarrow{\ p(T) \text{ 已知}\ } \text{求 } K_i \rightarrow \sum K_i x_i \rightarrow \sum K_i x_i - 1 \leqslant \xi \xrightarrow{\ Y\ } T_B = T, y_i = K_i x_i$$
$$\uparrow \underset{\text{调整} T(p)}{\qquad\qquad} \Big|_N$$

ξ 为试差的允许偏差,手算中一般取 $0.01 \sim 0.001$。

按初设温度 T 所求得的 $\sum K_i x_i$ 值若大于 1,表明所设温度偏高,$T > T_B$,反之若小于 1,则表明所设温度偏低。这是因为 p 一定,T 升高,k 增加。

如何调整 $T(p)$ 值,为避免盲目性,加速试差过程的收敛可用下式:

$$\sum K_i x_i = k_G\left(\sum \frac{K_i}{k_G} x_i\right) = k_G \sum \alpha_{iG} x_i \tag{1-28}$$

式中,G 表示对 $\sum K_i x_i$ 值影响最大的组分;α_{iG} 表示 i 组分对 G 组分的相对挥发度,在一定的温度范围内 $\alpha_{iG} \approx$ 常数。

$$\frac{1}{k_G} \sum K_i x_i = \text{常数}$$

即对各次试差:

$$\left(\frac{1}{k_G} \sum K_i x_i\right)_m = \left(\frac{1}{k_G} \sum K_i x\right)_{m-1}$$

m 为试差序号,为使第 m 次试差时 $(\sum K_i x_i)_{m=1}$,则

$$k_{Gm} = \left(\frac{k_G}{\sum K_i x_i}\right)_{m-1} \tag{1-29}$$

由该 k_{Gm} 便可以从 K 图读出第 m 次试差时应假设的温度 T_m 值,按上述方法通常经过 $2 \sim 3$ 次试算便可求得解。

对压力的迭代还可采用下面的方式:

$$p_B^{r+1} = p_B^r \sum K_i x_i$$

此式可自动调整压力 p。

② 计算机计算。

a.

$$K_i = \frac{p_i^s}{p} = \frac{1}{p}\exp\left(A_i - \frac{B_i}{C_i - T}\right)$$

海登(Hayden)提出适用于烃类的经验方程。

$$\sqrt[1/3]{K_i / T} = b_{1i} + b_{2i} T + b_{3i} T^2 + b_{4i} T^3 \tag{1-30}$$

常见物质的 b_m 的数据可查表,见"多元气液平衡与精馏"。

b. 迭代方法,牛顿-拉弗森(Newton-Raphson)迭代求解。

目标函数:$F(x)=0$,求根。

迭代公式:

$$x_{m+1}=x_m-\frac{F(x_m)}{F'(x_m)} \tag{1-31}$$

泡点计算目标函数:$F(T)=\sum K_i x_i-1=0$,泡点方程

$$F'(T)=\sum x_i \frac{dK_i}{dT}$$

$$T_{m+1}=T_m-\frac{F(T_m)}{F'(T_m)}$$

Richmond 迭代法:

$$T_{m+1}=T_m-\frac{2}{\dfrac{2f'(T_m)}{f(T_m)}-\dfrac{2f''(T_m)}{f'(T_m)}} \tag{1-32}$$

(2)平衡常数与组成有关的泡点计算。

$K_i=f(T,p,x_i,y_i)$,用于系统非理想性较强时,需计算混合物中 i 组分逸度系数或活度系数,而 $\hat{\varphi}_i^V$ 是 y_i 的函数,γ_i 是 x_i 的函数,在 y_i 或 x_i 未求得之前无法求得 $\hat{\varphi}_i^V$ 或 γ_i 值,于是计算时还需对 $\hat{\varphi}_i^V$、γ_i 进行试差,对泡点计算,由于已知 x_i,除需迭代泡点温度或压力外,还需对 $\hat{\varphi}_i^V$ 进行试差。

$$K_i=\frac{p_i^s \varphi_i^s \gamma_i}{p \varphi_i}$$

设

$$T(p) \xrightarrow{p(T) \text{已知}} \varphi_i^s,\gamma_i,p_i^s \xrightarrow{\text{设}\hat{\varphi}=1} K_i \to y_i=K_i x_i \to \hat{\varphi}_i \to \sum K_i x_i-1 \leqslant \xi \xrightarrow{Y} T_B=T,y_i=K_i x_i$$

比较不变 / 调整 $T(p)$ / N

由于 K_i 主要受温度影响,且 $\ln K_i$ 与 $\frac{1}{T}$ 近似线性关系,故判别收敛判据为

$$G\left(\frac{1}{T}\right)=\ln \sum K_i x_i=0 \tag{1-33}$$

(二)露点温度和压力的计算

1. 露点计算与有关方程

已知 y_i、$p(T)$,求 x_i、T(露点温度),(p 为露点压力)。

(1)相平衡关系:

$$x_i=\frac{y_i}{K_i}$$

(2)浓度总和式:

$$\sum x_i = \sum \frac{y_i}{K_i} = 1$$

（3）相平衡常数关联式：

$$K_i = f(T, p, x_i, y_i)$$

2. 计算方法

（1）平衡常数与组成无关的泡点计算。

① 手算。

思路：

$$设\ T(p)\ \xrightarrow{p(T)\ 已知}\ 求\ K_i \rightarrow \sum y_i/K_i \rightarrow \sum y_i/K_i - 1 \leqslant \xi \xrightarrow{Y} T_D = T, x_i = y_i/K_i$$

$$\xleftarrow[\text{调整}T(p)]{}\quad\quad\quad\quad\quad | N$$

ξ 为试差的允许偏差，手算中一般取 $0.01 \sim 0.001$。

按初设温度 T 所求得的 $\sum x_i - 1 < 0$，表明所设温度偏高，$T > T_D$，反之若 $\sum x_i - 1 > 0$，则表明所设温度偏低。达到允许误差时，所设温度即为所求的露点。

调整 T 或 p：

$$k_{Gm} = (k_G \sum \frac{y_i}{K_i})_{m-1}$$

同理，对露点压力计算的迭代式为

$$p_D^{r+1} = \frac{p_D^r}{\sum y_i/K_i} \tag{1-34}$$

露点计算时，液相非理想性强的物系因 x 未知，k_i 在迭代过程中变化较大，计算中增加一层 k_i 的迭代将更迫切。

② 计算机计算。

露点方程

$$F(T) = \sum \frac{y_i}{K_i} - 1 = 0$$

$$F'(T) = -\sum x_i \left(\frac{y_i}{K_i^2} \frac{dK_i}{dT} \right)$$

$$T_{m+1} = T_m - \frac{F(T_m)}{F'(T_m)}$$

或

$$\varphi(T) = \ln \sum \frac{y_i}{K_i} = 0$$

$$\varphi'(T) = \frac{f'(T)}{\sum \frac{y_i}{K_i}}$$

$$T_{m+1} = T_m - \frac{\sum x_i \ln \sum x_i}{f'(T)} \tag{1-35}$$

收敛速度快。

（2）平衡常数与组成有关的露点计算。

求算露点，由于已知 y_i，则需迭代露点温度或压力外，还需对 γ_i 进行试差。

设

$$T(p) \xrightarrow{p(T) \text{已知}} \varphi_i^s, \hat{\varphi}_i, p_i^s \xrightarrow{\text{设}\gamma_i=1} K_i \rightarrow x_i = y_i/K_i \rightarrow \gamma_i \rightarrow \sum x_i - 1 \leqslant \xi \xrightarrow{Y} T_D = T$$

比较不变 $\bigg| N$

调整 $T(p)$

单元三 多组分精馏的设计计算

一、分离系统的变量分析

在化工原理课程中，对双组分精馏和单组分吸收等简单传质过程进行过较详尽的讨论。然而，在化工生产实际中，遇到更多的是含有较多组分或复杂物系的分离与提纯问题。

在设计多组分多级分离问题时，必须用联立或迭代法严格地解数目较多的方程，这就是说必须规定足够多的设计变量，使得未知变量的数目正好等于独立方程数，因此在各种设计的分离过程中，首先就涉及过程条件或独立变量的规定问题。

多组分多级分离问题，由于组分数增多而增加了过程的复杂性。解这类问题，严格地用精确的计算机算法，但简捷计算常用于过程设计的初始阶段，是对操作进行粗略分析的常用算法。

设计分离装置就是要求确定各个物理量的数值，但设计的第一步还不是选择变量的具体数值，而是要知道在设计时所需要指定的独立变量的数目，即设计变量。

（一）变量

1. 设计变量

如果 N_v 是描述系统的独立变量数，N_c 是这些变量之间的约束关系数，则设计变量数 N_i 为

$$N_i = N_v - N_c \begin{cases} N_x: \text{固定设计变量} \\ N_a: \text{可调设计变量} \end{cases} \tag{1-36}$$

2. 独立变量与约束数

1）独立变量数

系统的独立变量数可由出入系统的各物流的独立变量数以及系统与环境进行能量交换情况来定。根据相律，对于任一物流，描述它的自由度数 f 为

$$f = C - \pi + 2 \tag{1-37}$$

相律所指的独立变量是指强度性质，即温度、压力和浓度，是与系统的量无关的性质，而要描述流动系统，必须加上物流的数量。相平衡物流由于要加上各相的流率，则

$$N_v = f + 2 = C - 2 + 2 + 2 = C + 2$$

其余情况可以类推。

如果所讨论的系统除物流外，尚有热量和功的进出，则相应在 N_v 中加入说明热量和功的变量数。

2）约束数

约束数可以依靠热力学第一定律和第二定律来计算，即由物料衡算、热量衡算和平衡关系写出变量之间的关系式。

（1）物料平衡式：C 个组分有 C 个（组分：$C-1$，总物：1）。

（2）能量平衡式：一个系统一个，不能对每个组分分别写。

（3）相平衡关系式：$C(\pi-1)$ 个，π 为相数。

相平衡关系是指处于平衡的各相温度相等、压力相等以及组分 i 在各相中的逸度相等，我们仅考虑无化学反应的分离系统，故不考虑化学平衡约束数。

（4）内在关系：约定的关系，如已知的等量、比例关系。

（二）单元的设计变量

一个化工流程由很多装置组成，装置又可分解为多个进行简单过程的单元。因此，首先分析在分离过程中碰到的主要单元，确定其设计变量数，进而确定装置的设计变量数。

对于无浓度变化的单元，如分配器、泵、加热器、冷却器、换热器、全凝器、全蒸发器，因为这些单元中无浓度变化，故每一物流均可看成单相物流。例如，加热器的独立变量数为

$$N_v^e = 2(C+2) + 1 = 2C + 5$$

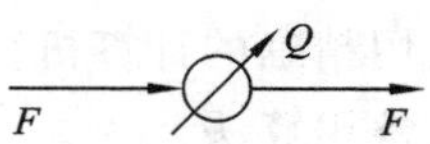

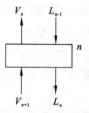

约束数：

物料平衡式 C 个

能量平衡式   1 个

所以 $\qquad\qquad N_c^e = C + 1 \quad N_i^e = N_v^e - N_c^e = C + 4$

式中：$N_x^e = C + 3$（进料 $C+2$ 个，压力 1 个）；

$N_a^e = 1$，为系统换热量或出换热器的温度，从而可计算。

对冷却器、泵的情况类似。

对于有浓度变化的单元，如混合器、分相器、部分蒸发器、全凝器（凝液为两相）、简单的平衡级等。在这些单元中，描述一个单相物料的独立变量数是 $C+2$，一个互成平衡的两相物料的独立变量数也是 $C+2$。如果有两个物流是互成平衡的，如离开分相器的两个物料，也可以把它们看成是一个两相物流，因为互成平衡的两个物流间可列出 $C+2$ 个等式（压力相等、温度相等、C 个组分的化学位相等），因此和计算一个两相物流时的 N_i 值是一样的。计算 N_c 时，物料平衡式对各种情况都是 C 个，即对每一组分可写出一个衡算式。其他情况与无浓度变化相同，如绝热操作的简单平衡级。

共有四个物流，如图 1-4，但因 V_n 与 L_n 为互为平衡的物流，所以可以把它们看成是一个两相物流，故 $N_v^e =$

图 1-4 四个物流的系统示意图

$3(C+2)$个,因为可列出C个物料衡算式和一个热量衡算式。

$$N_{c}^{e}=C+1 \quad N_{v}^{e}=3(C+2)-(C+1)=2C+5$$

式中,$N_{x}^{e}=2C+5$,因为有两股进料,且进料之间以及进料与n板上的压力不相等,所以$N_{a}^{e}=0$。

无论是有浓度变化或无浓度变化的单元,可调设计变量均与组分的数目C无关,组分数只在固定设计变量中出现,而且N_{a}^{e}都是一个很小的整数,即0、1。因此,计算整个装置的N_{a}是比较方便的。

(三) 装置的设计变量

一个分离装置是由若干单元组成的,如单个平衡级、换热器和其他与分离装置有关的单元综合而得,即装置的N_{i}^{u}是否等于$\sum N_{i}^{e}$。

若在装置中某一单元以串联的形式被重复使用,则用N_{r}以区别于一个这种单元与其他种单元的连接情况,每一个重复单元增加一个变量。

各个单元是依靠单元之间的物流而连接成一个装置,因此必须从总变量中减去多余的相互关联的物流变量数,或者是每一单元间物流附加$(C+2)$个等式。

装置的设计变量为

$$N_{i}^{u} = \sum N_{v}^{e} - \sum N_{c}^{e} + N_{r} - n(C+2) \tag{1-38}$$

式中,n——单元间物流的数目。

$$N_{i}^{u} = \sum N_{i}^{e} + N_{r} - n(C+2) = \sum N_{x}^{e} + \sum N_{a}^{e} + N_{r} - n(C+2)$$

因为装置的N_{x}^{u}固定,是指进入该装置的各进料物流(而不是装置内各单元的进料物流)的变量数以及装置中不同压力的等级数,因此它应比$\sum N_{x}^{e}$少$n(C+2)$。

$$N_{x}^{u} = \sum N_{x}^{e} - n(C+2)$$
$$N_{i}^{u} = N_{x}^{u} + N_{a}^{u} = N_{x}^{u} + N_{r} + \sum N_{a}^{e}$$
$$N_{a}^{u} = N_{r} + \sum N_{a}^{e}$$

如进料板单元可以看成是一个分相器和两个混合器的组合,此时$N_{r}=0$,且分相器和混合器的N_{a}^{e}均为零,故进料板单元的$N_{a}^{u}=0$,侧线采出板是理论板与分配器的组合。因为$N_{r}=0$,分配器的$N_{a}^{e}=1$,理论板的$N_{a}^{e}=0$,所以$N_{a}^{u}=1$。

由若干(N)理论板串级而成的串级单元是最重要的一种组合单元,所以$N_{r}=1$,而理论板的$N_{a}^{e}=0$,所以$N_{a}^{u}=1$。

由N个绝热操作的简单平衡级串联构成的简单吸收塔得出

$$N_{a}^{u}=1, \quad N_{i}^{u}=2C+N+5, \quad N_{x}^{u}=2C+N+4$$

求精馏塔的设计变量,先将塔划分为各种不同的单元,求出N_{i}^{e},再求出$\sum N_{i}^{e}$,由于进出各单元(联结各单元)共有9股物流,所以$n=9$,而整个精馏装置的$N_{r}=0$。

所以

$$N_{i}^{u} = \sum N_{i}^{e} + N_{r} - n(C+2)$$

式中，$N_a^e = 5$ 因为除进料级的 $N_a^e = 0$ 外，其余均为 1，则 $N_x^u = N_i^u - N_a^u$ 很易求出。

二、多组分简单精馏过程分析

多次单级分离的串联，简称精馏。精馏是分离液体混合物的单元操作，它利用混合物中各组分的挥发度不同，采用液体多次部分气化，蒸气多次部分冷凝等气液间的传质过程，使气液相间浓度发生变化，并结合应用回流手段，使各组分分离。

1. 模型塔

如图 1-5 所示的模型塔为仅有一股进料且无侧线出料和中间换热设备。有 N 块理论板，塔顶为分凝器（或全凝器，即馏出物 D 以液体状态采出），塔釜有再沸器，塔板序号从塔顶向下数，分凝器序号为 1，再沸器序号 $N+1$，加料板序号为 $n+2$，n 为精馏段塔板数，F 为加料流率，z_F 为进料组成，C 为组分数，p 为操作压力，D 为馏出物的流率，w 为釜底残液流率，R 为回流比。

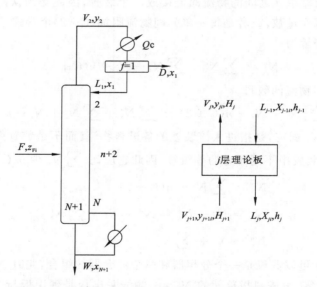

图 1-5　多组分精馏过程分析模型塔

除加料板外，每块板上均有上升气相流率 V_j，气相组成 y_{ji}，气相混合物的分子热焓 H_j，下降的液相流率 L_j，液相组成 x_{ji}，液相混合物的分子热焓 h_j 及各块板的温度 T_j。

2. 相关定义

（1）关键组分。

在设计或操作控制中，有一定分离要求，且在塔顶、塔釜都有一定数量的组分称为关键组分。它是进料中按分离要求选取的两个组分，它们对于物系的分离起着控制的作用。

（2）轻关键组分。

指在塔釜液中该组分的浓度有严格限制，并在进料液中比该组分轻的组分及该组分的绝大部分应从塔顶采出。

（3）重关键组分。

指在塔顶馏出液中该组分的浓度有严格限制，并在进料液中比该组分重的组分及该组分的绝大部分应在塔釜液中采出。

关键组分确定后，还需规定轻重关键组分的回收率（分离度）。回收率指轻（重）关键组分在塔顶（釜）产品中的量占进料量的百分数。

塔顶回收率：

$$E_{顶} = \frac{D x_{DL}}{F x_{FL}} \times 100\%$$

塔釜回收率：

$$E_{釜} = \frac{W x_{BH}}{F x_{FH}} \times 100\%$$

一对轻重关键组分的挥发度一般是相邻的，也可不相邻，比轻关键组分还轻的组分从塔顶蒸出的百分率和比重关键组分还重的组分从塔釜排出的百分率分别比轻重关键组分要高。若相邻的轻重关键组分之一含量太少，可选与它邻近的某一组分为关键组分。

（4）非关键组分。

关键组分以外的组分称为非关键组分。

轻非关键组分：比轻关键组分挥发度更大或更轻的组分，简称轻组分。

重非关键组分：比重关键组分挥发度更小或更重的组分，简称重组分。

（5）分配与非分配组分。

塔顶、塔釜同时出现的组分为分配组分。只在塔顶或塔釜出现的组分为非分配组分。关键组分必定是分配组分。非关键组分不一定是非分配组分。

一个精馏塔的任务是使轻关键组分尽量多地进入塔顶馏出液，重关键组分尽量多地进入釜液。

（6）清晰与不清晰分割。

用于塔顶、塔釜物料预分布即物料衡算的两种情况。

清晰分割：轻组分在塔顶产品的收率为1。重组分在塔釜产品的收率为1。即轻组分全部从塔顶馏出液中采出，重组分全部从塔釜排出。一般非关键组分与关键组分间的相对挥发度相差很大。非关键组分为非分配组分。

非清晰分割：轻组分与轻关键组分、重组分与重关键组分的相对挥发度相差不大，或者有的非关键组分的相对挥发度处于轻、重关键组分的相对挥发度之间，这时非关键组分无论在馏出液或是釜液中都有一定数量，即非关键组分为分配组分。

3. 多组分精馏过程的复杂性

（1）求解方法。

双组分精馏，设计变量值被确定后，就很容易用物料衡算式、气液平衡式和热量衡算式从塔的任何一端出发逐板计算，无需试差。而多组分精馏，由于不同指定馏出液和釜液的全部组成，要进行逐板计算，必须先假设一端的组成，然后通过反复试差求解。

（2）摩尔流率。

二元精馏除在进料板处液体组成有突变外，各板的摩尔流率基本为常数。而多组分精馏，液、气流量有一定的变化，但液气比 $\dfrac{L}{V}$ 却接近于常数。原因是各组分的摩尔气化潜热相差较大。

（3）温度分布。

温度分布无论几元总是从再沸器到冷凝器单调下降。二元精馏在精馏段和提馏段中段温度变化最明显，而多元精馏在接近塔顶和接近塔底处及进料点附近，温度变化最快，这是因为在这些区域中组成变化最快，而泡点和组成密切相关。

（4）组成分布（浓度）。

双组分的组成分布与温度分布一样，在精馏段和提馏段中段组成变化明显，而多组分精馏，在进料板处各个组分都有显著的数量，而在塔的其余部分由组分性质决定，见表 1-3。

表 1-3　塔内组分的分布情况

组分	邻近进料板上部几块板	邻近进料板下部几块板	邻近塔釜的几块板	邻近塔顶的几块板	总趋势
轻组分	有恒浓区	→0	≈0	迅速上升	
轻关键组分	—	气相有波动	—	气相出现最大值	由塔釜往上而上升
重关键组分	液相有波动	—	出现最大值	—	由塔顶往下而上升
重组分	→0	有恒浓区	迅速增浓	≈0	

重组分在塔底产品中占有相当大的分率，由塔釜往上，由于分馏的结果，气、液相中重组分的摩尔分数迅速下降，但在到达加料板之前，气液相中重组分的摩尔分数不会降到某一极限值，因为加料中有重组分存在，这一数值在到达加料板前基本保持恒定（恒浓区）。轻组分在塔顶占有很大分率，由于分馏作用，由塔顶往下气、液相轻组分急剧下降到一个恒定的极限值，直到加料板为止。

关键组分摩尔分数的变化不仅与关键组分本身有关，同时还受非关键组分浓度变化的影响。总的趋势是轻关键组分的摩尔分数沿塔釜往上不断增大，而重关键组分则不断下降（这和双组分精馏的情况类似）。但在邻近塔釜处，由于重组分的摩尔分数迅速上升，结果使两个关键组分的摩尔分数下降，即重关键组分在加料板以下摩尔分数出现一个最大值的原因。在邻近塔顶处，由于轻组分的迅速增浓，两个关键组分的摩尔分数下降，这是轻关键组分在气相中的摩尔分数在加料板以上出现最大值的原因。

在加料板往上邻近的几块板处，重组分由加料板下面的极限值很快降到微量，这一分馏作用对轻的组分产生影响，在这几块板的摩尔分数上升较快，液相中重关键组分的摩尔分数在加料板以上不是单调下降而是有一波动，同理在加料板以下，气相中轻关键组分的摩尔分数在该处有所上升。

· 20 ·

三、多组分精馏的简捷计算

简捷法计算只解决分离过程中级数、进料与产品组成间的关系，而不涉及级间的温度与组成的分布。该计算将多组分溶液简化为一对关键组分的分离，物料衡算按清晰分割计算，求得塔顶和塔釜的流量和组成，用芬斯克（Fenske）方程计算最少理论板数 N_m，用恩德伍德（Underwood）公式计算最小回流比 R_m，再按实际情况确定回流比 R，用吉利兰（Gilliland）关联图求得理论板数 N。

1. 清晰分割的物料衡算

根据进料量和组成，按工艺要求选好一对关键组分，建立全塔物料衡算式，然后分别得精馏段和提馏段操作线方程。

全塔总物料衡算：

$$F = D + B \tag{1-39}$$

组分 i：

$$Fz_i = Dx_{Di} + Bx_{Bi} \tag{1-40}$$

在清晰分割条件下，轻组分在塔釜不出现，重组分在馏出物中不出现。可根据轻、重关键组分在塔釜和塔顶馏出物中的摩尔分数 x_{LKB}、x_{HKD} 求出塔顶、塔釜组成。

$$D = F\sum_{i=1}^{n_{LK}} z_i - (F-D)x_{LKB} + Dx_{HKD}$$

$$D = \frac{\sum_{i=1}^{n_{LK}} z_i - x_{LKB}}{1 - x_{HKD} - x_{LKB}}F \tag{1-41}$$

$$B = F - D$$

馏出物中轻关键及非轻关键组分的摩尔分数分别为

$$x_{LKD} = \frac{Fz_{LK} - Bx_{LKB}}{D} \qquad x_{LNKD} = \frac{Fz_{LNK}}{D} \tag{1-42}$$

釜液中重关键组分及重非关键组分的摩尔分数分别为

$$x_{HKB} = \frac{Fz_{HK} - Dx_{HKD}}{B} \qquad x_{HNKB} = \frac{Fz_{HNK}}{B} \tag{1-43}$$

假定为恒摩尔流，则操作线方程为

精馏段：

$$y_{ni} = \frac{L}{L+D}x_{n+1,i} + \frac{D}{D+L}x_{Di} = \frac{R}{R+1}x_{n+1,i} + \frac{1}{R+1}x_{Di}$$

提馏段：

$$y_{mi} = \frac{\overline{L}}{\overline{L}-B}x_{m+1,i} + \frac{B}{\overline{L}-B}x_{Wi} = \frac{L+qF}{L+qF-B}x_{m+1,i} + \frac{V}{L+qF-B}x_{Bi}$$

q 定义为每公斤分子进料气化成饱和蒸气时需要的热量与进料的分子气化潜热之比。

$$q = \frac{\text{饱和蒸气的焓} - \text{进料的焓}}{\text{饱和蒸气的焓} - \text{饱和液体的焓}} = \frac{H - h_F}{H - h}$$

一般由物料衡算方程求出关键组分在塔顶、塔釜的量,再由提馏段操作线方程求出塔顶、塔釜的组成。

2. 芬斯克法计算最少理论板数 N_m

与双组分精馏一样,全回流时,R 为无穷大,此时所需塔板数少,且 $F=0$,$D=0$,$B=0$。

精馏段操作线方程: $\qquad y_{mi} = x_{n+1,i}$

提馏段操作线方程: $\qquad y_{mi} = x_{m+1,i}$

即不论是精馏段或提馏段,对任一板,来自下面塔板的上升蒸气与该板溢流下去的液体组成相同,结合相对挥发度的概念,对各板进行推导可得

塔顶为分凝器时:

$$N_m = \frac{\lg\left[\left(\dfrac{y_L}{y_H}\right)_D \left(\dfrac{x_H}{x_L}\right)_B\right]}{\lg(\alpha_{LH})_{av}} \qquad (1-44)$$

塔顶为全凝器时:

$$N_m = \frac{\lg\left[\left(\dfrac{x_L}{x_H}\right)_D \left(\dfrac{x_H}{x_L}\right)_B\right]}{\lg(\alpha_{LH})_{av}} - 1 \qquad (1-45)$$

讨论:

(1) 上两式是对组分 L、H 推导的结果,既能用于双组分,也能用于多组分精馏。对多组分精馏,用一对关键组分来求,其他组分对它们分离的影响反映在 α_{LH} 上。所以,关键组分选取不同,N_m 不同,只有按一对关键组分所计算的 N_m 值,才能符合产品的分离要求。

(2) N_m 与进料组成无关,也与组成的表示方法无关。

$$N_m = \frac{\lg\left[\dfrac{D_L}{D_H} \cdot \dfrac{B_H}{B_L}\right]}{\lg(\alpha_{LH})_{av}}$$

(3) $\qquad (\alpha_{LH})_{av} = \sqrt[N]{(\alpha_{LH})_1 (\alpha_{LH})_2 \cdots (\alpha_{LH})_{Nm}} \approx \sqrt[3]{(\alpha_{LH})_D (\alpha_{LH})_F (\alpha_{LH})_B}$

$$\approx \sqrt{(\alpha_{LH})_D (\alpha_{LH})_B}$$

当塔顶塔釜相对挥发度比值小于 2 时,可取算术平均。

(4) 随分离要求的提高,轻关键组分的分配比加大,重关键组分的分配比减小,α_{LH} 下降,N_m 增加。

(5) 全回流下的物料分布(非清晰分割,Hangsteback 法)。

在实际生产中,比轻关键组分还轻的组分,在釜内仍有微量存在,重组分在塔顶馏出液中有微量存在。不清晰分割物料分布假定在一定回流比操作时,各组分在塔内的分布与在全回流操作时的分布相同,这样就可以采用芬斯克方程去反算非关键组分在塔顶塔釜的浓度。

芬斯克方程: $\qquad N_m = \frac{\lg\left[\dfrac{D_L}{D_H} \cdot \dfrac{B_H}{B_L}\right]}{\lg(\alpha_{LH})_{av}}$

所以
$$\frac{D_{\mathrm{L}}}{B_{\mathrm{L}}}=\alpha_{\mathrm{LH}}^{N_{\mathrm{m}}}\frac{D_{\mathrm{H}}}{B_{\mathrm{H}}}\quad 或\quad \frac{D_i}{B_i}=\alpha_{i\mathrm{H}}^{N_{\mathrm{m}}}\frac{D_{\mathrm{H}}}{B_{\mathrm{H}}}$$

根据给出的关键组分的分离要求,由简捷法可求得 N_{m},然后可以任意组分 i 的 $\dfrac{D_i}{B_i}$ 取代式中的 $\dfrac{D_{\mathrm{L}}}{B_{\mathrm{L}}}$ 或 $\dfrac{D_{\mathrm{H}}}{B_{\mathrm{H}}}$ 来求算 $\dfrac{D_i}{B_i}$,有了 $\dfrac{D_i}{B_i}$ 再联立 $D_i+B_i=F_i$ 即能求出个组分在塔顶、塔釜的分配情况。

计算组分分布,必须先计算平均相对挥发度。为此,必须知道塔顶与塔釜的温度,但是确定这些温度,又必须有组成数据,因此只能用试差法反复试算,直到结果合理为止。

先按清晰分割得到的组成分布来试算塔顶与塔釜的温度,即泡点、露点温度,再计算其相对挥发度、平均相对挥发度,计算 N_{m} 以及计算新的组成分布,反复试差至组成不变为止。

已知条件 $\xrightarrow{\text{设为清晰分割}} x_{Di},x_{Bi}\to T_{\mathrm{D}},T_{\mathrm{B}}\to\alpha_{\mathrm{LH}}\to N_{\mathrm{m}}\to x_{Di},x_{Bi}\to T_{\mathrm{D}},T_{\mathrm{B}}\to\alpha_{\mathrm{LH}}\to N_{\mathrm{m}}\to x_{Di},x_{Bi}$

比较

另还可采用图解法。

$$\lg\frac{D_{\mathrm{L}}}{B_{\mathrm{L}}}=N_{\mathrm{m}}\lg\alpha_{\mathrm{LH}}+\lg\frac{D_{\mathrm{H}}}{B_{\mathrm{H}}} \tag{1-46}$$

$\lg\dfrac{D_{\mathrm{L}}}{B_{\mathrm{L}}}$-$\lg\alpha_{\mathrm{LH}}$ 为一直线关系(图1-6),其斜率为 N_{m},只要找出代表关键组分的两个点, $a\left(\lg\dfrac{D_{\mathrm{L}}}{B_{\mathrm{L}}},\lg\alpha_{\mathrm{LH}}\right)$ 与 $b\left(\lg\dfrac{D_{\mathrm{H}}}{B_{\mathrm{H}}},\lg\alpha_{\mathrm{HH}}\right)$,便可以绘制直线,延长直线 ab,可在直线上找到其他组分的代表点,轻组分在 a 点上方,重组分在 b 点下方,根据 $\alpha_{i\mathrm{H}}$ 查图得 D_i/B_i,再由 $D_i+B_i=F_i$ 求 D_i、B_i。

3. 恩德伍德法计算最小回流比 R_{m}

当轻重关键组分的分离度一经确定,在指定的进料状态下,用无穷的板数来达到规定的分离要求时,所需的回流比称为最小回流比 R_{m}。

对双组分精馏在 R_{m} 下操作,将在进料板上下出现恒浓区,即加料板处两根操作线与平衡线相交,由精馏段操作线的斜率可求 R_{m}。

对多组分精馏,由于非关键组分的存在,最小回流比下有上下两个恒浓区,出现恒浓区的部位较双组分复杂。恩德伍德根据物料平衡和相平衡关系,利用两段恒浓区的概念,导出了两个求取 R_{m} 的公式。

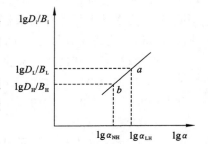

图1-6 组分在塔顶和塔釜的分布

$$\sum\frac{\alpha_i x_{\mathrm{F}i}}{\alpha_i-\theta}=1-q \tag{1-47}$$

$$R_{\mathrm{m}}=\sum\frac{\alpha_i x_{\mathrm{D}i}}{\alpha_i-\theta}-1 \tag{1-48}$$

讨论：

（1）上式推导假定为恒摩尔流率，α_i 为常数。

（2）$\alpha_i = \alpha_{iH}$ 或 i 组分对进料中最重组分的相对挥发度。按前述方法计算平均值，也可计算平均温度下的相对挥发度代之，$\bar{t} = \dfrac{Dt_D + Wt_W}{F}$。

（3）θ 是方程的根，C 个组分，有 C 个根，只取 $\alpha_{HH} = 1 < \theta < \alpha_{LH}$，求解可用 N-R 法。

$$F(\theta) = \sum \frac{\alpha_i x_{Fi}}{\alpha_i - \theta} - 1 + q = 0$$

$$F'(\theta) = \sum \frac{\alpha_i x_{Fi}}{(\alpha_i - \theta)^2}$$

$$\theta_{n+1} = \theta_n - \frac{F(\theta_n)}{F'(\theta_n)}$$

（4）适用范围为清晰分割。

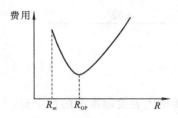

图 1-7 最小回流比与适宜回流比的确定

（5）R_m 是实际回流比的下限，适宜回流比的数值在全回流与最小回流比之间，其选择是一个经济核算问题，见图 1-7。

根据 70 座分离烃类的常压塔其 $\dfrac{R_{op}}{R_m} = 1.1 \sim 1.24$ 倍，如果平衡数据准确度较差，则 R_m 的可靠性就差，则 $\dfrac{R_{op}}{R_m}$ 的倍数宜取大些。

4. 吉利兰关联图求得理论板数 N。

确定最小回流比和最少塔板数不仅有利于确定回流比和理论板数的容许范围，而且对于挑选设计计算中的特定操作条件也是很有用的指标，由于确定回流比与理论板数之间的确切关系需要很复杂的推导，吉利兰根据 61 个双组分和多组分精馏塔的逐板计算结果整理而得 R_m、R、N_m、N 四者的关联图，耳波（Erbar）-马多克斯（Maddox）关联式对此进行了改进，适用于非理想溶液，但 $q=1$（泡点进料）。

还有数学解析式便于计算机计算的李德公式。

当 $0 \leqslant x \leqslant 0.01$，$y = 1.0 - 18.5715x$；

当 $0.01 < x < 0.9$，$y = 0.545827 - 0.591422 + 0.002743/x$；

当 $0.9 \leqslant x \leqslant 1.0$，$y = 0.16595 - 0.16595x$。

x、y 的定义同吉利兰关联图。

5. 进料板位置的确定

根据芬斯克方程计算最少理论板数，既能用于全塔，也能单独用于精馏段或提馏段，从而可求得适宜的进料位置。

精馏段最少理论板数：

$$n = \frac{\lg \left[\left(\dfrac{x_L}{x_H} \right)_D \cdot \left(\dfrac{x_H}{x_L} \right)_F \right]}{\lg \alpha_{LH}} \tag{1-49}$$

提馏段最少理论板数：

$$m = \frac{\lg\left[\left(\dfrac{x_L}{x_H}\right)_F \cdot \left(\dfrac{x_H}{x_L}\right)_B\right]}{\lg \alpha_{LH}} \tag{1-50}$$

且
$$\frac{n}{m} = \frac{\lg\left[\left(\dfrac{x_L}{x_H}\right)_D\left(\dfrac{x_H}{x_L}\right)_F\right]}{\lg\left[\left(\dfrac{x_L}{x_H}\right)_F\left(\dfrac{x_H}{x_L}\right)_B\right]} \qquad n+m=N_m \tag{1-51}$$

柯克布兰德(Kirkbride)提出对泡点进料的经验式：

$$\frac{n}{m} = \left[\left(\frac{x_H}{x_L}\right)_F\left(\frac{x_{LW}}{x_{HD}}\right)^2\left(\frac{W}{D}\right)\right]^{0.206}$$

6. 简捷法计算理论板数步骤

(1)根据工艺条件及工艺要求,找出一对关键组分。

(2)由清晰分割估算塔顶、塔釜产物的量及组成。

(3)根据塔顶塔釜组成计算相应的温度、求出平均相对挥发度。

(4)用芬斯克方程计算 N_m。

(5)用恩德伍德法计算 R_m,并选适宜的操作回流比 R_{op}。

(6)确定适宜的进料位置。

(7)根据 R_m、R_{op}、N_m,用吉利兰关联图求理论板数 N。

四、多组分复杂精馏过程模型

多组分精馏问题的图解法、经验法和近似算法,除像双组分精馏那样的简单情况外,只适用于初步设计,对于完成多组分多级分离设备的最终设计,必须使用严格计算法,以便确定各级上的温度、压力、流率、气液相组成和传热速率。严格计算法的核心是联立求解物料衡算、相平衡和热量衡算式。尽管对过程作了若干假设,使问题简化,但由于所涉及的过程是多组元、多级和两相流体的非理想性等原因,描述过程的数学模型仍是一组数量很大、高度非线性的方程,必须借助计算机求解。

在建立精馏等分离过程的数学模型时需先给出明确的模型塔,以建立描述精馏等过程的物理模型。

(一)复杂精馏塔物理模型

对于多于两股出料的精馏,称为复杂精馏。采用复杂精馏进行分离是为了节省能量和减少设备的数量。

1. 复杂精馏塔类型

1)多股进料

将不同组成的物料加在相应浓度的塔板上,从能耗看,单股进料更耗能,因为混合物的分离不是自发过程,必须外界供给能量。采用三股进料,表明它们进塔前已有一定程度的分离,比它们混合成一股在塔内进行分离节省能量。例如,氯碱厂脱 HCl 塔,有三股不同组成的物料分别进入塔的相应浓度的板上(图1-8)。

2）侧线采出

从塔身中部采出一个或一个以上物料,侧线采出口可在精馏段或提馏段,按工艺要求采出的物料可为液体或气体(图1-9)。采用侧线采出,可减少塔的数目,但操作要求更高,如裂解气分离中的乙烯塔,炼油中的常压、减压塔等。

3）中间冷凝或中间再沸

中间再沸是在提馏段抽出一股料液,通过中间再沸器加入部分热量,以代替塔釜再沸器加入的部分热量,中间再沸器的温度低,所用加热介质温度要求低,甚至可用回收热,以节省能量(图1-10)。

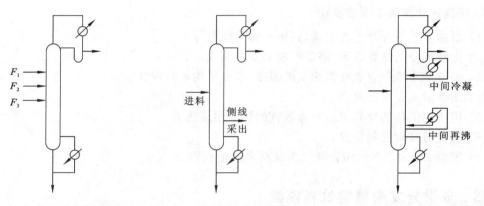

图1-8　多股进料精馏塔　　图1-9　有侧线采出的精馏塔　　图1-10　有中间冷凝或再沸的精馏塔

中间冷凝在精馏段抽出一股料液(气相),通过中间冷凝加入部分冷量,以代替塔顶冷凝器的部分冷量。由于中间冷凝温度更高,可采用较高温度的冷剂,从而节约冷量。

使用中间再沸器或中间冷凝器的精馏,相当于多了一股侧线出料和一股进料及中间有热量引入的或取出的复杂塔。

2. 模型塔

该模型塔有 N 块理论板,包括一个塔顶冷凝器和一个再沸器。理论板的顺序是从塔顶向塔釜数,冷凝器为第一块板,再沸器为第 N 块板,除冷凝器与再沸器外,每一块板都有一个进料 F、气相侧线出料 G、液相侧线出料 S 和热量输入或输出,若计算的塔不包括其中的某些项目,则设该参数为零,并假定每块板为一块理论板,如图1-11。

（二）平衡级的理论模型

1. 多级分离过程的平衡级

在多级分离塔中的每一级上进行的两相流体间的传质和传热现象是十分复杂的,受到很多因素的影响,把所有因素够考虑在内,获得的两相间传质和传热的关系式,进而求得这两相流体的温度、压力和组成等参数是不可能的,因此常对每一分离级做如下假设:

（1）在每一分离级上的每一相流体都是完全混合的,其温度、压力和组成在分离级上

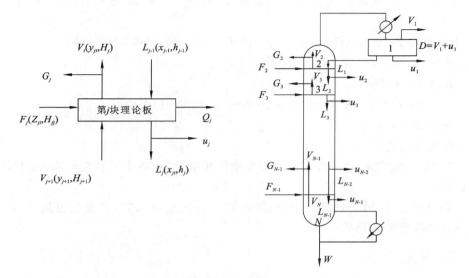

图 1-11　多组分复杂精馏模型塔

各处都一致,且与离开分离级的该相流体相同。

(2) 离开分离级的两相流体之间成相平衡。

具备这两个条件的分离级就是平衡级,在做了上面两个假设后,精馏、吸收、蒸出和萃取的多级分离过程就可以被认为是多级平衡过程。由平衡级假设引起的误差,可以进行修正,如引进级效率等。

对于应用填料塔作为分离设备的多级分离过程,可以用等板高度(HETP)的概念,把一定的填料高度折算成相应的平衡级数,仍按多级平衡过程进行计算。

2. 多级分离过程的数学模型——MESH 方程组

在平衡级的严格计算中,必须同时满足 MESH 方程,它描述多级分离过程每一级达气液平衡时的数学模型。

(1) 物料平衡式(每一级有 C 个,共 NC 个)(material balance equation)。

$$L_{j-1}x_{i,j-1}-(V_j+G_j)y_{ij}-(L_j+S_j)x_{ij}+V_{j+1}y_{i,j+1}=-F_jz_{ij} \tag{1-52}$$

(2) 相平衡关系式(每一级有 C 个,共 NC 个)(equilibrium balance equation)。

$$y_{ij}=k_{ij}x_{ij} \tag{1-53}$$

(3) 摩尔分数加和式(每一级有一个,共有 N 个)(summary equation)。

$$\sum x_{ij}=1 \quad 或 \quad \sum y_{ij}=1 \tag{1-54}$$

(4) 热量平衡式(每一级有一个,共有 N 个)(heat balance equation)。

$$L_{j-1}h_{j-1}-(V_j+G_j)H_j-(L_j+S_j)h_j+V_{j+1}H_{j+1}=-F_jH_{Fj}+Q_j \tag{1-55}$$

除 MESH 模型方程组外,k_{ij}、H_j、h_j 的关联式必须知道

$$k_{ij}=k_{ij}(T_j,p_j,x_{ij},y_{ij}) \qquad NC 个$$

$$h_j=h_j(T_j,p_j,x_{ij}) \qquad N 个$$

$$H_j=H_j(T_j,p_j,y_{ij}) \qquad N 个$$

将上述 N 个平衡级按逆流方式串联起来,有 $N_e^u=N(2C+3)$ 个方程和 $N_v^u=[N(3C+9)-1]$ 个变量。

设计变量总数 $N_i^u=NC+6N-1$ 个,固定 $N(C+3)$,可调 $3N-1$,如

① 各级 F_{ij}、z_{ij}、T_{Fj}、p_{Fj},$N(C+2)$ 个;

② 各级 p_j,N 个;

③ 各级 G_j $(j=2\cdots N)$ 和 S_j $(j=1\cdots N-1)$,$2(N-1)$ 个;

④ 各级 Q_j,N 个;

⑤ 各级 N,1 个。

若要规定其他变量,则可以对以上的变量作相应替换,对不同类型分离,有不同典型的规定方法。

在 $N(2C+3)$ 个 MESH 方程中,未知数为 x_{ij}、y_{ij}、L_j、V_j、T_j,其总数也是 $N(2C+3)$ 个,故联立方程组的解是唯一的。

(三)计算方法

1. 开发前的准备

构成一个精馏塔模拟计算的算法,必须对下列三点作出选择和安排。

(1)迭代变量的选择,即选择那些变量在迭代过程中逐步修正而趋近解的,其余变量则由这些迭代变量算得。

(2)迭代变量的组织,决定是对整个方程组进行联列解,还是进行分块解。若为联列解,则方程和迭代变量如何排列和对应必须决定。如果选定分块解,则需确定如何分块,哪些(个)变量与哪一块方程组相匹配,哪一块在内层解算,哪一块在外层解算等。

(3)一些变量的圆整和归一的方法以及迭代的加速方法。

由于对这三种方法不同的选择和安排,产生了许多模拟计算方法,这些算法在收敛的稳定性、收敛的速度和所需的计算机内存的大小等方面存在显著差异,所以需要选择比较合适的算法。

2. 严格计算法的种类

1)逐板计算法

逐板计算法是运用试差的方法,逐级求解相平衡、物料平衡和热平衡方程。该法由 Lewis-Mathesm 于 1933 年首先导出数学模型,并于 20 世纪 50 年代计算机应用后,提出了逐板求解的方法,这类方法适合于清晰分割场合。对非清晰、非关键组分在塔顶、塔釜的组成较难估计,致使每轮计算产生较大的误差,计算不容易收敛。在计算机被广泛应用前,曾是主要的较严格的多级平衡过程的计算方法,但其受截断误差传递影响较大,对复杂塔稳定性较差。目前在计算中很少采用,但在吸收上仍有采用。

2)矩阵法

矩阵法是将 MESH 方程按类别组合,对其中一类和几类方程组用矩阵法对各级同时求解,该法由 Amundson 于 1953 年提出,有三对角矩阵法、矩阵求逆法、CMB 矩阵法、2N 牛顿法等。由于这些方程都是高度非线性的,因此必须用迭代的方法,逐次逼近方程组的

解。所选用的迭代方法主要有直接迭代法、校正迭代法和牛顿-拉弗森迭代法。这些迭代法都是设法将非线性方程组简化为线性方程组,然后对此线性方程组求解。并将该解作为原方程的近似解,逐次逼近原方程组的解。

3）松弛法

松弛法是采用不稳定状态的物料平衡方程和热平衡方程,求解稳定状态下多级平衡过程。通常是只用不稳定状态的物料平衡方程,求解稳定状态下的组成。该法优点是算法简单,只要选取了合适的松弛因子,一般都能收敛,且不受初值影响,迭代的中间结果具有物理意义。如以进料组成为各级重流体相组成的初值时,中间结果可以被看成是由于开工不稳定状态趋向稳定状态的过程。

3. 计算类型

多级平衡过程的计算,从其计算的目的和要解决的问题来划分,又可分为设计性计算和操作性计算。

（1）设计性计算,其目的在于解决完成一预定的分离任务的新过程设计问题。即在给定的进料条件(F、x_F、T、p)、塔的操作压力和回流比外,还需知道轻、重关键组分的回收率,求解所需的理论板数,以及最佳进料位置和侧线采出位置。

（2）操作性计算,是已知操作条件下,分析和考察已有的分离设备的性能。例如,精馏计算是在给定操作压力、进料情况、进料位置、塔中具有的板数和回流比下,计算塔顶、塔底产品的量和组成,以及侧线抽出的组成和塔中的温度分布等。

前面提到的算法除了逐级计算法中的 Lewis-Matheson 法适用于设计性计算外,其他方法只适用于操作型计算,若用其进行设计型计算,需先设平衡级数（板数）、进料位置和出料速度与位置,然后进行试算。根据每次试算的结果对所设变量进行修正,直至计算结果满足设计要求。

五、三对角矩阵法

1. 计算原理

此法用于分块解法,分块求解就是将 MESH 模型方程作适当分组,每小组方程与一定迭代变量相匹配,把不是与此组方程相匹配的迭代变量当作常量。解这小组方程得到相应的迭代变量值,它们在解另一组方程时也作为常量。当一组方程求解后再解另一组方程。当全部方程求解后,全部迭代变量值均得到了修正,如此反复迭代计算,直至各迭代变量的新值和旧值几乎相等,即修正值很小时,才得到了收敛解。

矩阵法计算原理在初步假定的沿塔高温度 T,气、液流量 V、L 的情况下,逐板地用物料平衡(M)和气液平衡(E)方程联立求得一组方程,并用矩阵求解各板上组成 x_{ij},用 S 方程求各板上新的温度 T,用 H 方程求各板上新的气液流量 V、L。如此循环计算直到稳定为止。

2. ME 方程

将 E 方程带入 M 方程消去 y_{ij}。

$$L_{j-1}x_{i,j-1}+V_{j=1}k_{i,j=1}x_{i,j=1}+Fz_{ij}-(V_j+G_j)k_{ij}x_{ij}-(L_j+S_j)x_{ij}=0$$

$$L_{j-1}x_{i,j-1}-[(V_j+G_j)k_{ij}+(L_j+S_j)]x_{ij}+V_{j+1}k_{j+1}x_{i,j+1}=-Fz_{ij} \qquad (1-56)$$

令 $A_j=L_{j-1}$，$B_j=-[(V_j+G_j)k_{ij}+(L_j+S_j)]$，$C_j=V_{j+1}k_{i,j+1}$，$D_j=-F_jz_{ij}$，所以

$$A_jx_{i,j-1}+B_jx_{ij}+C_jx_{i,j+1}=D_j$$

当 $j=1$ 时，即塔顶冷凝器，由于没有上一板来的液体，所以

$$A_1=L_0=0 \quad B_1=-(V_1k_{i1}+L_1+S_1) \quad C_j=V_2K_{i2} \quad D_1=0$$

所以 $B_1x_{i1}+C_1x_{i2}=D_1$

当 $j=N$ 时，即塔釜，由于没有下一板上来的蒸气，所以

$$A_N=L_{N-1} \quad B_N=-(V_Nk_{iN}+B) \quad C_N=V_{N+1}=0 \quad D_N=0$$

$$A_Nx_{i,N-1}+B_Nx_{i,N}=D_N$$

ME 线性方程组和矩阵为

$$\begin{cases} B_1x_{i1}+C_1x_{i2}=D_1 & j=1 \\ A_jx_{i,j-1}+B_jx_{ij}+C_jx_{i,j+1}=D_j & 2\leqslant j\leqslant N-1 \\ A_Nx_{i,N-1}+B_Nx_{i,N}=D_N & j=N \end{cases} \qquad (1-57)$$

$$\begin{bmatrix} B_1 & C_1 \\ A_2 & B_2 & C_2 \\ & \cdots & \cdots \\ & & A_j & B_j & C_j \\ & & & \cdots & \cdots & \cdots \\ & & & & A_{N-1} & B_{N-1} & C_{N-1} \\ & & & & & A_N & B_N \end{bmatrix}\begin{bmatrix} x_{i1} \\ x_{i2} \\ \vdots \\ x_{ij} \\ \vdots \\ x_{i,N-1} \\ x_{i,N} \end{bmatrix}=\begin{bmatrix} D_1 \\ D_2 \\ \vdots \\ D_j \\ \vdots \\ D_{N-1} \\ D_N \end{bmatrix} \qquad (1-58)$$

或简写为

$$[A,B,C]\{x_{ij}\}=\{D_j\}$$

式中，$\{x_{ij}\}$ 为未知量的列向量；$\{D_j\}$ 为常数项的列向量；$[A,B,C]$ 为三对角矩阵；A,B,C 为矩阵元素。若 V_j、L_j、$T_j(F_j,G_j,S_j)$ 等值先固定，则 A_j、B_j、C_j、D_j 为常数，所以其中只有 N 个未知量 x_{ij}，故能求解。

3. 初值的确定

(1) T_j，根据塔顶、塔釜的温度线性分布。

$$T_{j初}=T_D+\left(\frac{T_B-T_D}{N-1}\right)(j-1)$$

(2) V_j，设为恒摩尔流。

j 板平衡：

$$F_j+V_{j+1}+L_{j-1}=V_j+G_j+L_j+S_j$$

$$V_{j+1}=V_j+G_j+L_j+S_j+L_{j-1}+F_j$$

液相平衡：

$$L_{j-1}+qF_j=L_j+S_j$$

$$V_{j+1}=V_j+G_j-F_j(1-q_j) \quad 2\leqslant j\leqslant N-1$$

· 30 ·

式中：

$$V_2 = (R+1)D = D + L_1 \quad (L_1 = RD)$$

（3）L_j，由 V_j 求。

由 j 板与塔顶作物料平衡（图 1-12），则

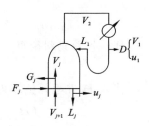

$$V_{j+1} + \sum_{k=2}^{j} F_k = L_j + \sum_{k=2}^{j} S_k + \sum_{k=2}^{j} G_k + D$$

$$L_j = V_{j+1} + \sum_{k=2}^{j}(F_k - G_k - S_k) - D$$

A_j、B_j、C_j、D_j 常数中如果某些物料没有，可以用零代入。

图 1-12　由 j 板与塔顶作
物料衡算示意图

4. 求解方法

（1）三对角矩阵中求解 $\{x_{ji}\}$ 的方法（高斯消去法、托马斯法、追赶法）。

利用矩阵的初等变换将矩阵中一对角线元素 A_j 变为零，另一对角线元素 B_j 变为1，然后将 C_j 与 D_j 引用两个辅助参量 P_j 和 q_j。

$$增广矩阵 \begin{bmatrix} 1 & P_1 & & & & & \\ 0 & 1 & P_2 & & & & \\ \cdots & \cdots & & & & & \\ & & 0 & 1 & P_j & & \\ & & \cdots & \cdots & & & \\ & & & & 0 & 1 & P_{N-1} \\ & & & & & 0 & 1 \end{bmatrix} \begin{bmatrix} x_{i1} \\ x_{i2} \\ \vdots \\ x_{ij} \\ \vdots \\ x_{i,N-1} \\ x_{iN} \end{bmatrix} = \begin{bmatrix} q_1 \\ q_2 \\ \vdots \\ q_j \\ \vdots \\ q_{N-1} \\ q_N \end{bmatrix}$$

式中：

$$P_j = \frac{C_j}{B_j - A_j P_{j-1}} \qquad q_j = \frac{D_j - A_j q_{j-1}}{B_j - A_j P_{j-1}}$$

当 $j=1$，$A_1 = 0$，所以

$$P_1 = \frac{C_1}{B_1} \qquad q_1 = \frac{D_1}{B_1}$$

由此求出各 P_j 和 q_j，并可以求出某一组分在各块板上的液相组成。

$$x_{iN} = q_N$$
$$x_{i,N-1} + P_{N-1} x_{iN} = q_{N-1}$$
$$\cdots$$
$$x_{ij} + P_j x_{i,j+1} = q_j$$
$$\cdots$$
$$x_{i1} - P_1 x_{i2} = q_1$$

对 C 个组分的矩阵进行求解后，即得各块板上所有组分的液相组成。

（2）用 S 方程计算新的温度分布，在未收敛前 $\sum x_{ij} \neq 1$，在 0.3～15 的范围内。

① 圆整，$x_{ij} = \dfrac{x_{ij}}{\sum x_{ij}}$。

② 用泡点法求 T_j，并同时得 y_{ij}。

（3）用 H 方程计算各块板的 V_j 和 L_j。

H 方程：

$$L_{j-1}h_{j-1}+V_{j+1}H_{j+1}+F_jH_{Fj}=(V_j+G_j)H_j+(L_j+S_j)h_j+Q_j$$

任一板总物料衡算

$$L_j+S_j=L_{j-1}+V_{j+1}+F_j-(V_j+G_j)$$

代入 H 方程并整理得

$$V_{j+1}=\frac{(H_j-h_j)(V_j+G_j)+(h_j-h_{j-1})L_{j-1}-(H_{Fj}-h_j)F_j+Q_j}{H_{j+1}-h_j}$$

由假定的初始值 V_1 即可求得 V_{j+1}，计算顺序从冷凝器开始，然后随着 j 的递增而求得 V_N 为止。

$$V_1=D-S_1 \qquad L_1=RD \qquad V_2=D+L_1=(R+1)D$$

而

$$L_j=V_{j+1}+\sum_{K=2}^{j}(F_K-G_K-S_K)-D$$

也可将各板的 H 方程写出，并把它们集合在一起，也可得到一个二对角线矩阵方程。通过计算 α、β、γ 计算各板的 V、L。

5. 计算步骤

（1）确定必要条件和基础数据。

（2）按塔顶、塔釜的温度假定在塔内温度为线性分布的温度初始值 T_j，按恒摩尔流假定一组初始的蒸气量分布 V_j。

（3）由假设的 T_j 计算 k_{ij}，然后计算 ME 矩阵方程中的 A_j、B_j、C_j、D_j、P_j、q_j。

（4）用高斯消去法解矩阵得 x_{ij}，若 $\sum x_{ij} \neq 1$，则圆整。

（5）由计算出的 x_{ij}，用 S 方程试差迭代出新的温度 T'_j，同时计算 y_{ij}。

（6）由 x_{ij}、y_{ij}、T'_j 计算 H_j、h_j。

（7）用 H 方程从冷凝器开始向下计算各板新的气液相流量 V'_j、L'_j。

（8）判断是否满足收敛条件：

$$\varepsilon_T=\sum\left[(T_j)_k-(T_j)_{k-1}\right]^2\leqslant 0.01N$$

$$\varepsilon_H=\sum\left[\frac{(V_j)_k-(V_j)_{k-1}}{(V_j)_k}\right]\leqslant 0.01$$

若计算结果不能满足此收敛条件，得到的 T'_j、V'_j、L'_j 值作为初值，重复（3）以下的步骤。

6. 流量加和法（SR 法）

三对角矩阵的另一形式，即在解 ME 三对角矩阵方程求出组分流率 l_{ij} 或 v_{ij}，组分流率加和得到 L_j 和 V_j，再用 H 方程校正温度 T_j。用这一顺序计算方便，独立变量取用各板的组分流率 l_{ij} 代替 x_{ij}，相应的衡算式的形式也要有所改变。

单元四　精馏塔的操作

一、影响精馏操作的因素

对于现有的精馏装置和特定的物系,精馏操作的基本要求是使设备具有尽可能大的生产能力,达到预期的分离效果,操作费用最低。影响精馏装置稳态、高效操作的主要因素包括操作压力、进料组成和热状况、塔顶回流、全塔的物料平衡和稳定、冷凝器和再沸器的传热性能、设备散热情况等。以下就其主要影响因素作以简要分析。

1. 物料平衡的影响

根据精馏塔的总物料衡算可知,对于一定的原料液流量 F 和组成 x_F,只要确定了分离程度 x_D 和 x_W,馏出液流量 D 和釜残液流量 W 也就被确定了。而 x_D 和 x_W 决定了气液平衡关系、x_F、q、R 和理论板数 N_T(适宜的进料位置),因此 D 和 W 或采出率 D/F 与 W/F 只能根据 x_D 和 x_W 确定,而不能任意增减,否则进、出塔的两个组分的量不平衡,必然导致塔内组成变化,操作波动,使操作不能达到预期的分离要求。

在精馏塔的操作中,需维持塔顶和塔底产品的稳定,保持精馏装置的物料平衡是精馏塔稳态操作的必要条件。通常由塔底液位来控制精馏塔的物料平衡。

2. 塔顶回流的影响

回流比是影响精馏塔分离效果的主要因素,生产中经常用回流比来调节、控制产品的质量。例如,当回流比增大时,精馏产品质量提高;反之,当回流比减小时,x_D 减小而 z 增大,使分离效果变差。

回流比增加,使塔内上升蒸气量及下降液体量均增加,若塔内气液负荷超过允许值,则可能引起塔板效率下降,此时应减小原料液流量。

调节回流比的方法可有如下几种:

(1)减少塔顶采出量以增大回流比。

(2)塔顶冷凝器为分凝器时,可增加塔顶冷剂的用量,以提高凝液量,增大回流比。

(3)有回流液中间储槽的强制回流,可暂时加大回流量,以提高回流比,但不得将回流储槽抽空。

必须注意,在馏出液采出率 D/F 规定的条件下,借增加回流比 R 以提高 x_D 的方法并非总是有效。此外,加大操作回流比意味着加大蒸发量与冷凝量,这些数值还将受到塔釜及冷凝器传热面的限制。

3. 进料热状况的影响

当进料状况(x_F 和 q)发生变化时,应适当改变进料位置,并及时调节回流比 R。一般精馏塔常设几个进料位置,以适应生产中进料状况,保证在精馏塔的适宜位置进料。如进料状况改变而进料位置不变,必然引起馏出液和釜残液组成的变化。

进料情况对精馏操作有着重要意义。常见的进料状况有五种,不同的进料状况,都显著地直接影响提馏段的回流量和塔内的气液平衡。精馏塔较为理想的进料状况是泡点进料,它较为经济,最为常用。对特定的精馏塔,若 x_F 减小,则 x_D 和 x_W 将均减小,欲保持 x_D 不变,则应增大回流比。

4. 塔釜温度的影响

釜温是由釜压和物料组成决定的。精馏过程中,只有保持规定的釜温,才能确保产品质量。因此,釜温是精馏操作中重要的控制指标之一。

提高塔釜温度时,则使塔内液相中易挥发组分减少,同时使上升蒸气的速度增大,有利于提高传质效率。如果由塔顶得到产品,则塔釜排出难挥发物中,易挥发组分减少,损失减少;如果塔釜排出物为产品,则可提高产品质量,但塔顶排出的易挥发组分中夹带的难挥发组分增多,从而增大损失。因此,在提高温度的时候,既要考虑产品的质量,又要考虑工艺损失。一般情况下,操作习惯于用温度来提高产品质量,降低工艺损失。

当釜温变化时,通常是用改变蒸发釜的加热蒸气量,将釜温调节至正常。当釜温低于规定值时,应加大蒸气用量,以提高釜液的气化量,使釜液中重组分的含量相对增加,泡点提高,釜温提高。当釜温高于规定值时,应减少蒸气用量,以减少釜液的气化量,使釜液中轻组分的含量相对增加,泡点降低,釜温降低。此外还有与液位串级调节的方法等。

5. 操作压力的影响

塔的压力是精馏塔主要的控制指标之一。在精馏操作中,常规定操作压力的调节范围。塔压波动过大,就会破坏全塔的气液平衡和物料平衡,使产品达不到所要求的质量。

提高操作压力,可以相应地提高塔的生产能力,操作稳定,但在塔釜难挥发产品中,易挥发组分含量增加。如果从塔顶得到产品,则可提高产品的质量和易挥发组分的浓度。

影响塔压变化的因素是多方面的,例如,塔顶温度、塔釜温度、进料组成、进料流量、回流量、冷剂量、冷剂压力等的变化以及仪表故障、设备和管道的冻堵等,都可以引起塔压的变化。真空精馏的真空系统出了故障、塔顶冷凝器的冷却剂突然停止等都会引起塔压的升高。

对于常压塔的压力控制,主要有以下三种方法:

(1)对塔顶压力在稳定性要求不高的情况下,无需安装压力控制系统,应当在精馏设备(冷凝器或回流罐)上设置一个通大气的管道,以保证塔内压力接近于大气压。

(2)对塔顶压力的稳定性要求较高或被分离的物料不能和空气接触时,若塔顶冷凝器为全凝器,则塔压多是靠冷剂量的大小来调节。

(3)用调节塔釜加热蒸汽量的方法来调节塔釜的气相压力。

在生产中,当塔压变化时,控制塔压的调节机构就会自动动作,使塔压恢复正常。当塔压发生变化时,首先要判断引起变化的原因,而不要简单地只从调节上使塔压恢复正常,要从根本上消除变化的原因,才能不破坏塔的正常操作。例如,釜温过低引起塔压降低,若不提升釜温,而单靠减少塔顶采出来恢复正常塔压,将造成釜液中轻组分大量增加。由于设备原因而影响了塔压的正常调节时,应考虑改变其他操作因素以维持生产,严重时则要停车检修。

二、板式塔的操作特性

（一）板式塔内气液两相的非理想流动

1. 空间上的反向流动

空间上的反向流动是指与主体流动方向相反的液体或气体的流动，主要有两种。

1）雾沫夹带

板上液体被上升气体带入上一层塔板的现象称为雾沫夹带。雾沫夹带量主要与气速和板间距有关，其随气速的增大和板间距的减小而增加。

雾沫夹带是一种液相在塔板间的返混现象，使传质推动力减小，塔板效率下降。为保证传质的效率，维持正常操作，正常操作时应控制雾沫夹带量不超过 0.1 kg（液体）/kg（干气体）。

2）气泡夹带

由于液体在降液管中停留时间过短，而气泡来不及解脱就被液体带入下一层塔板的现象称为气泡夹带。气泡夹带是与气体的流动方向相反的气相返混现象，使传质推动力减小，降低塔板效率。

通常在靠近溢流堰一狭长区域不开孔，称为出口安定区，使液体进入降液管前有一定时间脱除其中所含的气体，减少气相返混现象。为避免严重的气泡夹带，工程上规定，液体在降液管内应有足够的停留时间，一般不得低于 5s。

2. 空间上的不均匀流动

空间上的不均匀流动是指气体或液体流速的不均匀分布。与返混现象一样，不均匀流动同样使传质推动力减少。

1）气体沿塔板的不均匀分布

从降液管流出的液体横跨塔板流动必须克服阻力，板上液面将出现位差，塔板进、出口侧的清液高度差称为液面落差。液面落差的大小与塔板结构有关，还与塔径和液体流量有关。液体流量越大，行程越大，液面落差越大。

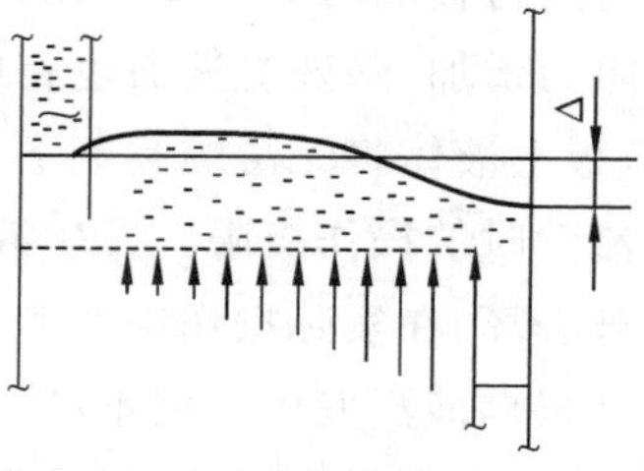

液面落差的存在，将导致气流的不均匀分布，在塔板入口处，液层阻力大，气量小于平均数值；而在塔板出口处，液层阻力小，气量大于平均数值，如图 1-13 所示。

图 1-13　气体沿塔板的不均匀分布

不均匀的气流分布对传质是个不利因素。为此，对于直径较大的塔，设计中常采用双溢流或阶梯溢流等溢流形式来减小液面落差，以降低气体的不均匀分布。

2）液体沿塔板的不均匀流动

液体自塔板一端流向另一端时，在塔板中央，液体行程较短而直，阻力小，流速大。在塔板边缘部分，行程长而弯曲，又受到塔壁的牵制，阻力大，流速小。因此，液流量在塔板上的分配是不均匀的。这种不均匀性的严重发展会在塔板上造成一些液体流动不畅的滞

留区,如图 1-14 所示。

图 1-14　液体沿塔板的
不均匀流动

与气体分布不均匀相似,液流不均匀性所造成的总结果使塔板的物质传递量减少,是不利因素。液流分布的不均匀性与液体流量有关,低流量时该问题尤为突出,可导致气液接触不良,易产生干吹、偏流等现象,塔板效率下降。为避免液体沿塔板流动严重不均,操作时一般要保证出口堰上液层高度不得低于 6 mm 时,否则宜采用上缘开有锯齿形缺口的堰板。

塔板上的非理想流动虽然不利于传质过程的进行,影响传质效果,但塔还可以维持正常操作。

(二) 板式塔的异常操作现象

如果板式塔设计不良或操作不当,塔内将会产生使塔不能正常操作的现象,通常指漏液和液泛两种情况。

1. 漏液

气体通过筛孔的速度较小时,气体通过筛孔的动压不足以阻止板上液体的流下,液体会直接从孔口落下,这种现象称为漏液。漏液量随孔速的增大与板上液层高度的降低而减小。漏液会影响气液在塔板上的充分接触,降低传质效果,严重时将使塔板上不能积液而无法操作。正常操作时,一般控制漏液量不大于液体流量的 10%。

塔板上的液面落差会引起气流分布不均匀,在塔板入口处由于液层较厚,往往出现倾向性漏液,为此常在塔板液体入口处留出一条不开孔的区域,称为安定区。

2. 液泛

为使液体能稳定地流入下一层塔板,降液管内需维持一定高度的液柱。气速增大,气体通过塔板的压降也增大,降液管内的液面相应地升高;液体流量增加,液体流经降液管的阻力增加,降液管液面也相应地升高。如降液管中泡沫液体高度超过上层塔板的出口堰,板上液体将无法顺利流下,液体充满塔板之间的空间,即液泛。液泛是气液两相做逆向流动时的操作极限。发生液泛时,压力降急剧增大,塔板效率急剧降低,塔的正常操作将被破坏,在实际操作中要避免之。

根据液泛发生原因不同,可分为两种情况:塔板上液体流量很大,上升气体速度很高时,雾沫夹带量剧增,上层塔板上液层增厚,塔板液流不畅,液层迅速积累,以致液泛,这种由于严重的雾沫夹带引起的液泛称为夹带液泛。当塔内气、液两相流量较大,导致降液管内阻力及塔板阻力增大时,均会引起降液管液层升高。当降液管内液层高度难以维持塔板上液相畅通时,降液管内液层迅速上升,以致达到上一层塔板,逐渐充满塔板空间,即发生液泛,并称为降液管液泛。

开始发生液泛时的气速称为泛点气速。正常操作气速应控制在泛点气速之下。影响液泛的因素除气、液相流量外,还与塔板的结构,特别是塔板间距有关。塔板间距增大,可提高泛点气速。

（三）塔板的负荷性能图及操作分析

影响板式塔操作状况和分离效果的主要因素为物料性质、塔板结构及气液负荷,对一定的分离物系,当设计选定塔板类型后,其操作状况和分离效果只与气液负荷有关。要维持塔板正常操作,必须将塔内的气液负荷限制在一定的范围内,该范围即为塔板的负荷性能。将此范围绘制在直角坐标系中,以液相负荷 L 为横坐标、气相负荷 V 为纵坐标进行,所得图形称为塔板的负荷性能图,如图 1-15 所示。负荷性能图由以下五条线组成。

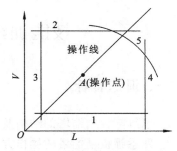

图 1-15　塔板的负荷性能图

（1）漏液线。图中 1 线为漏液线,又称气相负荷下限线。当操作时气相负荷低于此线,将发生严重的漏液现象,此时的漏液量大于液体流量的 10%。塔板的适宜操作区应在该线以上。

（2）液沫夹带线。图中 2 线为液沫夹带线,又称气相负荷上限线。如操作时气液相负荷超过此线,表明液沫夹带现象严重,此时液沫夹带量大于 0.1 kg（液）/kg（气）。塔板的适宜操作区应在该线以下。

（3）液相负荷下限线。图中 3 线为液相负荷下限线。若操作时液相负荷低于此线,表明液体流量过低,板上液流不能均匀分布,气液接触不良,塔板效率下降。塔板的适宜操作区应在该线以右。

（4）液相负荷上限线。图中 4 线为液相负荷上限线。若操作时液相负荷高于此线,表明液体流量过大,此时液体在降液管内停留时间过短,发生严重的气泡夹带,使塔板效率下降。塔板的适宜操作区应在该线以左。

（5）液泛线。图中 5 线为液泛线。若操作时气液负荷超过此线,将发生液泛现象,使塔不能正常操作。塔板的适宜操作区在该线以下。

在塔板的负荷性能图中,五条线所包围的区域称为塔板的适宜操作区,在此区域内,气、液两相负荷的变化对塔板效率影响不太大,故塔应在此范围内进行操作。

操作时的气相负荷 V 与液相负荷 L 在负荷性能图上的坐标点称为操作点。在连续精馏塔中,操作的气液比 V/L 为定值,因此在负荷性能图上气、液两相负荷的关系为通过原点、斜率为 V/L 的直线,该直线称为操作线。操作线与负荷性能图的两个交点分别表示塔的上下操作极限,两极限的气体流量之比称为塔板的操作弹性。设计时,应使操作点尽可能位于适宜操作区的中央,若操作线紧靠某条边界线,则负荷稍有波动,塔即出现不正常操作。

应予指出,当分离物系和分离任务确定后,操作点的位置即固定,但负荷性能图中各条线的相应位置随着塔板的结构尺寸而变。因此,在设计塔板时,根据操作点在负荷性能图中的位置,适当调整塔板结构参数,可改进负荷性能图,以满足所需的操作弹性。例如,加大板间距可使液泛线上移,减小塔板开孔率可使漏液线下移,增加降液管面积可使液相负荷上限线右移等。

塔板负荷性能图在板式塔的设计及操作中具有重要的意义。设计时使用负荷性能图可以检验设计的合理性,操作时使用负荷性能图,以分析操作状况是否合理,当板式塔操作出现问题时,分析问题所在,为解决问题提供依据。

技能训练一 精馏塔操作训练

一、训练目标

1. 了解筛板精馏塔的结构及流程。
2. 熟悉筛板精馏塔的操作方法。
3. 掌握筛板精馏塔全塔效率的测定方法。
4. 理解灵敏板温度、回流比、蒸气速度对精馏过程的影响。

二、训练准备

1. 理解和掌握精馏操作的基本原理,熟悉精馏装置。
2. 理解理论板的概念,掌握全塔效率和单板效率的概念及计算。
3. 掌握回流比对精馏操作的影响。
4. 精馏装置流程

本装置流程如图 1-16 所示,主要由精馏塔、回流分配装置及测控系统组成。

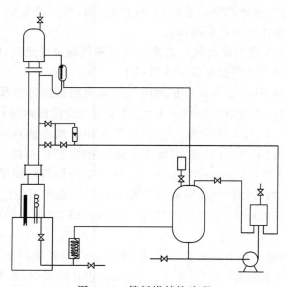

图 1-16　筛板塔精馏流程

精馏塔为筛板塔,塔体采用 $\phi57\,mm\times3.5\,mm$ 的不锈钢管制成,下部与蒸馏釜相连。蒸馏釜为 $\phi108\,mm\times4\,mm\times300\,mm$ 不锈钢材质的立式结构,塔釜装有液位计、电加热器

(1.5 kW)、控温电加热器(200 W)、温度计接口、测压口和取样口,分别用于观测釜内液面高度、加热料液、控制电加热量、测量塔釜温度、测量塔顶与塔釜的压差和塔釜液取样。由于本实验所取试样为塔釜液相物料,故塔釜可视为一块理论板。塔顶冷凝器为一蛇管式换热器,换热面积 0.06 m²,管外走蒸气,管内走冷却水。塔身共有八块塔板。塔主要参数为:塔板,厚 $\delta=1$ mm,不锈钢板,孔径 $d_0=1.5$ mm,孔数 $n=43$,排列方式为正三角形;板间距 $H_T=80$ mm;溢流管,截面积 78.5 mm²,堰高 12 mm,底隙高度 6 mm。

　　回流分配装置由回流分配器与控制器组成。控制器由控制仪表和电磁线圈构成。回流分配器由玻璃制成,它由一个入口管、两个出口管及引流棒组成。两个出口管分别用于回流和采出。引流棒为一根 $\phi108$ mm 的玻璃棒,内部装有铁芯,塔顶冷凝器中的冷凝液顺着引流棒流下,在控制器的控制下实现塔顶冷凝器的回流或采出操作。当控制器电路接通后,电磁线圈将引流棒吸起,操作处于采出状态;当控制器电路断路时,电磁线圈不工作,引流棒自然下垂,操作处于回流状态。此回流分配器既可通过控制器实现手动控制,也可通过计算机实现自动控制。

　　在本实验中,利用人工智能仪表分别测定塔顶温度、塔釜温度、塔身伴热温度、塔釜加热温度、全塔压降、加热电压、进料温度及回流比等参数,该系统的引入,不仅使实验更为简便、快捷,又可实现计算机在线数据采集与控制。

　　本实验所选用的体系为乙醇-水,采用锥形瓶取样,取样前应先取少量试样冲洗一两次。取样后用塞子塞严锥形瓶,待其冷却后(至室温),再用比重天平称出相对密度,测取液体的温度,换算出料液的浓度。这种测定方法的特点是方便快捷、操作简单,但精度稍低;若要实现高精度的测量,可利用气相色谱进行浓度分析。

三、训练步骤(要领)

1. 熟悉精馏过程的流程,搞清仪表柜上按钮与各仪表相对应的设备与测控点。

2. 全回流操作时,配制浓度为 4%~5%(质量分数)的乙醇-水溶液,启动进料泵,向塔中供料至塔釜液面高度达 250~300 mm。

3. 启动塔釜加热及塔身伴热,观察塔釜、塔身、塔顶温度及塔板上的气液接触状况(观察视镜),发现塔板上有料液时,打开塔顶冷凝器的冷却水控制阀。

4. 测定全回流情况下的单板效率及全塔效率。控制蒸量、回流液浓度,在一定回流量下,全回流一段时间,待塔操作参数稳定后,即可在塔顶、塔釜及相邻两块塔板上取样,用比重天平进行分析,测取数据(重复两三次),并记录各操作参数。

5. 待全回流操作稳定后,根据进料板上的浓度,调整进料液的浓度(在原料储罐中配制乙醇质量分数为 15%~20%的乙醇-水料液,其数量按获取 0.5 kg 质量分数为 92%的塔顶产品计算),开启进料泵,注意控制加料量(建议进料量维持在 30~50 mL/min),调整回流,使塔顶产品浓度达到 92%(质量分数)。

6. 控制釜底排料量与残液浓度(要求含乙醇质量分数不超过 3%),维持釜内液位基本稳定。

7. 操作基本稳定后(蒸馏釜蒸气压力及塔顶温度不变),开始取样分析,测定塔顶、塔底产品浓度,10～15 min 一次,直到产品和残液的浓度不变为止,记录合格产品量。切记在排釜液前,一定要打开釜液冷却器的冷却水控制阀。取样时,打开取样旋塞要缓慢,以免烫伤。

8. 实验完毕后,停止加料,关闭塔釜加热及塔身伴热,待一段时间后(视镜内无料液时),切断塔顶冷凝器及釜液冷却器的供水,切断电源,清理现场。

四、思考与分析

1. 其他条件都不变,只改变回流比,对塔性能会产生什么影响?
2. 其他条件都不变,只改变釜内二次蒸气压,对塔性能会产生什么影响?
3. 进料板位置是否可以任意选择?它对塔的性能有何影响?
4. 为什么乙醇蒸馏塔采用常压操作而不采用加压精馏或真空蒸馏?
5. 将本塔适当加高,是否可以得到无水乙醇?为什么?
6. 根据操作情况与实验数据分析影响精馏塔性能的因素。

技能训练二　精馏塔操作仿真训练

一、训练目标

能利用仿真系统操作精馏塔。

二、训练准备

熟悉工艺流程及原理。

本单元是一种加压精馏操作,原料液为脱丙烷塔塔釜的混合液,分离后馏出液为高纯度的 C_4 产品,残液主要是 C_5 以上组分。

67.8 ℃的原料液经流量调节器 FIC101 控制流量(14 056 kg/h)后,从精馏塔 DA405 的第 16 块塔板(全塔共 32 块塔板)进料。塔顶蒸气经全凝器 EA419 冷凝为液体后进入回流罐 FA408;回流罐 FA408 的液体由泵 GA412A/B 抽出,一部分作为回流液由调节器 FC104 控制流量(9 664 kg/h)送回 DA405 第 32 层塔板;另一部分则作为产品,其流量由调节器 FC103 控制(6 707 kg/h)。回流罐的液位由调节器 LC103 与 FC103 构成的串级控制回路控制。DA405 操作压力由调节器 PC102 分程控制为 $5.0 \ kg/m^2$,其分程动作如图 1-17 所示。同时调节器 PC101 将调节回流罐的气相

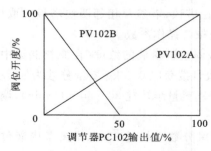

图 1-17　调节阀 PV102 分程动作示意图

出料,保证系统的安全和稳定。

　　塔釜液体的一部分经再沸器 EA408A/B 回精馏塔,另一部分由调节器 FC102 控制流量(7 349 kg/h),作为塔底采出产品。调节器 LC101 和 FC102 构成串级控制回路,调节精馏塔的液位。再沸器用低压蒸气加热,加热蒸气流量由调节器 TC101 控制,其冷凝液送 FA414。

　　FA414 的液位由调节器 LCl02 调节。其工艺流程如图 1-18 所示。

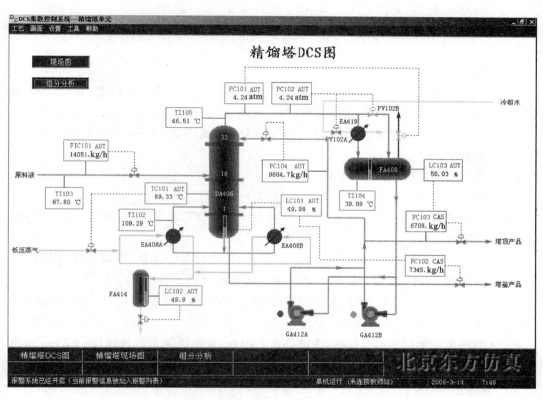

图 1-18　精馏塔单元带控制点工艺流程图

三、训练步骤(要领)

1. 冷态开车

　　进料前确认装置冷态开工状态为精馏塔单元处于常温、常压、氮气吹扫完毕的氮封状态,所有阀门、机泵处于关停状态,所有调节器置于手动状态。

　　1) 进料及排放不凝气

　　(1) 打开 PV101(开度>5%)排放塔内不凝气。

　　(2) 打开 FV101(开度>40%),向精馏塔进料。

　　(3) 进料后,塔内温度略升、压力升高,关闭 PV101。

（4）控制塔顶压力大于 1.0 atm（表），不超过 4.25 atm（表）。

2）启动再沸器

（1）待塔顶压力 PC101 升至 0.5 atm（表），逐渐打开冷凝水调节阀 PV102A（至开度为 50%）。

（2）待塔釜液位 LIC101 升至 20% 以上，全开加热蒸气入口阀 V13，手动缓开调节阀 TV101，给再沸器缓慢加热。

（3）将蒸气缓冲罐 FA414 的液位 LC102 设定为 50%，投自动。

（4）逐渐开大 TV101 至 50%，使塔釜温度逐渐上升至 100 ℃，灵敏板温度升至 75 ℃。

3）建立回流

（1）待回流罐液位 LIC103 升至 20%，灵敏板温度 TC101 指示值高于 75 ℃，塔釜温度高于 100 ℃后，依次全开回流泵 GA412A 入口阀 V19，启动泵，全开泵出口阀 V17。

（2）手动打开调节阀 FV104（开度＞40%），全回流操作，维持回流罐液位升至 40%。

4）调整至正常

（1）待塔压稳定后，将 PC101 和 PC102 投自动。

（2）逐步调整进料量为 14 056 kg/h，稳定后将 FIC101 投自动。

（3）通过 TIC101 调节再沸器加热量使灵敏板温度稳定在 89.3 ℃至 109.3 ℃之间，将 TIC101 变为自动。

（4）在保证回流罐液位和塔顶温度的前提下，逐步加大回流量，将调节阀 FV104 开至 50%，最后当 FC104 流量稳定在 9 664 kWh，将其投自动。

（5）当塔釜液位无法维持时，逐渐打开 FC102，采出塔釜产品；同时将 LIC101 输出设为 50%，投自动；当塔釜产品采出量稳定在 7 349 kg/h，将 FC102 先投自动，再投串级。

（6）当回流罐液位无法维持时，逐渐打开 FV103，采出塔顶产品；同时将 LC103 输出为 50%，投自动；待采出量稳定在 6 707 kg/h，将 FIC103 先投自动，再投串级。

2. 正常运行

熟悉工艺流程，维持各工艺参数稳定；密切注意各工艺参数的变化情况，发现突发事故时，应先分析事故原因，并做及时正确地处理。

3. 正常停车

1）降负荷

（1）手动逐步关小调节阀 FV101（开度＜35%），使进料降至正常进料量的 70%。

（2）同时保持灵敏板温度 TC101 和塔压、PC102 的稳定性，使精馏塔分离出合格的产品。

（3）降负荷过程中，断开 LC103 和 FC103 的串级，手动开大 FV103（开度＞90%），尽量通过 FV103 排出回流罐中的液体产品，至回流罐液位降至 20% 左右。

（4）同时，断开 LC101 和 FC102 的串级，手动开大 FV102（开度＞90%）出塔釜产品，使液位 LC101 降至 30% 左右。

2）停进料和再沸器

在负荷降至正常的 70％,且产品已大部分采出后,停进料和再沸器。

（1）精馏塔进料,关闭调节阀 FV101。

（2）停加热蒸汽,关闭调节阀 TV101,关加热蒸汽阀 V13。

（3）停止产品采出,手动关闭 FV102 和 FV103。

（4）打开塔釜泄液阀 V10,排出不合格产品。

（5）手动打开 LV102,对 FA414 进行泄液。

3）停回流

（1）手动开大 FV104,将回流罐内液体全部打入精馏塔,以降低塔内温度。

（2）当回流罐液位降至 0％,停回流,关闭调节阀 FV104。

（3）依次关泵出口阀 V17,停泵 GA412A,关入口阀 V19。

4）降压、降温

（1）塔内液体排完后,进行降压,手动打开 PV101,当塔压降至常压后,关闭 PV101。

（2）灵敏塔板温度降至 50 ℃ 以下,关塔顶冷凝器冷凝水,手动关闭 PV102A（开度为 0％）。

（3）当塔釜液位降至 0％后,关闭泄液阀 V10。

四、思考与分析

1. 回流量过大,精馏塔塔顶温度、压力、塔釜液位会发生什么变化? 对产品分离有什么影响?

2. 若精馏塔灵敏板温度过高或过低,则意味着分离效果如何? 应通过改变哪些变量来调节至正常?

3. 精馏塔塔釜液位过高,可以通过哪几种方法调节至正常?

4. 精馏塔塔顶温度过高,对产品分离有什么影响? 哪些因素会导致这种现象?

5. 精馏塔压力过高的原因有哪些? 可以通过哪些手段调节至正常?

6. 请分析本流程中如何通过分程控制来调节精馏塔正常操作压力的。可以采取的措施是什么?

五、拓展型训练

常见事故处理见表 1-4。

表 1-4　常见事故处理

事故名称	主要现象	处理方法
加热蒸气压力过高	1. 加热蒸气流量增大 2. 塔釜温度持续上升	适当减小调节阀 TV101 的开度

续表

事故名称	主要现象	处理方法
加热蒸气压力过低	1. 加热蒸汽流量减小 2. 塔釜温度持续下降	适当增大调节阀 TV101 的开度
冷凝水中断	塔顶温度、压力升高	通知调度室,得到停车指令后做如下操作: 1. 打开回流罐放空阀 PV101 保压 2. 手动关闭 FV101 停止进料 3. 手动关闭 TV101 停止加热蒸汽 4. 手动关闭 FV103 和 FV102,停止产品采出 5. 打开塔釜泄液阀 V10 排不合格产品 6. 手动打开 LV102,对 FA414 泄液 7. 当回流罐液位为 0,关闭 FV104 8. 关闭回流泵 GA412A 出口阀 V17,停泵,关回流泵入口阀 V19 9. 当塔釜液位为 0,关闭 V10 10. 当塔顶压力降至常压,关闭冷凝器
停电	回流泵 GA412A 停止,回流中断	通知调度室,得到指令后做如下操作: 1. 打开回流糟放空阀 PV101 保压 2. 手动关闭 FV101 停止进料 3. 手动关闭 FV103 和 FV102,停止产品采出 4. 手动关闭 TV101,停止加热蒸气 5. 打开塔釜泄液阀 V10 排不合格产品 6. 手动打开 LV102,对 FA414 泄液 7. 当回流罐液位为 0,关闭 FV104 8. 关闭回流泵 GA412A 出口阀 V17,停泵,关回流泵入口阀 V19 9. 当塔釜液位为 0,关闭 V10 10. 当塔顶压力降至常压,关闭冷凝器
回流泵 GA412A 故障	1. 回流中断 2. 塔顶温度、压力上升	按照泵的切换顺序启动备用泵 GA412B
回流量调节阀 FV104 阀卡	回流量无法调节	打开旁通阀 V14,保持回流

思 考 题

1. 精馏操作的依据是什么?
2. 说明相对挥发度的意义和作用。
3. 试用 t-x-y 相图说明在塔板上进行的精馏过程。
4. 简述精馏原理、精馏的理论基础和精馏的必要条件。
5. 连续精馏为什么必须有回流?回流比的改变对精馏操作有何影响?

6．什么是理论板？求取理论塔板数有哪些方法？各种方法有什么优缺点？

7．什么是最小回流比？怎样求最小回流比？

8．说明精馏塔的精馏段和提馏段的作用,塔顶冷凝器与塔底再沸器的作用。

9．塔板上气、液两相的非理想流动有哪些？形成原因是什么？对精馏操作有何影响？

10．塔内的异常操作现象有哪些？形成原因是什么？如何避免？

11．什么是负荷性能图？意义是什么？

12．压力对相平衡关系有何影响？精馏塔的操作压力增大,其他条件不变,塔顶、塔底的温度和浓度如何变化？

13．挥发度及相对挥发度 α 的意义是怎样的？α 的物理意义是什么？对理想溶液, α 如何计算？对非理想溶液, α 能否作为常数处理？

14．简单蒸馏过程与平衡蒸馏过程的特点是什么？适用于什么场合？怎样建立物料衡算式？

15．有一原料液欲在一定压力下进行分离,当要求残液的组成相同时,比较采用平衡蒸馏和简单蒸馏两种操作方式所得馏出物的组成和量的大小。

16．精馏过程的原理是什么？为什么精馏塔必须有回流？为什么回流必须用最高浓度的回流？用原料液做回流可否？

17．一个常规精馏塔,进料为泡点液体,因塔顶回流管路堵塞,造成顶部不回流,会出现什么情况？若进料为饱和蒸气又会出现什么情况？塔顶所得产物的最大浓度为多少？

18．精馏塔中气相浓度、液相浓度以及温度沿塔高有何变化规律？原因是什么？

19．精馏段的作用是什么？提馏段的作用是什么？加料板属精馏段还是提馏段？

20．进料热状况参数 q 的物理意义是什么？对气液混合物进料 q 值表示的是进料中的液体分率,对过冷液和过热蒸气进料, q 值是否也表示进料中的液体分率？写出 5 种进料状况下 q 值的范围。

21． q 线方程的物理意义是什么？q 线方程是怎样的？图示 5 种进料热状况下 q 线的方位并讨论在进料组成、分离要求、回流比一定的条件下, q 值的大小对所需理论板数及釜加热蒸汽用量的影响。

22．在图解法求理论板数的 y-x 图上,直角梯级与平衡线的交点、直角梯级与操作线的交点各表示什么意思？直角梯级的水平线与垂直线各表示什么意思？对于一块实际塔板,气相增浓程度和液相降浓程度如何表示？

23．什么是全回流和最小理论板数？全回流时回流比和操作线方程是怎样的？全回流应用于何种场合？如何计算全回流时的最少理论板数？某塔全回流时, $x_n = 0.3$,若 $\alpha = 3$,则 $y_{n+1} = $？

24．选择适宜回流比的依据是什么？设备费和操作费分别包括哪些费用？经验上如何选取适宜回流比？

25．默弗里板效率可能大于 100％？发生此种情况的可能性与什么因素有关？全塔效率是否可能大于 100％？

26．只有提馏段的回收塔、塔釜直接蒸气加热、塔顶部分冷凝器、多股进料、侧线采出各适用于何种情况?

27. 欲设计一精馏塔,塔顶回流有两种方案,其一是采用泡点回流,其二是采用冷回流。在塔顶冷凝器的冷凝量以及回流入塔的液量相同的条件下哪种方案再沸器的热负荷小? 哪种方案所需的理论板数少? 若采用相同的塔板数,哪种方案得到的馏出液浓度较高?

28. 欲设计塔顶采用分凝器的精馏塔,图解计算理论板数时,顶部的第一个梯级是否对应于塔顶的第一块理论板?

29. 某厂有一分离甲醇-水溶液的精馏塔,塔釜用间接蒸气加热。为了节省设备费用,厂里决定对此塔进行改造,将间接蒸气加热改为直接蒸气加热,请对新旧方案做如下比较:

(1) 在相同的 x_F、D/F、x_D 条件下,x_w 的大小;

(2) 在相同的 x_D、x_F、x_w 条件下,D/F 的大小;

(3) 在相同的 x_D、x_F、x_w、q 及 R 条件下,N_T 的大小。

30. 对于精馏塔的设计问题,在进料热状况和分离要求一定的条件下,回流比增大或减小,所需理论板数如何变化? 对于一现场操作着的精馏塔,回流比增大或减小,塔顶馏出液和釜液的量及组成有何变化?

计 算 题

1. 一液体混合物的组成为:苯 0.50,甲苯 0.25,对二甲苯 0.25(摩尔分数)。分别用平衡常数法和相对挥发度法计算该物系在 100 kPa 下的平衡温度和气相组成。假设为完全理想体系。

2. 一烃类混合物含甲烷 5%(摩尔分数),乙烷 10%,丙烷 30% 及异丁烷 55%,试求混合物在 25 ℃时的泡点压力和露点压力。

3. 含有 80%(摩尔分数)乙酸乙酯(A)和 20%乙醇(E)的二元物系,液相活度系数用范拉尔方程计算,$A_{AE}=0.144$,$A_{EA}=0.170$。试计算在 101.3 kPa 压力下的泡点温度和露点温度。

4. 组成为 60%(摩尔分数)苯、25%甲苯和 15%对二甲苯的 100 kmol 液体物,在 101.3 kPa 和 100 ℃下,试计算液体和气体产物的量和组成。假设该物系为理想溶液,用安托万方程计算蒸气压。

5. 在 101.3 kPa 下,对组成为 45%(摩尔分数)正己烷、25%正庚烷及 30%正辛烷的混合物。

(1) 求泡点和露点温度;

(2) 将此混合物在 101.3 kPa 下进行闪蒸,使进料的 50%气化。求闪蒸温度、两相的组成。

6. 在一精馏塔中分离苯(B)、甲苯(T)、二甲苯(X)和异丙苯(C)四元混合物。进料量为 200 mol/h,进料组成 $Z_B=0.2$,$Z_T=0.1$,$Z_X=0.4$(摩尔分数)。塔顶采用全凝器,饱和液体回流。相对挥发度数据为:$\alpha_{BT}=2.25$,$\alpha_{TT}=1.0$,$\alpha_{XT}=0.33$,$\alpha_{CT}=0.21$。规定异丙苯

在釜液中的回收率为 99.8%，甲苯在馏出液中的回收率为 99.5%。求最少理论板数和全回流操作下的组分分配。

7. 在 101.3 kPa 下氯仿(1)-甲醇(2)系统的 NRTL 参数为：$\tau_{12} = 8.966\,5\,J/mol, \tau_{21} = 0.836\,65\,J/mol, \alpha_{12} = 0.3$。试确定共沸温度和共沸组成。

8. 某精馏塔共有三个平衡级、一个全凝器和一个再沸器。用于分离由 60%（摩尔分数）甲醇、20%乙醇和 20%正丙醇所组成的饱和液体混合物。在中间一级上进料，进料量为 1 000 kmol/h，此塔的操作压力为 101.3 kPa，馏出液量为 600 kmol/h，回流量为 2 000 kmol/h，饱和液体回流，假设恒摩尔流。用泡点法计算一个迭代循环，直到得出一组新的 T 值（表示温度）。

安托万方程：

甲醇　　$\ln p_1^{\mathrm{S}} = 23.480\,3 - 3\,626.5/(T - 34.29)$

乙醇　　$\ln p_1^{\mathrm{S}} = 23.804\,7 - 3\,803.98/(T - 41.68)$

正丙醇　$\ln p_1^{\mathrm{S}} = 22.436\,7 - 3\,166.38/(T - 80.15)$

9. 分离苯(B)、甲苯(T)和异丙苯(C)的精馏塔，塔顶采用全凝器。分析釜液组成为：$X_B = 0.1$（摩尔分数），$X_T = 0.3$，$X_C = 0.6$。蒸发比 $V'/W = 1.0$。假设为恒摩尔流。相对挥发度 $\alpha_{BT} = 2.5, \alpha_{TT} = 1.0, \alpha_{CT} = 0.21$，求再沸器以上一板的上升蒸气组成。

10. 精馏塔及相对挥发度与习题 2 相同。进料板上升蒸气组成 $y_B = 0.35$（摩尔分数），$y_T = 0.20, y_C = 0.45$。回流比 $L/D = 1.7$，饱和液体回流。进料板上一级下流液体组成为 $x_B = 0.24$（摩尔分数），$x_T = 0.18, x_C = 0.58$。求进料板以上第 2 板的上升蒸气组成。

11. 分离苯(B)、甲苯(T)和异丙苯(C)的精馏塔，操作压力为 101.3 kPa。饱和液体进料，其组成为 25%（摩尔分数）苯、35%甲苯和 40%异丙苯。进料量 100 kmol/h。塔顶采用全凝器，饱和液体回流，回流比 $L/D = 2.0$。假设恒摩尔流。相对挥发度为常数 $\alpha_{BT} = 2.5, \alpha_{TT} = 1.0, \alpha_{CT} = 0.21$。规定馏出液中甲苯的回收率为 95%，釜液中异丙烷的回收率为 96%。试求：

(1) 按适宜进料位置进料，确定总平衡级数；

(2) 若在第 5 级进料（自上而下），确定总平衡级数。

本模块主要符号说明

英文字母

x——液相中任一组分的摩尔分数；

y——气相中任一组分的摩尔分数；

L——塔内的回流液体量，kmol/h；

V/F——气化率；

F——进料混合物的流量，kmol/h；

V——塔内的上升蒸气流量，kmol/h；

D——塔顶产品流量，kmol/h；

W——塔底产品流量，kmol/h；

p_i——任一组分 i 的分压力，N/m^2 或 Pa；

f——气体的逸度，N/m^2 或 Pa；

p_i^0——任一组分 i 的饱和蒸气，N/m^2 或 Pa；

K_i——任一组分 i 的相平衡常数；

α_{ij}——任一组分 i 对基准组分的相对挥发度；

p——压力，kPa；

x_{Wi}——任一组分 i 塔底产品的摩尔分数；

T——温度，K；

x_{Fi}——任一组分 i 进料中的摩尔分数；

N——独立的组分数；

x_{Di}——任一组分 i 塔顶产品的摩尔分数；

F——自由度数；

x_{Dl}、x_{Dh}——分别表示轻、重关键组分在塔顶产品中的摩尔分率；

x_{Wl}、x_{Wh}——分别表示轻、重关键组分在塔釜产品中的摩尔分率；

α_{lh}——表示轻关键组分对重关键组分的相对挥发度，其值取塔顶、进料和塔釜的几何平均值；

f_{iL}、f_{iV}——分别表示液相和气相混合物中组分 i 的逸度，N/m^2；

f_{iL}^0、f_{iV}^0——分别为液态和气态纯组分 i 在压力 p 及温度 T 下的逸度，N/m^2。

希腊字母

Φ——相数；

φ——逸度系数；

γ——活度系数；

α——相对挥发度。

下标

下标 F——原料液；

下标 D——表示塔顶；

下标 W——表示塔底；

下标 i——任一组分；

下标 j——任一组分；

下标 l——轻关键组分；

下标 h——重关键组分；

下标 L——液相；

下标 V——气相。

模块二　多组分吸收操作技术

知识目标

1. 掌握多组分吸收与解吸的基本知识；掌握多组分吸收与解吸的相平衡；掌握多组分吸收与解吸的物料衡算及相关的工艺计算；掌握多组分吸收与解吸过程的操作、常见事故及其处理。

2. 理解多组分吸收的传质机理；理解多组分吸收的传质速率与吸收系数；理解解吸的特点、过程及应用。

3. 了解多组分吸收与解吸设备的日常维护及保养；了解多组分吸收与解吸过程的安全环保要求。

能力目标

1. 能够根据生产任务对多组分吸收与解吸设备实施基本的操作。

2. 能对多组分吸收与解吸操作过程中的影响因素进行分析，并运用所学知识解决实际工程问题。

3. 能根据生产的需要正确查阅和使用一些常用的工程计算图表、手册、资料等，进行必要的工艺计算。

素质目标

1. 培养学生严谨的科学态度，实事求是、严格遵守操作规程的工作作风。

2. 培养学生安全环保意识，团结协作、积极进取的团队精神。

3. 培养学生追求知识、独立思考、勇于创新的科学精神。

单元一　认识多组分吸收

一、工业生产中的吸收和解吸

工业生产中常会遇到均相气体混合物的分离问题。为了分离混合气体中的各组分，通常将混合气体与选择的某种液体相接触，气体中的一种或几种组分便溶解于液体内而形成溶液,不能溶解的组分则保留在气相中,从而实现了气体混合物分离的目的。

图 2-1 所示中虚线左边为吸收部分,含苯煤气由底部进入吸收塔,洗油从顶部喷淋而下与气体呈逆流流动。在煤气和洗油的逆流接触中,苯类物质蒸气大量溶于洗油中,从塔顶引出的煤气中仅含少量的苯,溶有较多苯类物质的洗油(称为富油)则由塔底排出。为了回收富油中的苯并使洗油能循环使用,在另一个被称为解吸塔的设备中进行着与吸收相反的操作——解吸,图中虚线右边即为解吸部分。从吸收塔底排出的富油首先经换热器被加热后,由解吸塔顶引入,在与解吸塔底部通入的过热蒸气逆流接触过程中,粗苯由液相释放出来,并被水蒸气带出塔顶,再经冷凝分层后即可获得粗苯产品。脱除了大部分苯的洗油(称为贫油)由塔底引出,经冷却后再送回吸收塔顶循环使用。

这种利用混合气体中各组分在同一种溶剂(吸收剂)中溶解度的不同而分离气体混合物的单元操作称为吸收。例如,用水吸收 NH_3 和空气混合气体中的 NH_3,使 NH_3 与空气得以分离。

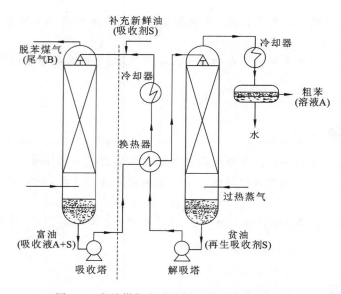

图 2-1 焦炉煤气中回收粗苯的吸收流程简图

分离过程中被选择的液体称为吸收剂,被吸收的气体混合物称为溶质。吸收过程得到的产品是混合物,在工业中进行的吸收过程是根据吸收剂与吸收质的价值而决定是否需进行再次分离,这一再次分离过程,称为解吸。

被吸收的气体从吸收液中释放出来的过程称为解吸或蒸出,它是吸收的逆过程。离开吸收塔的吸收液需进行解吸操作,其作用有两个:一是将溶质从吸收液中驱赶出来,使吸收剂获得再生,循环使用;二是溶质本身是吸收操作欲获得的产品。

二、吸收过程的分类

混合气中有几个组分同时被吸收的操作称为多组分吸收。多组分吸收原则是按照工艺与经济上的考虑保证其中某一个组分的吸收程度达到一定要求,从而决定其他组分被吸收的程度,这个被选择的组分称为关键组分。

假设多组分吸收过程中混合气体可以被吸收的组分有 A、B、C 三个,其中 A 最难溶,B 次之,C 最易溶。它们的平衡线分别为 OA、OB、OC;操作线分别为 DE、FG、HI,如图 2-2 所示。

各组分的操作线斜率相同而平衡线斜率大小不一,其中总有一个(或一个以上)组分的平衡线斜率与操作线的斜率较为接近,两线近于平行。它一般都是溶解度居中的组分,图中就是组分 B,这个组分称为关键组分。

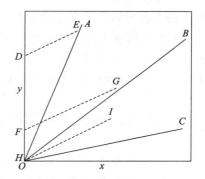

图 2-2　多组分吸收操作线、平衡线

比关键组分难溶的组分 A,其平衡线的斜率大于操作线,平衡线与操作线在塔底处趋于汇合,溶液从塔底送出时其中 A 的浓度已近于饱和,而气体从塔顶送出时其中 A 的浓度仍然很高,表示被吸收得并不完全,即回收率很小。

比关键组分易溶的组分 C,情况恰好相反。平衡线与操作线趋于汇合之处在塔顶,气体从塔顶送出时其中 C 的浓度已非常低,表示 C 被吸收得很完全,即回收率很大。

从上面的分析可以得知,要求一个塔对所有组分都吸收得一样好,显然是做不到的。多组分吸收的原则是按其中一个组分的吸收要求,然后定出其他组分的吸收量。因此,确定关键组分对多组分吸收是相当重要的。

吸收剂与被吸收的易溶组分一起从吸收塔底排出后一般要把吸收剂与易溶组分分离开,即解吸过程,多组分吸收和解吸都是在气、液相间的物质传递过程,不同的是两者的传质方向相反,推动力的方向也相反。所以,多组分解吸被看作是多组分吸收的逆过程,由此可得知,凡有利于多组分吸收的条件对多组分解吸都是不利的,而对多组分吸收不利的条件对多组分解吸则是有利的。多组分解吸可用的方法有降压和负压解吸、使用惰性气体或贫气的解吸、直接蒸气解吸、间接蒸气加热解吸、多种方法结合解吸。

由于处理的气体混合物的性质不同,所采用的设备不同,吸收可分为许多类。

(1) 按组分的相对溶解度大小可将吸收分为单组分吸收和多组分吸收。单组分吸收是气体吸收过程中只有一个组分在吸收剂中具有显著的溶解度,其他组分的溶解度均小到可以忽略不计,如制氢工业中,将空气进行深冷分离前,用碱液脱出其中的 CO_2 以净化空气,这时仅 CO_2 在碱液中具有显著的溶解度,而空气中的氮、氧、氩等气体的溶解度均可忽略。

多组分吸收是气体混合物中具有显著溶解度的组分不止一个,如用油吸收法分离石油裂解气,除氢外,其他组分都程度不同的从气相溶到吸收剂中。

(2) 按吸收过程有无化学反应可分为物理吸收和化学吸收。物理吸收是所溶组分与吸收剂不起化学反应。化学吸收是所溶组分与吸收剂起化学反应。

(3) 按吸收过程温度变化是否显著可分为等温吸收和不等温吸收。等温吸收是吸收过程温度变化不明显。气体吸收相当于由气态变液态,所以会产生近于冷凝热的溶解热,在吸收过程中,有溶解热、反应热,其量往往较大,故温度总有上升,所以没有绝对的等温,只有当溶剂用量相对大,温升不明显。非等温吸收是吸收过程温度变化明显。

(4) 按吸收量的多少可分为贫气吸收和富气吸收。贫气吸收是指吸收量不大,对吸收塔内的吸收剂和气体量影响不大。富气吸收是指吸收量大的情况。

(5) 按气液两相接触方式和采用的设备形式可分为喷淋吸收、鼓泡吸收、降膜吸收。喷淋吸收是指吸收过程在填料塔或空塔中完成;鼓泡吸收是指吸收过程在鼓泡塔或泡罩塔中完成;降膜吸收是指吸收过程在降膜式吸收器中完成。

三、多组分吸收及解吸的特点

化工生产中多组分吸收和解吸有如下几个特点:

(1) 多组分吸收中,各溶质组分的沸点范围很宽,吸收剂与溶质的沸点差较大,有的甚至在临界温度以上进行吸收。多组分吸收是溶质的溶解过程,故不能视为理想物系,气液关系比较复杂。

(2) 吸收是单向传质,对于吸收系统,一般吸收剂是不易挥发的液体,气相中的某些组分不断溶解到不易挥发的吸收剂中,属于单向传质。在吸收过程中,气相的量不断减少,而液相的量在不断地增加,除非是贫气吸收,气液相流量在塔内不能视为常数,不能用恒摩尔流的假设,从而就增加了吸收计算的复杂性。

(3) 吸收过程由于气相中易溶组分溶解到溶剂中,会放出溶解热,这一热效应会使液相和气相的温度都升高,而温度升高又将影响到溶解的量,而溶解量又与溶质的溶解量有关,因而气相中各组分沿塔高的溶解量分布不均衡,这就导致了溶解热的大小以至吸收温度变化是不均匀的,所以不能用精馏中常用的泡、露点方程来确定吸收塔中温度沿塔高的分布,通常要采用热量衡算来确定温度的分布。

(4) 多组分吸收过程中,因为各个组分在同一塔内进行吸收,所有组分的条件都一样,如温度、压力、塔板数、塔高、液气比。但是由于各组分的溶解度不同,所以被吸收量也不同。吸收量的多少由各组分平衡常数决定,而且相互之间存在一定的关系,所以不能对所有的组分规定分离要求。而只能指定某一个组分的分离要求,根据对此组分的分离要求进行计算,然后再根据此计算结果得出其他组分的分离程度。这个首先被指定的组分通常是选取在吸收操作中起关键作用的组分,也就是必须控制其分离要求的组分。

(5) 吸收过程中,在塔的不同位置,对组分的吸收程度是不同的,即难溶组分一般只在靠近塔顶的几块塔板被吸收,而在塔底上变化很小。易溶组分主要在塔底附近的同几块塔板上被吸收,而在塔顶上变化很小。唯一只有关键组分才是在全塔范围内被吸收。

四、多组分吸收及解吸的应用

吸收被广泛应用于合成氨、硫酸、盐酸、硝酸等无机化工产品、石油化工产品的生产及环保中废气的处理等方面。

（一）用液体吸收气体获得半成品或成品

将气体中需用的组分以指定的溶剂吸收出来，成为液态的产品或半成品。例如，用水吸收丙烯腈作为中间产物等；用甲醇蒸气氧化后，用水吸收甲醛蒸气制甲醛溶液（福尔马林溶液）。

（二）气体混合物的分离

用来得到目的产物或回收其中一些组分。例如，石油裂解气的油吸收过程，可把 C_2 以上的组分与甲烷、氢分开；焦炉气的油吸收以回收粗苯；以及用 N-甲基吡咯烷酮作溶剂，将天然气部分氧化所得裂解气中的乙炔分离出来等。此时所用的吸收剂应有较好的选择性，且常与解吸过程相结合。

（三）气体的净化和精制

即原料的预处理过程，除去气体在后处理工序中不允许有的杂质。例如，用乙醇胺脱除石油裂解气或天然气中的 H_2S；用于合成氨生产的氮氢混合气中的 CO_2 和 CO 的净化；以及在接触法生产硫酸中 SO_2 的干燥等。

（四）废气治理

废气在排放前，为了防止有价值组分的损失并污染环境，使用吸收操作进行回收与治理。例如，废气中所含的易挥发性溶剂（如醇、酮、醚等）进行回收；对烟道气的 SO_2 净化；液氯冷凝后的废气除去氯气的净化等。

（五）多组分解吸

多组分解吸的目的有两个：一是获得吸收剂，以便吸收剂的循环使用。二是获得所需较纯的气体溶质。

五、多组分吸收及解吸的流程及选择

（一）单纯吸收工艺流程

当吸收剂与被吸收组分一起作为产品或者废液送出，同时吸收剂使用之后不需要解吸时，则该过程只有吸收塔而没有解吸塔。根据生产要求，可分为单塔一次吸收和多塔串联吸收（图 2-3）。

（二）吸收-解吸流程

该法用于气体混合物通过吸收将其分离为惰性气体和易溶气体两部分，并且惰性气体在吸收剂中溶解度很小，可忽略不计的情况。解吸的常用方法是使溶液升温，以减小气体溶质的溶解度，所以在解吸塔底部设有加热器，通过加热器提供热量使易溶组分蒸出并

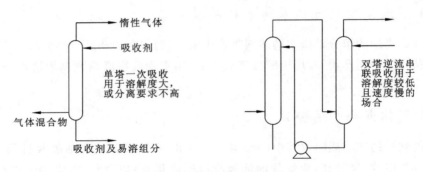

图 2-3 单纯吸收工艺流程

从解吸塔顶排出,解吸塔底的吸收剂经冷却再送往吸收塔循环使用。解吸塔也可采用精馏塔,可用直接蒸气或再沸器的形式,可起到提高蒸出溶质的纯度和回收吸收剂的作用(图 2-4)。

(三)吸收蒸出流程

当吸收尾气中某些组分在吸收剂中也有一定的溶解度,运用一般吸收方法进行分离时,这些组分必然也要被吸收剂吸收,这样很难达到预期的分离要求,为保证关键组分的纯度,采用吸收蒸出塔(图 2-5)。即将吸收塔与精馏塔的提馏段组合在一起,原料气从塔中部进入,进料口上面为吸收段,下部为蒸出段,当吸收液(含有关键组分和其他组分的溶质)与塔釜再沸器蒸发上来的温度较高的蒸气相接触,使其他组分从吸收液中蒸出,塔釜的吸收液部分从再沸器中加热蒸发以提供蒸出段必需的热量,大部分则进入蒸出塔内部使易溶组分与吸收剂分离开,吸收剂经冷却后再送入吸收塔循环使用,一般只适用关键组分为重组分的场合。

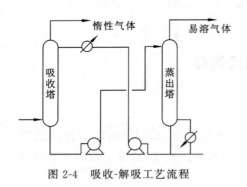

图 2-4 吸收-解吸工艺流程

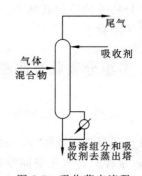

图 2-5 吸收蒸出流程

单元二 填 料 塔

在工业生产中,吸收塔更多的是采用填料的形成进行,因此以填料塔为案例进行介绍。

一、填料塔的结构与特点

1. 填料塔的结构

填料塔由塔体、填料、液体分布装置、填料压紧装置、填料支撑装置、液体再分布装置等构成,如图 2-6 所示。

填料塔操作时,液体自塔上部进入,通过液体分布器均匀喷洒在塔截面上并沿填料表面呈膜状下流。当塔较高时,由于液体有向塔壁面偏流的倾向,液体分布逐渐变得不均匀,因此经过一定高度的填料层以后,需要液体再分布装置,将液体重新均匀分布到下段填料层的截面上,最后从塔底排出。

气体自塔下部经气体分布装置送入,通过填料支撑装置在填料缝隙中的自由空间上升并与下降的液体接触,最后从塔顶排出。为了除去排出气体中夹带的少量雾状液滴,在气体出口处常装有除沫器。

填料层内气、液两相呈逆流接触,填料的润湿表面即为气、液两相的主要传质表面,两相的组成沿塔高连续变化。

2. 填料塔的特点

与板式塔相比,填料塔具有以下特点:

(1) 结构简单,便于安装,小直径的填料塔造价低。

(2) 压力降较小,适合减压操作,且能耗低。

(3) 分离效率高,用于难分离的混合物,塔高较低。

(4) 适于易起泡物系的分离,因为填料对泡沫有限制和破碎作用。

(5) 适用于腐蚀性介质,因为可采用不同材质的耐腐蚀填料。

(6) 适用于热敏性物料,因为填料塔持液量低,物料在塔内停留时间短。

(7) 操作弹性较小,对液体负荷的变化特别敏感。当液体负荷较小时,填料表面不能很好地润湿,传质效果急剧下降;当液体负荷过大时,则易产生液泛。

(8) 不宜处理易聚合或含有固体颗粒的物料。

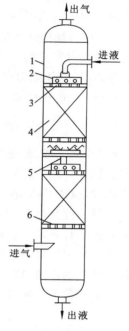

图 2-6　填料塔结构示意图
1-塔体;2-液体分布图;
3-填料压紧装置

二、填料的类型及性能评价

填料是填料塔的核心部分,它提供了气、液两相接触传质的界面,是决定填料塔性能的主要因素。对操作影响较大的填料特性有:

(1) 比表面积。单位体积填料层所具有的表面积称为填料的比表面积,以 δ 表示,其单位为 m^2/m^3。显然,填料应具有较大的比表面积,以增大塔内传质面积。同一种类的填料,尺寸越小,则其比表面积越大。

(2) 空隙率。单位体积填料层所具有的空隙体积称为填料的空隙率,以 ε 表示,其单位为 m³/m³。填料的空隙率大,气液通过能力大且气体流动阻力小。

(3) 填料因子。将 δ 与 ε 组合成 δ/ε^3 的形式称为干填料因子,单位为 m^{-1}。填料因子表示填料的流体力学性能。当填料被喷淋的液体润湿后,填料表面覆盖了一层液膜,δ 与 ε 均发生相应的变化,此时 δ/ε^3 称为湿填料因子,以 ϕ 表示。ϕ 值小则填料层阻力小,发生液泛时的气速提高,即流体力学性能好。

(4) 单位堆积体积的填料数目。对于同一种填料,单位堆积体积内所含填料的个数是由填料尺寸决定的。填料尺寸减小,填料数目可以增加,填料层的比表面积也增大,而空隙率减小,气体阻力也相应增加,填料造价提高。反之,若填料尺寸过大,在靠近塔壁处,填料层空隙很大,将有大量气体由此短路流过。为控制气流分布不均匀的现象,填料尺寸不应大于塔径 D 的 $\dfrac{1}{10} \sim \dfrac{1}{8}$。

此外,从经济、实用及可靠的角度考虑,填料还应具有质量轻、造价低、坚固耐用、不易堵塞、耐腐蚀、有一定的机械强度等特性。各种填料往往不能完全具备上述各种条件,实际应用时,应依具体情况加以选择。

填料的种类很多,大致可分为散装填料和整砌填料两大类。散装填料是一粒粒具有一定几何形状和尺寸的颗粒体,一般以散装方式堆积在塔内。根据结构特点的不同,散装填料分为环形填料、鞍形填料、环鞍形填料及球形填料等。整砌填料是一种在塔内整齐的有规则排列的填料,根据其几何结构可以分为格栅填料、波纹填料、脉冲填料等。下面分别介绍几种常见的填料,见表 2-1。

表 2-1　常见的填料

类型	结构	特点及应用
拉西环	外径与高度相等的圆环,如图 2-7(a)所示	拉西环形状简单,制造容易,操作时有严重的沟流和壁流现象,气液分布较差,传质效率低。填料层持液量大,气体通过填料层的阻力大,通量较低。拉西环是使用最早的一种填料,曾得到极为广泛的应用,目前拉西环工业应用日趋减少
鲍尔环	在拉西环的侧壁上开出两排长方形的窗孔,被切开的环壁一侧仍与壁面相连,另一侧向环内弯曲,形成内伸的舌叶,舌叶的侧边在环中心相搭,如图 2-7(b)所示	鲍尔环填料的比表面积和空隙率与拉西环基本相当,气体流动阻力降低,液体分布比较均匀。同一材质、同种规格的拉西环与鲍尔环填料相比,鲍尔环的气体通量比拉西环增大 50%以上,传质效率增加 30%左右。鲍尔环填料以其优良的性能得到了广泛的工业应用
阶梯环	对鲍尔环填料改进,其形状如图 2-7(c)所示。阶梯环圆筒部分的高度仅为直径的一半,圆筒一端有向外翻卷的锥形边,其高度为全高的 1/5	是目前环形填料中性能最为良好的一种。填料的空隙率大,填料个体之间呈点接触,使液膜不断更新,压力降小,传质效率高
鞍形填料	是敞开型填料,包括弧鞍与矩鞍,其形状如图 2-7(d)所示	弧鞍形填料是两面对称结构,有时在填料层中形成局部叠合或架空现象,且强度较差,容易破碎,影响传质效率。矩鞍形填料在塔内不会相互叠合而是处于相互勾连的状态,有较好的稳定性,填充密度及液体分布都较均匀,空隙率也有所提高,阻力较低,不易堵塞,制造比较简单,性能较好,是取代拉西环的理想填料

续表

类型	结 构	特点及应用
金属鞍环填料	如图 2-7(e)所示,采用极薄的金属板轧制,既有类似开孔环形填料的圆环、开孔和内伸的叶片,也有类似矩鞍形填料的侧面	综合了环形填料通量大及鞍形填料的液体再分布性能好的优点而研制发展起来的一种新型填料,敞开的侧壁有利于气体和液体通过,在填料层内极少产生滞留的死角,阻力减小,通量增大,传质效率提高,有良好的机械强度。金属鞍环填料性能优于目前常用的鲍尔环和矩鞍形填料
球形填料	一般采用塑料材质注塑而成,其结构有许多种,如图 2-7(f)所示	球体为空心,可以允许气体、液体从内部通过。填料装填密度均匀,不易产生空穴和架桥,气液分散性能好。球形填料一般适用于某些特定场合,工程上应用较少
波纹填料	由许多波纹薄板组成的圆盘状填料,波纹与水平方向成 45 度倾角,相邻两波纹板反向靠叠,使波纹倾斜方向相互垂直。各盘填料垂直叠放于塔内,相邻的两盘填料间交错 90 度排列,如图 2-7(g)所示	优点是结构紧凑,比表面积大,传质效率高。填料阻力小,处理能力提高。其缺点是不适于处理黏度大、易聚合或有悬浮物的物料,填料装卸、清理较困难,造价也较高。金属丝网波纹填料特别适用于精密精馏及真空精馏装置,为难分离物系、热敏性物系的精馏提供了有效的手段。金属孔板波纹填料特别适用于大直径蒸馏塔。金属压延孔板波纹填料主要用于分离要求高,物料不易堵塞的场合

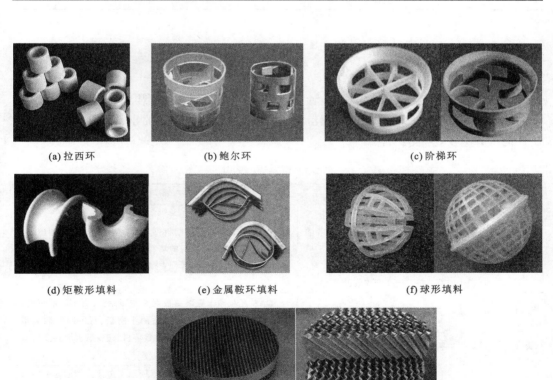

(a) 拉西环   (b) 鲍尔环   (c) 阶梯环

(d) 矩鞍形填料   (e) 金属鞍环填料   (f) 球形填料

(g) 波纹填料

图 2-7 几种常见填料

无论散装填料还是整砌填料的材质均可用陶瓷、金属和塑料制造。陶瓷填料应用最早,其润湿性能好,但因较厚、空隙小、阻力大、气液分布不均匀导致效率较低,而且易破碎,故仅用于高温、强腐蚀的场合。金属填料强度高、壁薄、空隙率和比表面积大,故性能良好。不锈钢较贵,碳钢便宜但耐腐蚀性差,在无腐蚀场合广泛采用。塑料填料价格低廉、不易破碎、质轻耐蚀、加工方便,但润湿性能差。

填料性能的优劣通常根据效率、通量及压降来衡量。在相同的操作条件下,填料塔内气液分布越均匀,表面润湿性能越优良,则传质效率越高;填料的空隙率越大,结构越开放,则通量越大,压降也越低。国内学者对9种常用填料的性能进行了评价,用模糊数学方法得出了各种填料的评估值,结论见表2-2。

表2-2 几种填料综合性能评价

填料名称	评估值	评价	排序	填料名称	评估值	评价	排序
丝网波纹填料	0.86	很好	1	金属鲍尔环	0.51	一般好	6
孔板波纹填料	0.61	相当好	2	瓷鞍环填料	0.41	较好	7
金属鞍环填料	0.59	相当好	3	瓷鞍形填料	0.38	略好	8
金属鞍形填料	0.57	相当好	4	瓷拉西环	0.36		9
金属阶梯环	0.53	一般好	5				

三、填料塔的附件

填料塔的附件主要有填料支撑装置、填料压紧装置、液体分布装置、液体再分布装置和除沫装置等。合理地选择和设计填料塔的附件,对保证填料塔的正常操作及良好的传质性能十分重要,见表2-3。

表2-3 填料塔的附件

名称	作用	结构类型
填料支撑装置	支撑塔内填料及其持有的液体质量,故支撑装置要有足够的强度。同时为使气液顺利通过,支撑装置的自由截面积应大于填料层的自由截面积,否则当气速增大时,填料塔的液泛将首先在支撑装置发生	常用的填料支撑装置有栅板型、孔管型、驼峰型等,如图2-8所示。根据塔径、使用的填料种类及型号、塔体及填料的材质、气液流速选择哪种支撑装置
填料压紧装置	安装于填料上方,保持操作中填料床层高度恒定,防止在高压降、瞬时负荷波动等情况下填料床层发生松动和跳动	分为填料压板和床层限制板两大类,每类又有不同的形式,如图2-9所示。填料压板适用于陶瓷、石墨制的散装填料。床层限制板用于金属散装填料、塑料散装填料及所有规整填料
液体分布装置	液体分布装置设在塔顶,为填料层提供足够数量并分布适当的喷淋点,以保证液体初始均匀地分布	常用的液体分布装置如图2-10所示。莲蓬式喷洒器一般适用于处理清洁液体,且直径小于600mm的小塔。盘式分布器常用于直径较大的塔。管式分布器适用于液量小而气量大的填料塔。槽式液体分布器多用于气液负荷大及含有固体悬浮物、黏度大的分离场合

续表

名称	作　用	结构类型
液体再分布装置	壁流将导致填料层内气液分布不均,使传质效率下降。为减小壁流现象,可间隔一定高度在填料层内设置液体再分布装置	最简单的液体再分布装置为截锥式再分布器。如图2-11所示,图(a)是将截锥筒体焊在塔壁上;图(b)是在截锥筒的上方加设支撑板,截锥下面隔一段距离再装填料,以便于分段卸出填料
除沫装置	在液体分布器的上方安装除沫装置,清除气体中夹带的液体雾沫	折板除沫器、丝网除沫器、填料除沫器,如图2-12所示

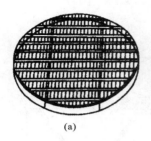 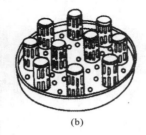 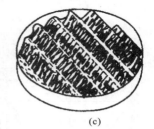

图 2-8　填料支撑装置

(a)栅板型;(b)孔管型;(c)驼峰型

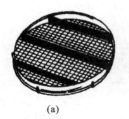 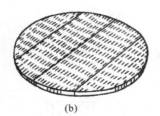 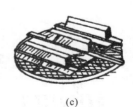

图 2-9　填料压紧装置

(a)压紧栅板;(b)压紧网板;(c)905型金属压板

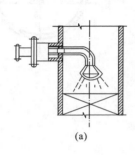 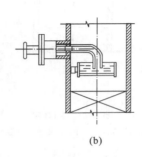 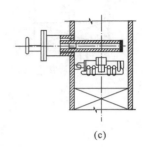

图 2-10 液体分布装置

(a)莲蓬式;(b)盘式筛孔型;(c)盘式溢流管式;(d)排管式;(e)环管式;(f)槽式

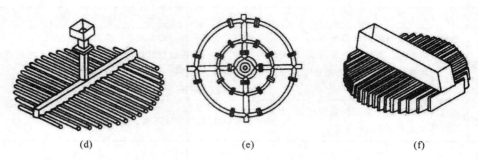

图 2-10　液体分布装置(续)

(a)莲蓬式;(b)盘式筛孔型;(c)盘式溢流管式;(d)排管式;(e)环管式;(f)槽式

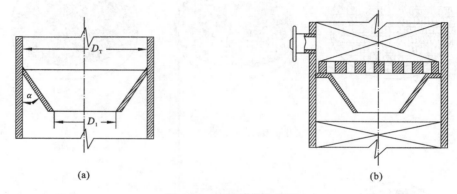

(a)　　　　　　　　　　　　　　　　(b)

图 2-11　液体再分布装置

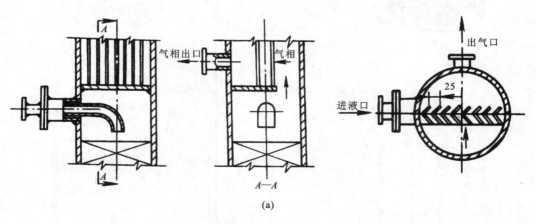

图 2-12　除沫器

(a)折板除沫器;(b)丝网除沫器;(c)填料除沫器

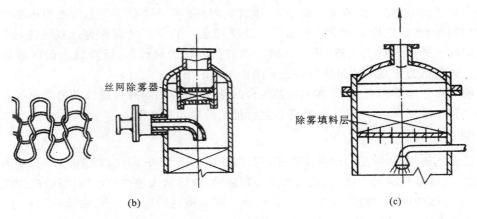

丝网除雾器

除雾填料层

(b)　　　　　　　　　　　　　(c)

图 2-12　除沫器（续）

（a）折板除沫器；（b）丝网除沫器；（c）填料除沫器

四、填料塔的流体力学性能

在逆流操作的填料塔内，液体从塔顶喷淋下来，依靠重力在填料表面做膜状流动，液膜与填料表面的摩擦及液膜与上升气体的摩擦构成了液膜流动的阻力。因此，液膜的膜厚取决于液体和气体的流量。液体流量越大，液膜越厚；当液体流量一定时，上升气体的流量越大，液膜也越厚。液膜的厚度直接影响到气体通过填料层的压力降、液泛气速及塔内持液量等流体力学性能。

1. 气体通过填料层的压力降

填料层压降与液体喷淋量及气速有关，在一定的气速下，液体喷淋量越大，压降越大；一定的液体喷淋量下气速越大，压降也越大。不同液体喷淋量下的单位填料层的压降 $\Delta p/Z$ 与空塔气速 u 的关系标绘在双对数坐标纸上，可得到如图 2-13 所示的曲线。

图 2-13 中，直线 L_0 表示无液体喷淋（$L=0$）时干填料的 Δp 与 u 关系，称为干填料压降线。曲线 L_1、L_2、L_3 表示不同液体喷淋量下填料层的 Δp 与 u 的关系（喷淋量 $L_1 < L_2 < L_3$）。从图中可看出，在一定的喷淋量下，压降随空塔气速的变化曲线大致可分为三段：当气速低于 A 点时，气体流动对液膜的曳力很小，液体流动不受气流的影响，填料表面上覆盖的液膜厚度基本不变，因而填料层的持液量不变，该区域称为恒持液量区。此时在对数坐标图上 Δp 与 u 近似为一直线，且基本上与干填料压降线平行。当

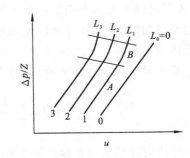

图 2-13　填料层的 $\Delta p/Z$-u 示意图

气速超过 A 点时，气体对液膜的曳力较大，对液膜流动产生阻滞作用，使液膜增厚，填料层的持液量随气速的增加而增大，此现象称为拦液。开始发生拦液现象时的空塔气速称

为载点气速,曲线上的转折点 A 称为载点。若气速继续增大,到达图中 B 点时,由于液体不能顺利流下,填料层的持液量不断增大,填料层内几乎充满液体。气速增加很小便会引起压降的剧增,此现象称为液泛。开始发生液泛现象时的空塔气速称为泛点气速,以 u_F 表示。曲线上的点 B 称为泛点,从载点到泛点的区域称为载液区,泛点以上的区域称为液泛区。通常认为泛点气速是填料塔正常操作气速的上限。

影响泛点气速的因素很多,其中包括填料的特性、流体的物理性质以及液气比等。泛点气速计算方法很多,目前最广泛的是埃克特提出的通用关联图。

2. 液泛

在泛点气速下,持液量的增多使液相由分散相变为连续相,而气相则由连续相变为分散相,此时气体呈气泡形式通过液层,气流出现脉动,液体被大量带出塔顶,塔的操作极不稳定,甚至会被破坏,此种情况称为淹塔或液泛。影响液泛的因素很多,如填料的特性、流体的物性及操作的液气比等。

填料特性的影响集中体现在填料因子上。填料因子 ϕ 值在某种程度上能反映填料流体力学性能的优劣。实践表明,ϕ 值越小,液泛速度越高,即越不易发生液泛。

流体物性的影响体现在气体密度 ρ_V、液体的密度 ρ_L 和黏度 μ_L 上。因液体靠重力流下,液体的密度越大,则泛点气速越大;气体密度越大,液体黏度越大,相同气速下对液体的阻力也越大,故均使泛点气速下降。

操作的液气比越大,则在一定气速下液体喷淋量越大,填料层的持液量增加而空隙率减小,故泛点气速越小。

3. 持液量

因填料与其空隙中所持的液体是堆积在填料支撑板上的,故在进行填料支撑板强度计算时,要考虑填料本身的质量与持液量。持液量小则气体流动阻力小,到载点以后,持液量随气速的增加而增加。

持液量是由静持液量与动持液量两部分组成的。静持液量指填料层停止接受喷淋液体并经过规定的滴液时间后,仍然滞留在填料层中的液体量,其大小取决于填料的类型、尺寸及液体的性质。动持液量指一定喷淋条件下持于填料层中的液体总量与静持液量之差,表示可以从填料上滴下的那部分液体,也指操作时流动于填料表面的液体量,其大小不但与填料的类型、尺寸及液体的性质有关,而且与喷淋密度有关。持液量一般用经验公式或曲线图估算。

查一查 查阅相关资料,了解通用关联图的结构及工业应用。

单元三 气体吸收的原理

对任何过程都需要解决两个基本问题:过程的极限和过程的速率。吸收是气、液两相之间的传质过程,因此本单元首先讨论吸收的气液相平衡关系以及传质的基本概念,以解决这两个基本问题。

一、气液相平衡

1. 亨利定律

在恒定温度与压力下,使某一定量混合气体与吸收剂接触,溶质便向液相中转移,当单位时间内进入液相的溶质分子数与从液相逸出的溶质分子数相等时,吸收达到了相平衡。此时液相中溶质达到饱和,气液两相中溶质浓度不再随时间改变。

在低浓度吸收操作中,对应的气相中溶质浓度与液相中溶质浓度之间可用亨利定律描述:当总压不高,在一定温度下气液两相达到平衡时,稀溶液上方气体溶质的平衡分压与溶质在液相中的摩尔分数成正比,即

$$p^* = Ex \tag{2-1}$$

或

$$y^* = mx \tag{2-2}$$

式中:p^*——溶质在气相中的平衡分压,kPa;

E——亨利系数,kPa;

y^*——相平衡时溶质在气相中的摩尔分数;

x——溶质在液相中的摩尔分数;

m——相平衡常数,$m = E/p$。

亨利系数 E 的值随物系而变化。当物系一定时,温度升高,E 值增大。亨利系数由实验测定,一般易溶气体的 E 值小,难溶气体的 E 值大。

由于气、液相组成表示方法不同,亨利定律可有多种形式。

查一查　什么是比摩尔分数?用比摩尔分数表示的亨利定律。

2. 相平衡关系在吸收过程中的应用

1)判别过程的方向

对于一切未达到相平衡的系统,组分将由一相向另一相传递,其结果是使系统趋于相平衡。所以,传质的方向是使系统向达到平衡的方向变化。一定浓度的混合气体与某种溶液相接触,溶质是由液相向气相转移,还是由气相向液相转移,可以利用相平衡关系作出判断。下面举例说明。

【例2-1】 设在 101.3 kPa、20 ℃下,稀氨水的相平衡方程为 $y^* = 0.94x$,现将含氨摩尔分数为 10% 的混合气体与 $x = 0.05$ 的氨水接触,试判断传质方向。若以含氨摩尔分数为 5% 的混合气体与 $x = 0.10$ 的氨水接触,传质方向又如何?

解　实际气相摩尔分数 $y = 0.10$。根据相平衡关系与实际 $x = 0.05$ 的溶液成平衡的气相摩尔分数为

$$y^* = 0.94 \times 0.05 = 0.047$$

由于 $y > y^*$,故两相接触时将有部分氨自气相转入液相,即发生吸收过程。

同样,此吸收过程也可理解为实际液相摩尔分数 $x = 0.05$,与实际气相摩尔分数 $y = 0.10$ 成平衡的液相摩尔分数 $x^* = \dfrac{y}{m} = 0.106$,$x^* > x$,故两相接触时部分氨自气相转入

液相。

反之，若以含氨 $y=0.05$ 的气相与 $x=0.10$ 的氨水接触，则因 $y<y^*$ 或 $x^*<x$，部分氨将由液相转入气相，即发生解吸。

2）指明过程的极限

将溶质摩尔分数为 y_1 的混合气体送入某吸收塔的底部，溶剂向塔顶淋入做逆流吸收，如图 2-14 所示。当气、液两相流量和温度、压力一定情况下，设塔高无限（接触时间无限长），最终完成液中溶质的极限浓度最大值是与气相进口摩尔分数 y_1 相平衡的液相组成 x_1^*，即

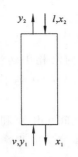

图 2-14 逆流吸收塔

$$x_{1max}=x_1{}^*=\frac{y_1}{m}$$

同理，混合气体尾气溶质含量 y_2 最小值是进塔吸收剂的溶质摩尔分数 x_2 相平衡的气相组成 y_2^*，即 $y_{2min}=y_2{}^*=mx_2$

由此可见，相平衡关系限制了吸收剂出塔时的溶质最高含量和气体混合物离塔时最低含量。

想一想 若混合气体组成一定，采用逆流吸收，减少吸收剂用量，完成液出塔时吸收质浓度会上升还是下降？极限值如何计算？若无限增大吸收剂用量，即使在无限高的塔内，吸收尾气中吸收质浓度会降为零吗？最低极限值如何计算？

3）计算过程的推动力

相平衡是过程的极限，不平衡的气、液两相相互接触就会发生气体的吸收或解吸过程。吸收过程通常以实际浓度与平衡浓度的差值来表示吸收传质推动力的大小。推动力可用气相推动力或液相推动力表示，气相推动力表示为塔内任何一个截面上气相实际浓度 y 和与该截面上液相实际浓度 x 成平衡的 y^* 之差，即 $y-y^*$（其中 $y^*=mx$）。

液相推动力即以液相摩尔分数之差 x^*-x 表示吸收推动力，其中 $x^*=\frac{y}{m}$。

二、吸收的传质机理

吸收操作是溶质从气相转移到液相的传质过程，其中包括溶质由气相主体向气液相界面的传递，和由相界面向液相主体的传递。因此，讨论吸收过程的机理，首先要说明物质在单相（气相或液相）中的传递规律。

（一）传质的基本方式

物质在单一相（气相或液相）中的传递是扩散作用。发生在流体中的扩散有分子扩散与涡流扩散两种：一般发生在静止或层流的流体里，凭借着流体分子的热运动而进行物质传递的是分子扩散；发生在湍流流体里，凭借流体质点的湍动和漩涡而传递物质的是涡流扩散。

1. 分子扩散

分子扩散是物质在一相内部有浓度差异的条件下，由流体分子的无规则热运动而引

起的物质传递现象。习惯上常把分子扩散称为扩散。

分子扩散速率主要取决于扩散物质和流体的某些物理性质。分子扩散速率与其在扩散方向上的浓度梯度及扩散系数成正比。

分子扩散系数 D 是物质性质之一。扩散系数大,表示分子扩散快。温度升高,压力降低,扩散系数增加。同一物质在不同介质中扩散系数不同。对不太大的分子而言,在气相中的扩散系数值为 $0.1 \sim 1 \text{ cm}^2/\text{s}$ 的量级;在液体中为在气体中的 $10^{-5} \sim 10^{-4}$。这主要是因为液体的密度比气体的密度大得多,其分子间距小,故而分子在液体中扩散速率要慢得多。扩散系数一般由实验方法求取,有时也可由物质的基础物性数据及状态参数估算。

2. 涡流扩散

在有浓度差异的条件下,物质通过湍流流体的传递过程称为涡流扩散。涡流扩散时,扩散物质不仅靠分子本身的扩散作用,还要借助湍流流体的携带作用而转移,并且后一种作用是主要的。涡流扩散速率比分子扩散速率大得多。由于涡流扩散系数难以测定和计算,常将分子扩散与涡流扩散两种传质作用结合起来予以考虑,即对流扩散过程。

3. 对流扩散

与传热过程中的对流传热相类似,对流扩散就是湍流主体与相界面之间的涡流扩散与分子扩散两种传质作用过程。由于对流扩散过程极为复杂,影响因素很多,所以对流扩散速率也采用类似对流传热的处理方法,依靠实验测定。对流扩散速率比分子扩散速率大得多,主要取决于流体的湍流程度。

想一想　能举例说明分子扩散和对流扩散吗?

(二) 双膜理论

吸收过程是气、液两相间的传质过程,关于这种相际间的传质过程机理曾提出多种不同的理论,其中应用最广泛的是路易斯和惠特曼在 20 世纪 20 年代提出的双膜理论(图 2-15)。

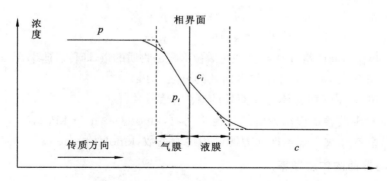

图 2-15　双膜理论示意图

双膜理论的基本论点如下:

(1) 在气、液两流体相接触处,有一稳定的分界面,称为相界面。在相界面两侧附近各有一层稳定的气膜和液膜。这两层薄膜可以认为是由气、液两流体的滞流层组成，即虚拟的层流膜层，吸收质以分子扩散方式通过这两个膜层。膜的厚度随流体的流速而变，流速越大膜层厚度越小。

（2）在两膜层以外的气、液两相分别称为气相主体与液相主体。在气、液两相的主体中，由于流体的充分湍动，吸收质的浓度基本上是均匀的，即两相主体内浓度梯度皆为零，全部浓度变化集中在这两个膜层内，即阻力集中在两膜层之中。

（3）无论气、液两相主体中吸收质的浓度是否达到相平衡，而在相界面处，吸收质在气、液两相中的浓度达成平衡，即界面上没有阻力。

对于具有稳定相界面的系统以及流动速率不高的两流体间的传质，双膜理论与实际情况是相当符合的，根据这一理论的基本概念所确定的吸收过程的传质速率关系，至今仍是吸收设备设计的主要依据，这一理论对生产实际具有重要的指导意义，但是对于具有自由相界面的系统，尤其是高度湍动的两流体间的传质，双膜理论表现出它的局限性。针对这一局限性，后来相继提出了一些新的理论，如溶质渗透理论、表面更新理论、界面动力状态理论等。这些理论对于相际传质过程的界面状态及流体力学因素的影响等方面的研究和描述都有所前进，但由于其数学模型太复杂，目前应用于传质设备的计算或解决实际问题较困难。

三、传质阻力控制

由吸收机理可知，吸收过程的相际传质是由气相与界面的对流传质、界面上溶质组分的溶解、液相与界面的对流传质三个过程构成。仿照间壁两侧对流给热过程传热速率分析思路，现分析对流传质过程的传质速率 N_A 的表达式及传质阻力的控制。

（一）气体吸收速率方程

1. 气相与界面的传质速率

$$N_A = k_G(p - p_i) \tag{2-3}$$

或
$$N_A = k_y(y - y_i) \tag{2-4}$$

式中，N_A——单位时间内组分 A 扩散通过单位面积的物质的量，即传质速率，$kmol/(m^2 \cdot s)$；

p、p_i——组分 A 在气相主体与界面处的分压，kPa；

y、y_i——组分 A 气相主体与界面处的摩尔分数；

k_G——以分压差表示推动力的气相传质系数，$kmol/(s \cdot m^2 \cdot kPa)$；

k_y——以摩尔分数差表示推动力的气相传质系数，$kmol/(s \cdot m^2)$。

2. 液相与界面的传质速率

$$N_A = k_L(c_i - c) \tag{2-5}$$

或
$$N_A = k_x(x_i - x) \tag{2-6}$$

式中，c、c_i——溶质 A 的液相主体浓度和界面浓度，$kmol/m^3$；

x、x_i——溶质 A 在液相主体与界面处的摩尔分数；

k_L——以摩尔浓度差表示推动力的液相传质系数，m/s；

k_x——以摩尔分数差表示推动力的液相传质系数，kmol/(s·m²)。

相界面上的浓度 y_i、x_i，根据双膜理论呈平衡关系，如图 2-11。但是无法测取。

以上传质速率用不同的推动力表达同一个传质速率，类似于传热中的牛顿冷却定律的形式，即传质速率正比于界面浓度与流体主体浓度之差。将其他所有影响对流传质的因素均包括在气相（或液相）传质系数之中。传质系数 k_G、k_y、k_L、k_x 的数据只有根据具体操作条件由实验测取，它与流体流动状态和流体物性、扩散系数、密度、黏度、传质界面形状等因素有关。类似于传热中对流给热系数的研究方法。对流传质系数也有经验关联式，可查阅有关手册得到。

3. 相际传质速率方程——吸收总传质速率方程

气相和液相传质速率方程中均涉及相界面上的浓度（p_i、y_i、c_i、x_i），由于相界面是变化的，该参数很难获取。工程上常利用相际传质速率方程来表示吸收的速率方程，即

$$N_A = K_G(p - p^*) = \frac{p - p^*}{\dfrac{1}{K_G}} \tag{2-7}$$

$$N_A = K_Y(Y - Y^*) = \frac{Y - Y^*}{\dfrac{1}{K_Y}} \tag{2-8}$$

$$N_A = K_L(c^* - c) = \frac{c^* - c}{\dfrac{1}{K_L}} \tag{2-9}$$

$$N_A = K_X(X^* - X) = \frac{(X^* - X)}{\dfrac{1}{K_X}} \tag{2-10}$$

式中，c^*、X^*、p^*、Y^*——分别与液相主体或气相主体组成平衡关系的浓度；

X、Y——用摩尔比表示的液相主体或气相主体浓度；

K_L——以液相浓度差为推动力的总传质系数，m/s；

K_G——以气相浓度差为推动力的总传质系数，kmol/(m²·s·kN/m²)；

K_X——以液相摩尔比浓度差为推动力的总传质系数，kmol/(m²·s)；

K_Y——以气相摩尔比浓度差为推动力的总传质系数，kmol/(m²·s)。

采用与对流传热过程相类似的处理方法，气、液相传质系数与总传质系数之间的关系举例推导如下：

$$N_A = \frac{p - p_i}{\dfrac{1}{k_G}} = \frac{c_i - c}{\dfrac{1}{k_L}} = \frac{\dfrac{c_i}{H} - \dfrac{c}{H}}{\dfrac{1}{k_L H}} = \frac{p_i - p^*}{\dfrac{1}{k_L H}} = \frac{p - p_i + p_i - p^*}{\dfrac{1}{k_G} + \dfrac{1}{k_L H}} = \frac{p - p^*}{\dfrac{1}{k_G} + \dfrac{1}{k_L H}}$$

故

$$\frac{1}{K_G} = \frac{1}{k_G} + \frac{1}{H k_L} \tag{2-11}$$

$$N_A = \frac{p - p_i}{\dfrac{1}{k_G}} = \frac{Hp - Hp_i}{\dfrac{H}{k_G}} = \frac{c^* - c_i}{\dfrac{H}{k_G}} = \frac{c_i - c}{\dfrac{1}{k_L}} = \frac{c^* - c}{\dfrac{H}{k_G} + \dfrac{1}{k_L}}$$

故
$$\frac{1}{K_L}=\frac{1}{k_L}+\frac{H}{k_G}\qquad(2\text{-}12)$$

可见,气、液两相相际传质总阻力等于分阻力之和,总推动力等于各层推动力之和。

查一查 由于浓度有许多表示方法,因此吸收速率方程有很多形式,能再举出几种吗?有什么规律?

(二)吸收阻力的控制

对于难溶气体,H 值很小,在 k_G 和 k_L 数量级相同或接近的情况下,存在如下关系,即 $\frac{H}{k_G}\ll\frac{1}{k_L}$,此时吸收过程阻力的绝大部分存在于液膜之中,气膜阻力可以忽略,因而式(2-12)可以化为 $\frac{1}{K_L}\approx\frac{1}{k_L}$ 或 $K_L\approx k_L$,即液膜阻力控制着整个吸收过程,吸收总推动力的绝大部分用于克服液膜阻力。这种吸收称为液膜控制吸收。例如,用水吸收氧气、二氧化碳等过程。对于液膜控制的吸收过程,要强化传质过程,提高吸收速率,在选择设备形式及确定操作条件时,应特别注意减小液膜阻力。

对于易溶气体,H 值很大,在 k_G 和 k_L 数量级相同或接近的情况下,存在如下关系,即 $\frac{1}{Hk_L}\ll\frac{1}{k_G}$,此时吸收过程阻力的绝大部分存在于气膜之中,液膜阻力可以忽略,因而式(2-11)可以化为 $\frac{1}{K_G}\approx\frac{1}{k_G}$ 或 $K_G\approx k_G$,即气膜阻力控制着整个吸收过程,吸收总推动力的绝大部分用于克服气膜阻力。这种吸收称为气膜控制吸收。例如,用水吸收氨或氯化氢等过程。对于气膜控制的吸收过程,要强化传质过程,提高吸收速率,在选择设备形式及确定操作条件时,应特别注意减小气膜阻力。

对于具有中等溶解度的气体吸收过程,气膜阻力与液膜阻力均不可忽略。要提高吸收过程速率,必须兼顾气、液两膜阻力的降低,方能得到满意的效果。

单元四　多组分吸收和解吸过程计算

一、吸收过程工艺计算的基本概念

1. 吸收、解吸作用发生的条件

根据相平衡的概念,可判断气液接触时吸收和解吸的条件。

吸收:溶质由气相溶于液相 $p_i>p_i^*$,$y_i>y_i^*$。

解吸:溶质由液相转入气相 $p_i<p_i^*$,$y_i<y_i^*$。

2. 吸收过程的限度

吸收过程见图 2-16,进料气体混合物中易溶组分 i 的组成为 $y_{N+1,i}$,出塔吸收液中 i 组分含量为 $x_{N,i}$,显然 $\frac{y_{N+1,i}}{K_i}\geqslant x_{N,i}$。

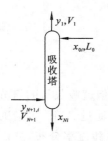

图 2-16　吸收过程示意图

从塔顶加入的吸收剂中 i 组分含量为 $x_{0,i}$，离开塔顶气相中 i 组分的含量为 $y_{1,i}$，显然 $y_{1,i} \geqslant K_i x_{0,i}$。

由此规定了设计吸收塔的限度，$x_{0,i}$ 是解吸过程分离后吸收剂中 i 组分的含量，它与 $y_{1,i}$ 由于密切的关系，在设计时要将吸收和解吸一起考虑。一般按照规定的分离要求先确定吸收塔的气体组成，根据已知选定的出塔气体组成再考虑气、液相平衡数据来确定吸收剂在解吸后易溶组分的含量。

3. 吸收过程的理论板

吸收过程吸收液沿塔逐板下流时，易溶组分的含量不断升高，气体混合物在沿塔高上升过程中易溶组分的含量不断降低。在吸收过程中为了计算方便，像精馏过程一样引入了理论板的概念。

在每一块理论板上，气、液两相充分接触，离开 n 板的气体混合物与离开 n 板的吸收液达到相平衡，即 $y_i = K_i x_i$。溶解量的多少由每个组分的平衡常数来决定，未被吸收的气体（干气或惰性气体）由塔顶排出，摩尔流率为 V，而吸收了溶质的吸收剂即吸收液以 L_N 的流率从塔釜排出，每板上的气相流率、液相流率都在变化。

4. 计算内容

已知 V_{N+1}、y_{N+1}、T_{N+1}、x_0、T_0、p 和关键组分的分离要求。求 V_1、y_1、L_N、x_N、L_0，N。详细计算为 T_n、L_n、V_n。

吸收塔板数的计算也是先求出完成预定分离要求所需的理论板数，然后再由板效率确定实际的吸收塔板数。

二、吸收因子

（一）吸收因子

吸收因子是综合考虑了塔内气、液两相流率和平衡关系的一个无因次数群。

$$i\text{ 组分的吸收因子 } A_i = \frac{L}{VK_i} \tag{2-13}$$

（1）不同组分平衡常数不同，则吸收因子 A 不同，吸收因子是对某个组分而言的。

（2）A 值的大小可以说明在某一具体的吸收塔中过程进行的难易程度，$\frac{L}{V}$ 值大，相平衡常数 K 小，都有利于组分从气相转入液相，利于吸收，即 A 值大，达到同样的分离要求所需的理论板数就少，反之，所需的理论板数就多。如果板数固定，则 A 值大的吸收得好，A 值小的就差。

（3）吸收因子不仅是组分本身的特性，而且与操作条件有关。

$$T \downarrow \rightarrow K_i \downarrow \rightarrow A_i \uparrow, p \uparrow \rightarrow K_i \downarrow \rightarrow A_i \uparrow$$

$$(K_i \propto E, E \text{ 为亨利系数}, T \uparrow, E \uparrow, \text{溶解度} \downarrow)$$

（4）对解吸过程，相应有一个解吸因子，以 S 表示，因为解吸是吸收的逆过程，所以吸收因子的倒数即为解吸因子。

$$S = \frac{1}{A} = \frac{KV}{L} \tag{2-14}$$

（二）吸收因子法的基本方程

对于多组分混合物的吸引，虽然采用了选择性较好的吸收剂，但就吸收目的组分的同时，总是不同程度地吸收了一些其他组分。因此，针对每个组分可通过 A 值，再借助于相平衡、物料衡算式、热量平衡的逐板关联来确定吸收它的端点条件和流率分布，从而对吸收塔进行具体的计算。

1. 相平衡关系方程

根据理论板的概念，任一组分离开塔板 n 的气、液两相组成达到平衡。

$$y_{n,i} = K_{n,i} \times x_{n,i} \quad \text{或} \quad y_n = K_n \times x_n$$

如果用 v、l 表示任一组分的气相和液相流率，而 v、l 分别为离开同一板的气相和液相流率，则

$$\frac{v_n}{V_n} = K_n \frac{l_n}{L_n}$$

$$l_n = \frac{L_n}{V_n K_n} v_n = A_n v_n$$

或

$$l = A v$$

看到 A 时，应该时刻想到 A 值是因组分而异的，每一组分有各自的 A 值，切勿粗心大意，造成差错。

同理

$$v = S \times l$$

S 也因组分而异，每一组分都有各自的 S 值。

2. 物料平衡方程

对 i 组分作全塔物料平衡：

$$V_{N+1} y_{N+1} + L_0 x_0 = V_1 y_1 + L_N x_N$$

用小写字母表示 i 组分的量：

$$v_{N+1} + l_0 = v_1 + l_N$$

$$v_{N+1} + l_0 = v_1 + v_N A_N$$

$$v_N = \frac{v_{N+1} + l_0 - v_1}{A_N}$$

对 n 板 i 组分作物料衡算：

$$v_n + l_n = v_{n+1} + l_{n-1}$$

$$v_n + A_n v_n = v_{n+1} + A_{n-1} v_{n-1}$$

$$v_n = \frac{v_{n+1} + A_{n-1} v_{n-1}}{A_n + 1}$$

v_n 表示第 n 板上升气相中 i 组分的物质的量。

$$n=1 \quad v_1 = \frac{v_2 + A_0 v_0}{A_1 + 1} = \frac{v_2 + l_0}{A_1 + 1}$$

$$n=2 \quad v_2 = \frac{v_3 + A_1 v_1}{A_2 + 1} = \frac{v_3 + A_1 \dfrac{v_2 + l_0}{A_1 + 1}}{A_2 + 1};$$

$$v_2 = \frac{(A_1 + 1)v_3 + A_1 l_0}{A_1 A_2 + A_2 + 1}$$

$$n=3 \quad v_3 = \frac{v_4 + A_2 v_2}{A_3 + 1} = \frac{v_4 + A_2 \dfrac{(A_1 + 1)v_3 + A_1 l_0}{A_1 A_2 + A_2 + 1}}{A_3 + 1}$$

$$v_3 = \frac{(A_1 A_2 + A_2 + 1)v_4 + A_1 A_2 l_0}{A_1 A_2 A_3 + A_2 A_3 + A_3 + 1}$$

$$\cdots$$

$$n=N \quad v_N = \frac{(A_1 A_2 \cdots A_{N-1} + A_2 \cdots A_{N-1} + \cdots + A_{N-1} + 1)v_{N+1} + A_1 A_2 \cdots A_{N-1} l_0}{A_1 \cdots A_N + A_2 \cdots A_N + \cdots + A_N + 1}$$

所以

$$\frac{v_{N+1} - v_1}{v_{N+1}} = \frac{A_1 \cdots A_N + A_2 \cdots A_N + \cdots + A_N}{A_1 \cdots A_N + A_2 \cdots A_N + \cdots + A_N + 1} - \frac{l_0}{v_{N+1}}\left(\frac{A_2 \cdots A_N + A_3 \cdots A_N + \cdots + A_N + 1}{A_1 \cdots A_N + A_2 \cdots A_N + \cdots + A_N + 1}\right)$$

$$(2\text{-}15)$$

式(2-15)为吸收因子法的基本方程,称为哈顿-富兰格林方程。

讨论:

(1) 式(2-15)的左端,$\dfrac{v_{N+1} - v_1}{v_{N+1}} = \dfrac{i \text{ 组分被吸收掉的量}}{i \text{ 组分加入量}} = $ 吸收率 $= \alpha_i$。

(2) 式(2-15)的右端,包括了各塔板数的相平衡常数、液气比和塔板数,也就是说哈顿-富兰克林方程关联了吸收率、吸收因子和理论板数,$\alpha_i = f(A_{n,i}, N)$。

(3) 在推导式(2-15)时,没作任何简化,但要求出通过吸收塔后任一组分被吸收量较困难,因为每块板上的 A 值视该板的 $\dfrac{L}{V}$ 比值以及相平衡常数 K 而定,然而 $\dfrac{L}{V}$ 比值和 K 又因吸收量的大小而异,可是求吸收量又要用到 A,这几个因素相互联系,又相互牵制,显然必须用试差法求解,步骤:

① 设　　　　各板的温度$(T_1, T_2, \cdots, T_N) \xrightarrow{\text{相平衡}} $各板上各组分 K_i

各板上的气相流率$(V_1, \cdots, V_N) \xrightarrow{\text{物料衡算}} $各板上的液相流率 L_n

由 K_i、V_n、L_n 得 $A_{n,i}$。

② 由 $A_{n,i}$ 求 $v_{n,i}$。

③ 校核 $\sum v_{n,i} = V_n$;热量衡算 $\rightarrow$ 各板温度 $T_n \rightarrow |T_n - T_n'| \leqslant \varepsilon$。

如果不符,则要重新设值再进行计算,显然这样的计算是非常繁复的,特别是第一次假设,数值很难确定,然而对试差法来说初值假设数字是非常重要的,假设合理,试差次数可减少,因此在作精确计算之前,需近似估计一下,这时速度是重要的,而精度则在其次,在这种思想指导下,出现了一些简捷计算法,各种方法的主要区别在于对吸收因子的简化不同。

三、平均吸收因子法(克雷姆塞尔-布朗)

1. 基本思想

该法假设各板的吸收因子是相同的,即采用全塔平均的吸收因子代替各板的吸收因子,有的采用塔顶和塔底条件下液气比的平均值,也有的采用塔顶吸收剂流率和进料气流率来求液气比,并根据塔的平均温度作为计算相平衡常数的温度来计算吸收因子。因为该法只有在塔内液气比变化不大,也就是溶解量甚小,而气液相流率可以视为定值的情况下才不至于带来大的误差,所以该法用于贫气吸收计算有相当的准确性。

2. 吸收因子方程

假设全塔各段的 A 值均相等的前提下,哈顿-富兰克林方程变为

$$\frac{v_{N+1} - v_1}{v_{N+1}} = \frac{A^N + A^{N-1} + \cdots + A}{A^N + A^{N-1} + \cdots + A + 1} - \frac{l_0}{A v_{N+1}}\left(\frac{A^N + A^{N-1} + \cdots + A}{A^N + A^{N-1} + \cdots + A + 1}\right)$$

由等比数列前 n 项和的公式:

$$a_0, a_0 q, a_0 q^2, \cdots, a_0 q^{n-1} \quad 通项: a_n = a_0 q^{n-1}$$

$$S_n = a_0 \frac{1 - q^n}{1 - q}$$

所以

$$\frac{v_{N+1} - v_1}{v_{N+1}} = \frac{\dfrac{1 - A^{N+1}}{1 - A} - 1}{\dfrac{1 - A^{N+1}}{1 - A}} - \frac{l_0}{A v_{N+1}} \frac{\dfrac{1 - A^{N+1}}{1 - A} - 1}{\dfrac{1 - A^{N+1}}{1 - A}}$$

$$= \frac{A^{N+1} - A}{A^{N+1} - 1} - \frac{l_0}{A v_{N+1}} \frac{A^{N+1} - A}{A^{N+1} - 1} = \left(1 - \frac{l_0}{A v_{N+1}}\right)\left(\frac{A^{N+1} - A}{A^{N+1} - 1}\right)$$

因为 $l_0 = A v_0$,代入上式整理为

$$\varphi_i = \frac{v_{N+1} - v_1}{v_{N+1} - v_0} = \frac{A^{N+1} - A}{A^{N+1} - 1} \quad (克雷姆塞尔方程) \tag{2-16}$$

讨论:

(1) v_0 式与吸收剂或平衡的气相中 i 组分的量,当出口气体中 i 组分与入口吸收剂成平衡时,则 i 组分达到最大吸收量(由相平衡关系计算)。

$$方程的左端 = \frac{i\ 组分被吸收掉的量}{i\ 组分最大可能被吸收掉的量} = 相对吸收量 = \varphi_i$$

式中, φ_i 或 α_i 均表示吸收强度。

(2) 当吸收剂本身不挥发,且不含溶质时,则 $l_0 = 0$,即 $v_0 = 0$。

$$\alpha_i = \frac{v_{N+1} - v_1}{v_{N+1}} = \varphi_i \quad 且\ 0 \leqslant \alpha_i \leqslant 1$$

(3) 根据克雷姆塞尔方程,可知 $\alpha_i = f(A, N)$。在该方程中只要知道了其中任意两个量就可以求的第三个量。

$$N = \frac{\lg\left(\dfrac{A - \varphi}{1 - \varphi}\right)}{\lg A} - 1$$

（4）对解吸塔，可利用类似的方法推导出

$$\frac{l_{N+1}-l_1}{l_{N+1}-l_0}=\frac{S^{N+1}-S}{S^{N+1}-1}=C_0 \quad （相对蒸出率）\tag{2-17}$$

（5）为了使用方便，克雷姆塞尔等将上列方程绘制成曲线，称为吸收因子图或克雷姆塞尔图（图 2-17）。利用这一图线，当规定了组分的吸收率以及吸收温度和液气比等操作条件时，可以查得所需的理论板数，或者规定了吸收率和理论板数，可求得吸收因子和液气比。图的横坐标为吸收因子 A 或解吸因子 S，纵坐标为相对吸收率和蒸出率，以板数作为参变量，不同的曲线代表不同的板数。

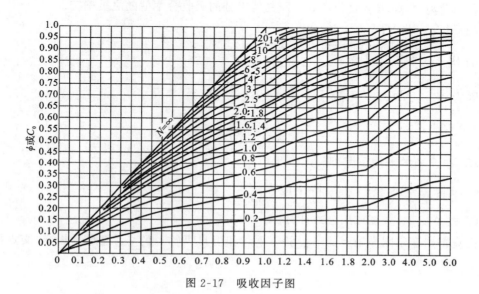

图 2-17　吸收因子图

① 当 $N=\infty$ 时，由图可知，$0\leqslant A\leqslant 1$ 时，$\alpha=A$（对角线上 $N=\infty$）；$A>1$ 时，$\alpha=1$由克雷姆塞尔方程也可以求得

$$\lim_{N\to\infty}\alpha_i=\lim_{N\to\infty}\frac{A^{N+1}-A}{A^{N+1}-1}=\frac{-A}{-1}=A \quad 0\leqslant A\leqslant 1$$

$$\lim_{N\to\infty}\alpha_i=\lim_{N\to\infty}\frac{A^{N+1}-A}{A^{N+1}-1}=\frac{\infty}{\infty}\xrightarrow{洛必达法则}=1 \quad A>1$$

在精馏时，我们知道当 $N=\infty$ 时，所对应的回流比为最小回流比 R_m，在吸收中也同样。当 $N=\infty$ 时，$\dfrac{L}{V}$ 为最小液气比 $\left(\dfrac{L}{V}\right)_{min}$，而吸收因子与 $\dfrac{L}{V}$ 有关，则当 $N=\infty$ 时得吸收因子 $A_{min}=\alpha$。

② 当 N 一定时，则 $A\uparrow$，即 $A=\dfrac{L}{VK}$ 中 $\dfrac{L}{V}\uparrow$，$\alpha\uparrow$，则吸收效果越好，但 A_i 超过 2 时，α_i 增加缓慢，再考虑经济因素（如吸收剂的回收），一般 $\dfrac{L}{V}=(1.1\sim 2)\left(\dfrac{L}{V}\right)_{min}$。

③ 当 A 一定时，即 $\dfrac{L}{V}$ 一定时，则 $N\uparrow\Rightarrow\alpha\uparrow$，即随着板数的增加，吸收率增加，但增加的越来越慢，特别是 N 超过 10 块以后，也就是说在实际生产中，仅靠提高 N 来提高 α 是

不科学的,还要考虑其他因素。

3. 计算步骤

已知:V_{N+1}、y_{N+1}、p、T、x_0、$\varphi_{关}$;求:N、V_1、$y_{1,i}$、L_0、L_N、$x_{N,i}$。

(1)确定关键组分的吸收率。

在多组分精馏塔设计计算时,根据分离要求确定轻重关键组分,其他组分在塔顶、塔釜的分配是根据轻重关键组分在塔顶、塔釜的分配以及各组分的相对挥发度而决定的。

在多组分吸收过程中,设计吸收塔时,只能确定一个对分离起关键作用的组分,由关键组分的分离要求,求吸收分率 $\varphi_{关}$,而其他组分的吸收分率就随之被确定。

(2)由 $\varphi_{关}$ 求 N。

① 由 $\varphi_{关}$ 确定 $\left(\dfrac{L}{V}\right)_{min}$。

因为 $N=\infty$,$A_{关min}=\left(\dfrac{L}{V}\right)_{min}\left(\dfrac{1}{K_{关}}\right)=\varphi_{关}$;所以

$$\left(\frac{L}{V}\right)_{min}=\varphi_{关}\ K_{关}$$

$K_{关}$ 由全塔的平均温度、压力确定。

② 实际 $\dfrac{L}{V}=(1.2\sim2)\left(\dfrac{L}{V}\right)_{min}$;$A_{关}=\dfrac{L}{VK_{关}}$。

③ 由 $A_{关}$、$\varphi_{关}$ 查图或用公式计算 N。

由克雷姆塞尔图横轴上的 $A_{关}$ 引一垂线和引自纵轴上的 $\varphi_{关}$ 值水平相交,交点即为所求的 N。

或
$$N=\frac{\lg\dfrac{\varphi-A}{\varphi-1}}{\lg A}-1$$

(3)其他组分吸收率的确定。

因为各组分在同一塔内吸收,所以非关键组分具有相同的理论板数和液气比。

$$\frac{A_i}{A_{关}}=\frac{\dfrac{L}{V}\dfrac{1}{K_i}}{\dfrac{L}{V}\dfrac{1}{K_{关}}}=\frac{K_{关}}{K_i}\quad 或\quad A_i=\frac{A_{关}\ K_{关}}{K_i}=\frac{L}{VK_i}$$

式中,A_i、K_i 为其他任意组分的吸收因子及相平衡常数,在图上由某一组分的 A_i 引垂线与板数 N 相交,交点的纵坐标便是 φ_i。

或
$$\varphi_i=\frac{A_i^{N+1}-A_i}{A_i^{N+1}-1}$$

(4)求尾气的组成及量。

当 $l_{0,i}=0$ 时,$\varphi_i=\alpha_i=\dfrac{v_{N+1,i}-v_{1,i}}{v_{N+1,i}}$,所以

$$v_{1,i}=v_{N+1,i}-\alpha_i v_{N+1,i}=(1-\alpha_i)v_{N+1,i};V_1=\sum v_{1,i};y_{1,i}=\frac{v_{1,i}}{V_1}$$

(5) 吸收液的量及组成以及应加入的吸收剂量。

因为
$$L_N = L_0 + (V_{N+1} - V_1)$$

所以
$$x_N = \frac{v_{N+1} - v_1 + l_0}{L_N}$$

气体的平均流率 $V_{均} = \frac{1}{2}(V_{N+1} + V_1)$；$L_{均} = \frac{1}{2}(L_0 + L_N) = \left(\frac{L}{V}\right)_{均} V_{均}$，所以

$$\left(\frac{L}{V}\right)_{均} = \frac{\left(\frac{L}{V}\right)_N - \left(\frac{L}{V}\right)_1}{\ln \dfrac{\left(\dfrac{L}{V}\right)_N}{\left(\dfrac{L}{V}\right)_1}}$$

四、平均有效吸收因子法

1. 平均有效吸收因子

埃迪密斯特提出，以某一不变的 A 值代替 $A_1, A_2, \cdots, A_N$，而使最终计算出来的吸收率保持相同，这一 A 值称为有效吸收因子 A_e。

$$A_e = \sqrt{A_N(A_1 + 1) + 0.25} - 0.5 \tag{2-18}$$

对解吸
$$S_e = \sqrt{S_N(S_1 + 1) + 0.25} - 0.5 \tag{2-19}$$

埃迪密斯特的假设，是考虑在一吸收塔中，吸收过程主要是由塔顶一块和塔釜一块理论板完成，因此计算有效吸收因子时也只着眼于塔顶和塔釜两块板，这一设想与马多克斯(Maddox)通过一些多组分轻烃吸收过程逐板计算结果的研究得出吸收过程主要是吸收塔的顶、釜两块理论板完成的结果一致，显然对于一个只有两块板的吸收塔而言，总吸收量的 100% 将在塔顶、塔釜这两块板完成，而对具有三块板的吸收塔，则塔顶、塔釜两块板约完成中吸收量的 88%，当具有四块以上理论板时，塔顶、塔釜两块板约完成总吸收量的 80%，正由于这一原因，通常吸收塔的理论板数不需要很多。因为增加塔板并不能显著改善吸收效果，相反却使设备费用和操作费用大幅度上升，要提高吸收率，比较有效的方法是增加压力和降低吸收温度。

2. 计算步骤

(1) 用平均吸收因子法计算 V_1 和 L_N。

(2) 假设 T_1，由热量衡算确定 T_N。
$$L_0 h_0 + V_{N+1} H_{N+1} = L_N h_N + V_1 H_1 + Q$$

(3) 由经验式估算 L_1 和 V_N。
$$\frac{v_n}{v_{n+1}} = \left(\frac{v_1}{v_{N+1}}\right)^{\frac{1}{N}}; \frac{V_{n+1}}{V_{N+1}} = \left(\frac{V_1}{V_{N+1}}\right)^{\frac{N-n}{N}}$$

$$V_n = V_{N+1}\left(\frac{V_1}{V_{N+1}}\right)^{\frac{N+1-n}{N}}; L_n = V_{n+1} + L_0 - V_1$$

对解吸塔

$$\left(\frac{l_N}{l_0}\right)^{\frac{1}{N}}=\frac{l_{n+1}}{l_n}$$

（4）计算每一组分的 A_1、A_N、A_e。

（5）由图 2-17 确定各组分的吸收率。

（6）作物料衡算，再计算 V_1 和 L_N，并用热量衡算核算 T_N，若结果相差较大，需重新设 T_1，直到相符为止。

单元五　吸收及解吸操作流程

一、吸收及解吸的开停车

（一）开车

1. 装置检查

（1）塔。塔内件有无缺少，密封面及紧固件是否合格，塔板水平度是否符合规定；塔内杂物是否清扫干净；安全附件是否齐全、准确；地脚螺栓是否满扣、齐全、紧固。

（2）换热设备。各零部件材质的选用、安装配合是否符合设计要求；安全附件是否齐全、准确、好用；焊逢是否成型；基础支座是否完整，螺栓是否满扣、齐全、紧固。

（3）泵。泵体、管线、阀门、电机、接地线和电开关是否紧固；出口压力表是否符合标准，地脚螺栓是否坚固；出、入口阀门及冷却管线是否安装合理；盘车两圈以上，检查是否灵活，有无声响。

2. 工艺管线检查

（1）管线。管线安装是否符合要求，支架、吊架安装是否合格；管线的表面焊缝是否符合要求；管线的表面上压力表、温度计、单向阀、安全阀等是否齐全，安装是否正确，安全阀定压符合要求；各采样点是否齐全，是否符合标准。

（2）阀门。阀门的压力等级是否符合设计要求；阀门在管线上连接是否正确、齐全，阀门质量是否合格；阀门垫片材质是否符合要求。

3. 清洗

冲洗管线、阀门、泵体、塔、容器内残留的铁锈、焊渣、碎铁块、木块、泥沙等脏物，贯通流程；清洗液位计，疏通排凝点；检查机泵，检验各泵转向以及启动按钮与配电室送电开关编号的一致性。

4. 单机试车

机泵运转平稳，无杂音，封油、冷却水、润滑油系统工作正常，附属管路无滴漏；电流不得超过额定值；流量、压力平稳，达铭牌标注值。

5. 水联动

塔、容器封好人孔和塔壁盲法兰，各盲板已经按规定拆、装到位；装置经验收合格，并经冲洗、贯通、吹扫试压工作,符合水联动质量要求;把公用工程水、电、气、风引进装置;压力表灌好隔离液,装好合格压力表;温度计嘴装好合格温度计;各流量计、压力变送器校验投用;各控制阀组开关灵活,并经冲洗干净后安装复位;转动设备加上合格润滑油(脂);检查各机泵冷却水畅通无阻,下水道清扫干净;关闭塔、容器所属安全阀的下游阀和副线阀,打开高点放空;清洗并安装所有机泵入口过滤网罩,所有机泵具备投用条件,低点排凝和高点放空畅通;水联运时要求发现问题及时处理。

6. 蒸气吹扫

进一步清除设备管线内杂物;检验管线及其附件施工、焊接质量;检验塔、容器、冷却器、换热器、阀门以及各测量点的密封性能。蒸气试压至规定压力后检查焊缝、法兰、人孔、堵头、阀门等无泄漏、无变形为合格。

7. 正常开车

(1)吸收塔开车时应先进吸收剂,待其流量稳定后,塔底液位达到规定值时,再将混合气体送入塔中。

(2)注意稳定液体流量,避免操作中流量波动过大。吸收剂用量过小,会使吸收操作达不到要求,过大又会造成操作费用的浪费。

(3)掌握好气体的流速,气速太小(低于载点气速),对传质不利。若太大,达到液泛气速,液体被气体大量带出,操作不稳定。

(4)经常检查气体出口的雾沫夹带情况,大量的雾沫夹带会造成吸收剂的浪费,造成管路堵塞。

(二)停车

(1)逐渐关小混合气体进入装置量,直至关闭。随进气量减少,调整工艺参数,维持塔液位并调整塔温度,保证产品的合格率。

(2)逐渐关小吸收液进入装置量,直至关闭。

(3)排放塔内残留液体,应有专人看护排出装置的排放阀,排尽后关闭排放阀。

(4)按操作规程,进一步处理。

二、吸收及解吸的操作与调节

(一)多组分吸收及解吸的操作因素

1. 温度

吸收温度对塔的吸收率影响很大。吸收剂的温度降低,气体的溶解度增大,溶解度系数增大。降低吸收塔的操作温度,则各组分的亨利系数或气液相平衡常数减小,增加吸收过程的传质推动力,因而增加了吸收速率,使吸收总效果变好,溶质回收率增大。但一般应避免采用冷冻操作以减少动力消耗。

2. 压力

提高吸收塔的操作压力将增加气相中溶质的分压,提高吸收过程的传质推动力,因而增加了吸收速率。提高操作压力还可以减小塔径及相关设备、配管的尺寸等。但压力过高使塔设备的投资及压缩气体的操作费用增加;操作压力提高使惰气组分或不希望回收的组分吸收量增加,给后续操作带来麻烦。应考虑吸收塔前后工艺的操作压力恰当选择,一般不宜采用过高的操作压力。因此,吸收一般在常压下操作。若吸收后气体在高压下加工,则可采用高压吸收操作,既有利于吸收,又有利于增大吸收塔的处理能力。

3. 气体流量

在稳定的操作情况下,当气速不大,液体做层流流动,流体阻力小,吸收速率很低;当气速增大为湍流流动时,气膜变薄,气膜阻力减小,吸收速率增大;当气速增大到液泛速率时,液体不能顺畅向下流动,造成雾沫夹带,甚至造成液泛现象。因此,稳定操作流速,是吸收高效、平稳操作的可靠保证。对于易溶气体吸收,传质阻力通常集中在气侧,气体流量的大小及其湍动情况对传质阻力影响很大。对于难溶气体,传质阻力通常集中在液侧,此时气体流量的大小及湍动情况虽可改变气侧阻力,但对总阻力影响很小。

4. 吸收剂用量

改变吸收剂用量是吸收过程最常用的方法。当气体流量一定时,增大吸收剂流量,吸收速率增大,溶质吸收量增加,气体的出口浓度减小,回收率增大。当液相阻力较小时,增大液体的流量,传质总系数变化较小或基本不变,溶质吸收量的增大主要是由传质推动力的增加而引起,此时吸收过程的调节主要靠传质推动力的变化。当液相阻力较大时,增大吸收剂流量,传质系数大幅增加,传质速率增大,溶质吸收量增大。

5. 吸收剂入塔浓度

吸收剂入塔浓度升高,使塔内的吸收推动力减小,气体出口浓度升高。吸收剂的再循环会使吸收剂入塔浓度提高,对吸收过程不利。

6. 吸收的热效应

在吸收塔中,溶质从气相传入液相的相变释放了吸收热,通常该热量用以增加液体的显热,因而导致温度沿塔向下增高,这是吸收过程最一般的情况。吸收过程的热效应若比较大,工业生产中可采取如下措施:

(1)冷却,设置冷却器以降低操作温度,改善吸收平衡关系。

(2)提高液气比,补溶液温度升高对吸收平衡的不利影响,提高吸收的推动力。

(3)将入塔气体冷却并减湿,有助于溶剂的气化从而减缓塔底部的温度升高。

(二)多组分吸收及解吸的故障与处理

多组分吸收和解吸过程中常见故障及处理见表 2-4。

表 2-4　填料吸收塔常见不正常现象及处理方法

异常现象	原　因	处理方法
温差异常	① 混合气进料量增大或压力升高 ② 吸收剂流量减小或进塔吸收液温度升高 ③ 机泵故障或仪表失灵,造成温度波动或假象	① 注意混合气进料量、压力、温度的变化,如混合气进料量大、压力高、温度高时及时调节,保证正常操作温度 ② 注意调整吸收剂的流量和进塔温度,避免温度异常 ③ 机泵或仪表故障应及时处理
尾气夹带液体量大	① 原料气量过大 ② 吸收剂量过大 ③ 吸收塔液面太高 ④ 吸收剂太脏、黏度大 ⑤ 填料堵塞	① 减少进塔原料气量 ② 减少进塔喷淋量 ③ 调节排液阀,控制在规定范围 ④ 过滤或更换吸收剂 ⑤ 停车检查,清洗或更换填料
尾气中溶质含量高	① 进塔原料气中溶质含量高 ② 进塔吸收剂用量不够 ③ 吸收温度过高或过低 ④ 喷淋效果差 ⑤ 填料堵塞	① 降低进塔的溶质浓度 ② 加大进塔吸收剂用量 ③ 调节吸收剂入塔温度 ④ 清理、更换喷淋装置 ⑤ 停车检修或更换填料
塔内压差太大	① 进塔原料气量大 ② 进塔吸收剂量大 ③ 吸收剂太脏、黏度大 ④ 填料堵塞	① 减少进塔原料气量 ② 减少进塔喷淋量 ③ 过滤或更换吸收剂 ④ 停车检修,清洗或更换填料
吸收剂用量突然下降	① 溶液槽液位低、泵抽空 ② 吸收剂压力低或中断 ③ 溶液泵损坏	① 补充溶液 ② 使用备用吸收剂源或停车 ③ 启动备用泵或停车检修
塔液面波动	① 原料气压力波动 ② 吸收剂用量波动 ③ 液面调节器出故障	① 稳定原料气压力 ② 稳定吸收剂用量 ③ 修理或更换
质量异常	① 混合气进气量大或温度高,塔顶产品不合格 ② 吸收剂量不足,吸收剂进塔温度高,塔顶或塔底产品不合格 ③ 吸收塔压力低、温度高或温度、压力、流量、液位波动大,塔顶或塔底产品不合格	① 控制混合气进气量或温度,保证塔顶产品质量 ② 控制塔顶吸收剂量进料量及温度,保证塔顶或塔底产品质量 ③ 及时调节吸收塔压力、温度、流量、液位波动,保证塔顶或塔底产品质量
鼓风机有响声	① 杂物带入机内 ② 水带入机内 ③ 轴承缺油或损坏 ④ 油箱油位过低,油质差 ⑤ 齿轮啮合不好,有活动 ⑥ 转子间隙不当或轴向位移	① 紧急停车处理 ② 排除机内积水 ③ 停车加油或更换轴承 ④ 加油或换油 ⑤ 停车检修或启动备用风机 ⑥ 停车检修或启动备用风机

（三）多组分吸收及解吸的安全生产技术

1. 生产过程的安全

（1）生产过程中使用和产生易燃、易爆介质时，必须考虑防火、防爆等安全对策措施，在工艺设计时加以实施。

（2）生产过程中有重大危险隐患，应设置必要的报警、自动控制及自动连锁停车的控制设施。非常危险的部位，应设置常规检测系统和异常检测系统的双重检测体系。

（3）工艺规程要确定生产过程泄压措施及泄放量，明确排放系统，如排入全厂性火炬、排入装置内火炬、排入全厂性排气管网、排入装置的排气管道或直接放空。

（4）生产装置出现紧急情况或发生火灾爆炸事故需要紧急停车时，应设置必要的自动紧急停车措施。

（5）应考虑正常开停车、正常操作、异常操作处理及紧急事故处理时的安全对策措施和设施。

（6）对生产装置的供电、供水、供风、供气等公用设施，必须满足正常生产和事故状态下的要求，并符合有关防火、防爆法规、标准的规定。

（7）应尽量消除产生静电和静电积聚的各种因素，采取静电接地等各种防静电措施，静电接地设计应遵守有关静电接地设计规程的要求。

2. 物料的安全

（1）对生产过程中所用的易发生火灾爆炸危险的原材料、中间物料及成品，应列出其主要的化学性能及物理化学性能（如爆炸极限、密度、闪点、自燃点、引燃能量、燃烧速率、导电率、介电常数、腐蚀速率、毒性、热稳定性、反应热、反应速率、热容量等）。

（2）对生产过程中的各种燃烧爆炸危险物料（包括各种杂质）的危险性（爆炸性、燃烧性、混合危险性等），应综合分析研究，在设计时采取有效措施加以控制。

3. 仪表及电器的安全

（1）采用本质安全型电动仪表时，即使由于某种原因而产生火花、电弧或过热也不会构成点火源而引起燃烧或爆炸，因此原则上可以适用于最高级别的火灾爆炸危险场所。但在安装设计时必须考虑有关的技术规定，如本质安全电路和非本质安全电路不能相混；构成本质安全电路必须应用安全栅；本质安全系统的接地问题必须符合有关防火、防爆规定的要求。

（2）生产装置的监测、控制仪表除按工艺控制要求选型外，还应根据仪表安装场所的火灾危险性和爆炸危险性，按爆炸和火灾危险场所电力装置设计规范选型。

（3）所选用的控制仪表及控制回路必须可靠，不得因设计重复控制系统而选用不能保证质量的控制仪表。

（4）当仪表的供电、供气中断时，调节阀的状态应能保证不导致事故或扩大事故。

（5）仪表的供电应有事故电源，供气应有储气罐，容量应能保证停电、停气后维持30 min的用量。

（6）可燃气体监测报警仪的报警系统应设在生产装置的控制室内。

4. 设备的安全

（1）必须全面考虑设备与机器的使用场合、结构形式、介质性质、工作特点、材料性能、工艺性能和经济合理性。

（2）材料选用应符合各种相应标准、法规和技术文件的要求。

（3）选用材料的化学成分、金相组织、机械性能、物理性能、热处理焊接方法应符合有关的材料标准，与之相应的材料试验和鉴定应由用户和制造厂商定。

（4）由制造厂提供的其他材料，经试验、技术鉴定后，确能保证设计要求的，用户方可使用。

（5）处理、输送和分离易燃易爆、有毒和强化学腐蚀性介质时，材料的选用尤其慎重，应遵循有关材料标准。

（6）与设备所用材料相匹配的焊接材料要符合有关标准、规定。

5. 工艺管线的安全

（1）工艺管线必须安全可靠，且便于操作。所选用的管线、管件及阀门的材料，应保证有足够的机械强度及使用期限。管线的设计、制造、安装及试压等技术条件应符合国家现行标准和规范。

（2）工艺管线应考虑抗震和管线振动、脆性破裂、温度应力、失稳、高温蠕变、腐蚀破裂及密封泄漏等因素，并采取相应的安全措施加以控制。

（3）工艺管线上安装的安全阀、防爆膜、泄压设施、自动控制检测仪表、报警系统、安全联锁装置及卫生检测设施，应合理且安全可靠。

（4）工艺管线的防雷电、暴雨、洪水、冰雹等自然灾害以及防静电等安全措施，应符合有关法规的要求。

（5）工艺管线的工艺取样、废液排放、废气排放等，必须安全可靠，且应设置有效的安全设施。

（6）工艺管线的绝热保温、保冷设计，应符合设计规范的要求。

技能训练一　吸收操作训练

一、训练目标

1. 了解填料吸收装置的基本流程及设备结构。

2. 能独立地进行吸收系统的工艺操作及开车、停车（包括开车前的准备、电源的接通、风机的使用、吸收剂的选择、进气量水量的控制、压力的控制等）。

3. 能进行生产操作，并达到规定的工艺要求和质量指标。

4. 能及时发现、报告并处理系统的异常现象与事故，能进行紧急停车。

5. 掌握吸收总体积系数的测定方法。

二、训练准备

图 2-18 为吸收实验设备流程图。空气由风机 1 供给,阀 2 用于调节空气流量(放空法)。在气管中空气与氨混合入塔,经吸收后排出,出口处有尾气调压阀 9,这个阀在不同的流量下能自动维持一定的尾气压力,作为尾气通过分析器的推动力。

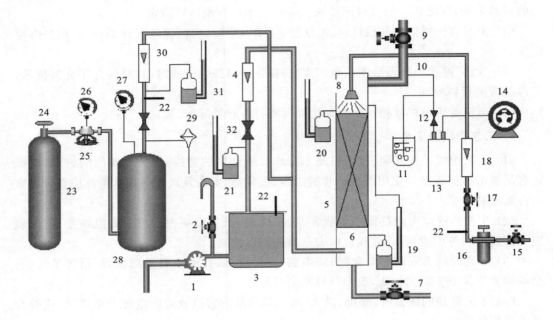

图 2-18 吸收操作流程图

1-风机;2-空气调节阀;3-油分离器;4-空气流量计;5-填料塔;6-栅板;7-排液管;8-莲蓬头;9-尾气调节阀;
10-尾气取样管;11-稳压瓶;12-旋塞;13-吸收盒;14-湿式气体流量计;15-总阀;16-水过滤减压器;17-水调节阀;
18-水流量计;19-压差计;20-塔顶表压计;21-表压计;22-温度计 23-氨瓶;24-氨瓶阀;25-氨自动减压阀;
26-氨压力表;27-氨压力表;28-缓冲罐;29-膜式安全阀;30-转子流量计;31-表压计;32-空气进口阀

水经总阀 15 进入水过滤减压器 16,经调解阀 17 及流量计 18 入塔。氨气由氨瓶 23 供给,开启氨瓶阀 24,氨气即进入自动减压阀 25 中,这阀能自动将输出氨气压力稳定在 $0.5\sim1\ kg/cm^2$ 范围内,氨压力表 26 指示氨瓶内部压力,而氨压力表 27 则指示减压后的压力。为了确保安全,缓冲罐上还装有安全阀 29,以保证进入实验系统的氨压不超过安全允许规定值($1.2\ kg/m^2$),安全阀的排出口用塑料管引到室外。

为了测量塔内压力和填料层压力降,装有表压计 20 和压差计 19。此外,还有大气压力计测量大气压力。

三、训练步骤(要领)

1. 指出吸收流程与控制点(包括水、空气、氨气的流程)。

2. 开车前的准备(包括检查电源、水源是否处于正常供给状态;打开电源及仪器仪表并检查;查看管道、设备是否有泄漏等)。

3. 开车与稳定操作(包括依次打开水、空气及氨气系统,并稳定流量,维持塔内温度、压力稳定,记录数据,计算吸收率和总体积吸收系数)。

4. 不正常操作与调整(人为造成气阻液泛和溢流淹塔事故,再调节到正常)。

5. 正常停车(依次停氨气、水、空气系统,关电源)。

四、思考与分析

1. 综合数据来看,以水吸收空气中的氨气过程,是气膜控制还是液膜控制?为什么?

2. 要提高氨水浓度有什么办法(不改变进气浓度)?这时又会带来什么问题?

3. 当气体温度与吸收剂温度不同时,应按哪种温度计算亨利系数?

4. 试分析旁路调节的重要性。

5. 试比较精馏装置与吸收装置的异同。

6. 造成液泛或淹塔的主要原因有哪些?

技能训练二　吸收操作仿真训练

一、训练目标

1. 了解工业吸收解吸的操作原理及其工艺流程。

2. 学会吸收剂冷循环、热循环的操作过程。

3. 学会吸收塔、解吸塔的塔压控制。

4. 掌握吸收解吸系统的冷态开车、正常运行、正常停车的操作要点。

5. 能正确分析事故产生的原因,并掌握事故处理的方法。

二、训练准备

流程如图 2-19 所示,以 C_6 油为吸收剂,分离气体混合物(其中 C_4 25.13%,CO 和 CO_2 6.26%,N_2 64.58%,H_2 3.5%,O_2 0.53%)中的 C_4 组分(吸收质)。

从界区外来的富气从底部进入吸收塔 T-101。界区外来的纯 C_6 油吸收剂储存于 C_6 油储罐 D-101 中,由 C_6 油泵 P-101A/B 送入吸收塔 T-101 的顶部,C_6 流量由 FRC103 控制。吸收剂 C_6 油在吸收塔 T-101 中自上而下与富气逆向接触,富气中 C_4 组分被溶解在 C_6 油中。不溶解的贫气自 T-101 顶部排出,经盐水冷却器 E-101 被 -4 ℃的盐水冷却至 2 ℃进入尾气分离罐 D-102。吸收了 C_4 组分的富油(C_4 8.2%,C_6 91.8%)从吸收塔底部排出,经贫富油换热器 E-103 预热至 80 ℃进入解吸塔 T-102。吸收塔塔釜液位由 LIC101 和 FIC104 通过调节塔釜富油采出量串级控制。

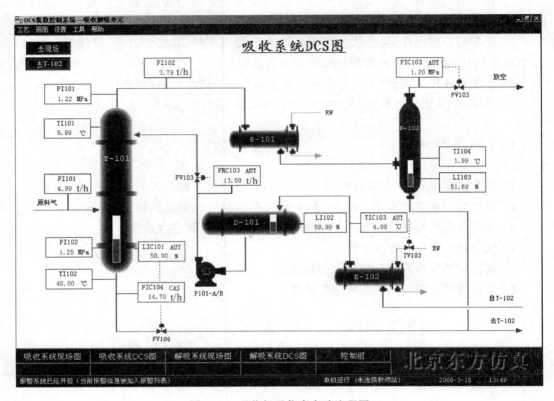

图 2-19　吸收解吸仿真实验流程图

来自吸收塔顶部的贫气在尾气分离罐 D-102 中回收冷凝的 C_4，C_6 后，不凝气在 D-102压力控制器 PIC103（1.2 MPaG）控制下排入放空总管进入大气。回收的冷凝液（C_4、C_6）与吸收塔釜排出的富油一起进入解吸塔 T-102。

预热后的富油进入解吸塔 T-102 进行解吸分离。塔顶气相出料（$C_4$95%）经全冷器 E-104 换热降温至 40 ℃全部冷凝进入塔顶回流罐 D-103，其中一部分冷凝液由 P-102A/B 泵打回流至解吸塔顶部，回流量 8.0t/h，由 FIC106 控制，其他部分作为 C_4 产品在液位控制（LIC105）下由 P102A/B 泵抽出。塔釜 C_6 油在液位控制（LIC104）下，经贫富油换热器 E-103 和盐水冷却器 E-102 降温至 5 ℃返回至 C_6 油储罐 D-101 再利用，返回温度由温度控制器 TIC103 通过调节 E-102 循环冷却水流量控制。

T-102 塔釜温度由 TIC104 和 FIC108 通过调节塔釜再沸器 E-105 的蒸气流量串级控制，控制温度 102 ℃。塔顶压力由 PIC105 通过调节塔顶冷凝器 E-104 的冷却水流量控制，另有一塔顶压力保护控制器 PIC-104，在塔顶有凝气压力高时通过调节 D-103 放空量降压。

因为塔顶 C_4 产品中含有部分 C_6 油及其他 C_6 油损失，所以随着生产的进行，要定期观察 C_6 油储罐 D-101 的液位，补充新鲜 C_6 油。

三、训练步骤（要领）

1. 冷态开车过程（包括氮气充压、吸收塔及解吸塔进吸收油、吸收油冷循环、吸收油热循环、进富气及调整等过程操作）。

2. 正常运行过程（主要维持各工艺参数稳定运行，密切注意参数变化）。

3. 正常停车过程（包括停富气进料和产品出料、停吸收塔系统、停解吸塔系统和吸收油储罐泄油等操作）。

4. 事故处理过程（当发生冷却水中断、加热蒸汽中断、仪表风中断、停电、泵坏、阀卡、再沸器结垢严重等事故时，及时发现并排出）。

四、思考与分析

1. 为什么在高压、低温的条件下进行操作对吸收过程的进行有利？

2. 什么是吸收油冷循环和热循环？

3. 操作时若发现富油无法进入解吸塔，会有哪些原因导致？应如何调整？

4. 假如本单元的操作已经平稳，这时吸收塔的进料富气温度突然升高，分析会导致什么现象？

5. 如果造成系统不稳定，吸收塔的塔顶压力上升（塔顶 C_4 增加），有几种手段将系统调节正常？

6. C_6 油储罐进料阀为一手操阀，有没有必要在此设一个调节阀，使进料操作自动化？为什么？

阅　读　资　料

解吸是吸收操作的逆过程，常见的有气提解吸、加热解吸和减压解吸等，工业中很少采用单一的解吸方法，往往是先升温再减压，最后再采用气提解吸。

气提解吸：又称为载气解吸法，采用不含溶质的惰性气体或吸收剂蒸气作为载气，使其与吸收液相接触，将溶质从液相中带出。常见的载气有空气、氮气、二氧化碳、水蒸气、吸收剂蒸气等。

减压解吸：采用加压吸收时，解吸可采用一次或多次减压的方法，使溶质从吸收液解吸出来。解吸的程度取决于操作的最终压力和温度。

加热解吸：当气体溶质的溶解度随温度的升高而显著降低时，可采用加热解吸。

加热-减压解吸：将吸收液先升高温度再减压，能显著提高解吸操作的推动力，从而提高溶质的解吸程度。

解吸在计算原则和方法上和吸收是相同的，主要区别有：

（1）逆流解吸操作塔在塔顶的气液相组成（X_1，Y_1）浓度最大，而在塔底的（X_2，Y_2）最小。

（2）解吸的操作线在相平衡线的下方，所以解吸操作推动力的表达式为 $\Delta Y=Y^*-Y$ 或 $\Delta X=X-X^*$，与吸收相反。

思 考 题

1．什么是载点和泛点？

2．塔液泛应如何处理？

3．温度和压力对吸收塔操作的影响是什么？

4．影响填料性质的因素有哪些？

5．什么是气膜控制？液膜控制？

6．某逆流吸收塔，用纯溶剂吸收惰性气体中的溶质组分。若 L_s、V_B、T、p 等不变，进口气体溶质含量 Y_1 增大。问：（1）N_{OG}、Y_2、X_2、η 如何变化？（2）采取何种措施可使 Y_2 达到原工艺要求？

7．若吸收过程为气膜控制，在操作过程中，若入口气量增加，其他操作条件不变，N_{OG}、Y_2、X_2 将如何变化？

8．已知连续逆流吸收过程中的 y_1、x_2 和平衡常数 m，试用计算式表示出塔底出口溶液最大浓度和塔顶出口气体最低浓度（均指溶质的物质的量浓度）。

计 算 题

1．某裂解气组成如下表所示：

组分	H_2	CH_4	C_2H_4	C_2H_6	C_3H_6	$i\text{-}C_4H_{10}$	$\sum$
$y_{0,i}$	0.132	0.3718	0.3020	0.097	0.084	0.0132	1.000

现拟以 $i\text{-}C_4H_{10}$ 馏分作吸收剂，从裂解气中回收 99% 的乙烯，原料气的处理量为 100 kmol/h，塔的操作压力为 4.052MPa，塔的平均温度按 $-14\ ℃$ 计。求：

（1）为完成此吸收任务所需最小液气比。

（2）操作液气比若取为最小液气比的 1.5 倍，试确定为完成吸收任务所需理论板数。

（3）各个组分的吸收分率和出塔尾气的量和组成。

（4）塔顶应加入的吸收剂量。

2．拟进行吸收的某厂裂解气的组成如下：

组分	CH_4	C_2H_6	C_3H_8	$i\text{-}C_4H_{10}$	$n\text{-}C_4H_{10}$	$i\text{-}C_5H_{10}$	$n\text{-}C_5H_{10}$	$n\text{-}C_6H_{14}$	$\sum$
$y_{0,i}$	0.765	0.045	0.065	0.025	0.045	0.015	0.025	0.015	1.000

当在 1.013 Mpa 压力下，以相对分子质量为 220 的物质为吸收剂，吸收剂温度为 30 ℃，而塔中液相平均温度为 35 ℃。试计算异丁烷（$i\text{-}C_4H_{10}$）回收率为 0.90 时所需理论

塔板数以及各组分的回收率。操作液气比为最小液气比的 1.07 倍,求塔顶尾气的数量和组成。

3. 某原料气组成如下:

组分 CH_4、C_2H_6、C_3H_8、iC_4H_{10}、$n-C_4H_{10}$、$i-C_5H_{12}$、$n-C_5H_{12}$、$n-C_6H_{14}$ 的 y_0(摩尔分数)分别为 0.765、0.045、0.035、0.025、0.045、0.015、0.025、0.045,先拟用不挥发的烃类液体为吸收剂在板式塔吸收塔中进行吸收,平均吸收温度为 38 ℃,压力为 1.013MPa,如果要求将 $i-C_4H_{10}$ 回收 90%。试求:

(1) 为完成此吸收任务所需的最小液气比。

(2) 操作液气比为最小液气比的 1.1 倍时,为完成此吸收任务所需理论板数。

(3) 各组分的吸收分率和离塔尾气的组成。

(4) 塔底的吸收液量。

4. 在总压为 101.3 kPa,温度为 20 ℃的条件下,在填料塔内用水吸收混合空气中的 CO_2,塔内某一截面处的液相组成为 $x=0.000\,65$,气相组成为 $y=0.03$(摩尔分数),气膜吸收系数为 $k_G=1.0\times10^{-6}$ kmol/($m^2 \cdot s \cdot kPa$),液膜吸收系数是 $k_L=8.0\times10^{-6}$ m/s,若 20 ℃时 CO_2 溶液的亨利系数为 $E=3.54\times10^3$ kPa,求:(1)该截面处的总推动力 Δp、Δy、Δx 及相应的总吸收系数;(2)该截面处吸收速率;(3)计算说明该吸收过程的控制因素;(4)若操作压力提高到 1 013 kPa,求吸收速率提高的倍数。

5. 某填料吸收塔用含溶质 $x_2=0.000\,2$ 的溶剂逆流吸收混合气中的可溶组分,采用液气比为 3,气体入口摩尔分数 $y_1=0.01$,回收率可达 90%,已知物系的平衡关系为 $y=2x$。今因解吸不良,吸收剂入口摩尔分数 x_2 升至 0.000 35,求:(1)可溶组分的回收率下降至多少?(2)液相出塔摩尔分数升至多少?

6. 流率为 1.26 kg/s 的空气中含氨 0.02(摩尔分数,下同),拟用塔径 1 m 的吸收塔回收其中 90%的氨。塔顶淋入摩尔分数为 4×10^{-4} 的稀氨水。已知操作液气比为最小液气比的 1.5 倍,操作范围内 $Y^*=1.2X$,$K_{Ya}=0.052$ kmol/($m^3 \cdot s$)。求所需的填料层高度。

7. 向盛有一定量水的鼓泡吸收器中通入纯的 CO_2 气体,经充分接触后,测得水中的 CO_2 平衡浓度为 2.875×10^{-2} kmol/m^3,鼓泡器内总压 101.3 kPa,水温 30 ℃,溶液密度为 1000 kg/m^3。试求亨利系数 E、溶解度系数 H 及相平衡常数 m。

8. 压力为 101.3 kPa 的吸收器内用水吸收混合气中的氨,设混合气中氨的浓度为 0.02(摩尔分数),试求所得氨水的最大物质的量浓度。已知操作温度 20 ℃下的相平衡关系为 $p_A^*=2\,000x$。

9. 含 CO_2 30%(体积分数)空气-CO_2 混合气,在压力为 505 kPa,温度 25 ℃下,通入盛有 1m^3 水的 2 m^3 密闭储槽,当混合气通入量为 1 m^3 时停止进气。经长时间后,将全部水溶液移至膨胀床中,并减压至 20 kPa,设 CO_2 大部分放出,求能最多获得 CO_2 多少千克?

设操作温度为 25 ℃,CO_2 在水中的平衡关系服从亨利定律,亨利系数 E 为 1.66×10^5 kPa。

10. 用清水逆流吸收混合气中的氨,进入常压吸收塔的气体含氨 6%(体积分数),吸收后气体出口中含氨 0.4%（体积分数），溶液出口浓度为 0.012（摩尔分数），操作条件下相平衡关系为 $Y^* = 2.52X$。试用气相摩尔分数表示塔顶和塔底处吸收的推动力。

11. 在操作条件 25 ℃、101.3 kPa 下，用 CO_2 含量为 0.000 1（摩尔分数）的水溶液与含 CO_2 10%（体积分数）的 CO_2-空气混合气在一容器充分接触，试：

（1）判断 CO_2 的传质方向，且用气相摩尔分数表示过程的推动力。

（2）设压力增加到 506.5 kPa，CO_2 的传质方向如何，并用液相分数表示过程的推动力。

12. 在填料吸收塔内用水吸收混合于空气中的甲醇，已知某截面上的气、液两相组成为 $p_A = 5$ kPa，$c_A = 2$ kmol/m³，设在一定的操作温度、压力下，甲醇在水中的溶解度系数 H 为 0.5 kmol/(m³·kPa)，液相传质分系数为 $k_L = 2 \times 10^{-5}$ m/s，气相传质分系数为 $k_G = 1.55 \times 10^{-5}$ kmol/(m²·s·kPa)。试求以分压表示吸收总推动力、总阻力、总传质速率及液相阻力的分配。

13. 用 20 ℃ 的清水逆流吸收氨-空气混合气中的氨，已知混合气体温度为 20 ℃，总压为 101.3 kPa，其中氨的分压为 1.013 3 kPa，要求混合气体处理量为 773 m³/h，水吸收混合气中氨的吸收率为 99%。在操作条件下物系的平衡关系为 $Y^* = 0.757X$，若吸收剂用量为最小用量的 2 倍，试求：（1）塔内每小时所需清水的量为多少千克；（2）塔底液相浓度（用摩尔分数表示）。

14. 在一填料吸收塔内，用清水逆流吸收混合气体中的有害组分 A，已知进塔混合气体中组分 A 的浓度为 0.04（摩尔分数，下同），出塔尾气中 A 的浓度为 0.005，出塔水溶液中组分 A 的浓度为 0.012，操作条件下气液平衡关系为 $Y^* = 2.5X$。试求操作液气比是最小液气比的倍数。

15. 用 SO_2 含量为 1.1×10^{-3}（摩尔分数）的水溶液吸收含 SO_2 为 0.09（摩尔分数）的混合气中的 SO_2。已知进塔吸收剂流量为 37 800 kg/h，混合气流量为 100 kmol/h，要求 SO_2 的吸收率为 80%。在吸收操作条件下，系统的平衡关系为 $Y^* = 17.8X$，求气相总传质单元数。

16. 用清水逆流吸收混合气体中的 CO_2，已知混合气体的流量为 300 标准 m³/h，进塔气体中 CO_2 含量为 0.06（摩尔分数），操作液气比为最小液气比的 1.6 倍，传质单元高度为 0.8 m。操作条件下物系的平衡关系为 $Y^* = 1\,200X$。要求 CO_2 吸收率为 95%，试求：

（1）吸收液组成及吸收剂流量。

（2）写出操作线方程。

（3）填料层高度。

17. 在逆流吸收的填料吸收塔中，用清水吸收空气-氨混合气中的氨，气相流率为 0.65 kg/(m²·s)。操作液气比为最小液气比的 1.6 倍，平衡关系为 $Y^* = 0.92X$，气相总传质系数 K_{Ya} 为 0.043 kmol/(m³·s)。试求：

（1）吸收率由 95% 提高到 99%，填料层高度的变化。

（2）吸收率由 95% 提高到 99%，吸收剂用量之比为多少？

18. 用清水在一塔高为 13m 的填料塔内吸收空气中的丙酮蒸气，已知混合气体质量流速为 0.668kg/（m² · s），混合气中含丙酮 0.02（摩尔分数），水的质量流速为 0.065kmol/（m² · s），在操作条件下，相平衡常数为 1.77，气相总体积吸收系数为 K_{Ya} = 0.023 1 kmol/（m³ · s）。问丙酮的吸收率为 98.8% 时，该塔是否合用？

19. 某逆流吸收塔，入塔混合气体中含溶质浓度为 0.05（摩尔分数，下同），吸收剂进口浓度为 0.001，实际液气比为 4，此时出口气体中溶质为 0.005，操作条件下气液相平衡关系为 $Y^* = 2.0X$。若实际液气比下降为 2.5，其他条件不变，计算时忽略传质单元高度的变化，试求此时出塔气体溶质的浓度及出塔液体溶质的浓度各为多少？

20. 在一逆流操作的吸收塔中，如果脱吸因数为 0.75，气液相平衡关系为 $Y^* = 2.0X$，吸收剂进塔浓度为 0.001（摩尔分数，下同），入塔混合气体中溶质的浓度为 0.05 时，溶质的吸收率为 90%。试求入塔气体中溶质浓度为 0.04 时，其吸收率为多少？若吸收剂进口浓度为零，其他条件不变，则其吸收率又如何？此结果说明了什么？

21. 在一逆流操作的填料塔中，用纯溶剂吸收混合气体中溶质组分，当液气比为 1.5 时，溶质的吸收率为 90%，在操作条件下气液平衡关系为 $Y^* = 0.75X$。如果改换新的填料时，在相同的条件下，溶质的吸收率提高到 98%，求新填料的气相总体积吸收系数为原填料的多少倍。

22. 在一填料吸收塔内用洗油逆流吸收煤气中含苯蒸气。进塔煤气中苯的初始浓度为 0.02（摩尔分数，下同），操作条件下气液平衡关系为 $Y^* = 0.125X$，操作液气比为 0.18，进塔洗油中苯的浓度为 0.003，出塔煤气中苯浓度降至 0.002。因脱吸不良造成进塔洗油中苯的浓度为 0.006，试求此情况下：（1）出塔气体中苯的浓度；（2）吸收推动力降低的百分数。

23. 在一塔径为 880 m 的常压填料吸收塔内用清水吸收混合气体中的丙酮，已知填料层高度为 6 m，在操作温度为 25 ℃时，混合气体处理量为 2 000 m³/h，其中含丙酮 5%。若出塔混合物气体中丙酮含量达到 0.263%，每 1kg 出塔吸收液中含 61.2 kg 丙酮。操作条件下气液平衡关系为 $Y^* = 2.0X$，试求：

（1）气相总体积传质系数及每小时回收丙酮的 kg 数。

（2）若将填料层加高 3 m，可多回收多少千克丙酮。

24. 在一塔高为 4m 填料塔内，用清水逆流吸收混合气中的氨，入塔气体中含氨 0.03（摩尔分数），混合气体流率为 0.028 kmol/（m² · s），清水流率为 0.057 3 kmol/（m² · s），要求吸收率为 98%，气相总体积吸收系数与混合气体流率的 0.7 次方成正比。已知操作条件下物系的平衡关系为 $Y^* = 0.8X$，试求：

（1）当混合气体量增加 20% 时，吸收率不变，所需的塔高。

（2）压力增加 1 倍时，吸收率不变，所需的塔高。（设压力变化，气相总体积吸收系数不变）。

25. 在一吸收-解吸联合流程中，吸收塔内用洗油逆流吸收煤气中含苯蒸气。入塔气体中苯的浓度为 0.03（摩尔分数，下同），吸收操作条件下，平衡关系为 $Y^* = 0.125X$，吸收操作液气比为 0.244 4，进塔洗油中苯的浓度为 0.007，出塔煤气中苯的浓度降至 0.001 5，气相总传质单元高度为 0.6 m。从吸收塔排出的液体升温后在解吸塔内用过热蒸气逆流解吸，解吸塔内操作气液比为 0.4，解吸条件下的相平衡关系为 $Y^* = 3.16X$，气相总传质单元高度为 1.3 m。试求：

(1) 吸收塔填料层的高度。

(2) 解吸塔填料层的高度。

本模块主要符号及说明

p^*——溶质在气相中的平衡分压，kPa；

E——亨利系数，单位与压力单位一致；

χ——溶质在液相中的摩尔分数；

m——相平衡常数，无因次；

y^*——相平衡时溶质在气相中的摩尔分数；

Y^*——相平衡时，气体溶质的 kmol 数与惰性气体 kmol 数的比；

X——气体溶质的 kmol 数与吸收剂 kmol 数的比；

N_A——组分 A 的分子扩散速率，kmol/(m² · s)

c_A——组分 A 的浓度，kmol/m³；

p、p_i——溶质 A 在气相主体与界面处的分压，kPa；

y、y_i——气相主体与界面处的摩尔分数；

k_G——以分压差表示推动力的气相传质系数，kmol/(s · m² · kPa)；

k_y——以摩尔分数差表示推动力的气相传质系数，kmol/(s · m²)；

c、c_i——溶质 A 的液相主体浓度和界面浓度，kmol/m³；

x、x_i——溶质 A 在液相主体与界面处的摩尔分数；

k_L——以浓度差表示推动力的液相传质系数，m/s；

k_x——以摩尔分数差表示推动力的液相传质系数，kmol/(s · m²)；

K_L——以液相浓度差为推动力的总传质系数，m/s；

K_G——以气相浓度差为推动力的总传质系数，kmol/(m² · s · kN/m²)；

K_X——以液相摩尔比浓度差为推动力的总传质系数，kmol/(m² · s)；

K_Y——以气相摩尔比浓度差为推动力的总传质系数，kmol/(m² · s)；

V——单位时间通过吸收塔的惰性气体量，kmol(B)/s；

L——单位时间通过吸收塔的吸收剂量，kmol(S)/s；

Y_1、Y_2——分别为进塔和出塔气体中溶质组分的摩尔比，kmol(A)/kmol(B)；

X_1、X_2——别为出塔和进塔液体中溶质组分的摩尔比，kmol(A)/kmol(S)；

η——吸收率；

u_f——泛点气速，m/s；

μ_L——液体的黏度，mPa · s；

ρ_L、ρ_g——分别为液体、气体密度，kg/m³；

W_L、W_g——分别为液体、气体的质量流量，kg/s。

模块三 干 燥 技 术

知识目标

1. 熟悉湿空气性质。
2. 掌握固体物料干燥过程的相平衡。
3. 掌握干燥过程基本计算。
4. 了解典型干燥设备的工作原理、结构特点。

能力目标

1. 掌握干燥基本操作。
2. 能对干燥操作过程中的影响因素进行分析,并运用所学知识解决实际工程问题。

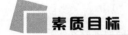

素质目标

1. 增强逻辑思维能力。
2. 培养同学追求知识、独立思考、勇于创新的科学精神。
3. 培养工程技术观念。

单元一 认识干燥器

一、干燥器的分类

在化工、制药、纺织、造纸、食品、农产品加工等行业,常需要将固体物料中的湿分除去,以便于储藏、运输及进一步加工,达到生产规定的要求。除去固体物料中湿分的方法称为去湿。去湿的方法很多,其中用加热的方法使水分或其他溶剂气化,除去固体物料中湿分的操作,称为固体的干燥。工业上干燥有多种方法,其中对流干燥在工业上应用最为广泛。本章将主要介绍以空气为干燥介质、湿分为水分的对流干燥。

在工业生产中,由于被干燥物料的形状和性质不同,生产规模或生产能力也相差较大,对干燥产品的要求也不尽相同,因此所采用干燥器的形式也是多种多样的。图 3-1~图 3-6 为常见的几种干燥器,它们的构造、原理、性能特点及应用场合可见表 3-1。

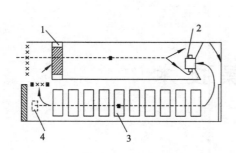

图 3-1　洞道式干燥器示意图

1-加热器;2-风扇;3-装料车;4-排气口

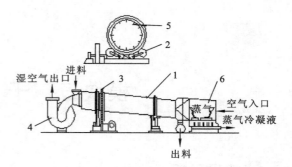

图 3-2　转筒式干燥器示意图

1-筒体;2-转筒;3-皮带轮;
4-旋风分离器;5-抄板;6-加热器

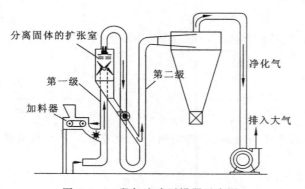

图 3-3　二段气流式干燥器示意图

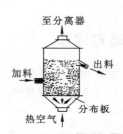

图3-4　单层圆筒沸腾床干燥器

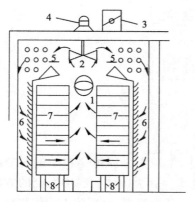

图 3-5　厢式干燥器

1-空气入口;2-空气出口;3-风扇;4-电动机;
5-加热器;6-挡板;7-盘架;8-移动轮

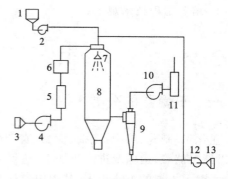

图 3-6　YPG-II 型压力式喷雾造粒干燥工艺流程图

1-高位槽;2-隔膜泵;3-空气过滤器;4-送风机;5-蒸气加热器;
6-电加热器;7-喷嘴;8-干燥塔;9-旋风分离器;10-引风机;
11-尾气过滤器;12-高压风机;13-空气过滤器

表 3-1 干燥器的性能特点及应用场合

类型	构造及原理	性能特点	应用场合
厢式干燥器	多层长方形浅盘叠置在框架上,湿物料在浅盘中,厚度通常为 10～100 mm,般浅盘的面积为 0.3～1 m²。新鲜空气由风机抽入,经加热后沿挡板均匀地进入各层之间,平行流过湿物料表面,带走物料中的湿分	构造简单,设备投资少,适应性强,物料损失小,盘易清洗。但物料得不到分散,干燥时间长,热利用率低,产品质量不均匀,装卸物料的劳动强度大	多应用在小规模、多品种、干燥条件变动大,干燥时间长的场合,如实验室或中间室的干燥装置
洞道式干燥器	干燥器为一较长的通道,被干燥物料放置在小车内、运输带上、架子上或自由地堆置在运输设备上,沿通道向前移动,并一次通过通道。空气连续地在洞道内被加热并强制地流过物料	可进行连续或半连续操作;制造和操作都比较简单,能量的消耗也不大	适用于具有一定形状的比较大的物料,如皮革、木材、陶瓷等的干燥
转筒式干燥器	湿物料从干燥机一端投入后,在筒内抄板器的翻动下,物料在干燥器内均匀分布与分散,并与并流(逆流)的热空气充分接触。在干燥过程中,物料在带有倾斜度的抄板和热气流的作用下,可调控地运动至干燥机另一段星形卸料阀排出成品	生产能力大,操作稳定可靠,对不同物料的适应性强,操作弹性大,机械化程度较高。但设备笨重,一次性投资大;结构复杂,传动部分需经常维修,拆卸困难;物料在干燥器内停留时间长,且物料颗粒之间的停留时间差异较大	主要用于处理散粒状物料,也可处理含水量很高的物料或膏糊状物料,也可以干燥溶液、悬浮液、胶体溶液等流动性物料
气流式干燥器	直立圆筒形的干燥管,其长度一般为 10～20 m,热空气(或烟道气)进入干燥管底部,将加料器连续送入的湿物料吹散,并悬浮在其中。一般物料在干燥管中的停留时间为 0.5～3 s,干燥后的物料随气流进入旋风分离器,产品由下部收集	干燥速率大,接触时间短,热效率高;操作稳定,成品质量稳定;结构相对简单,易于维修,成本费用低。但对除成尘设备要求严格,系统流动阻力大,对厂房要求有一定的高度	适用于干燥热敏性物料或临界含水量低的细粒或粉末物料
流化床干燥器	湿物料由床层的一侧加入,由另一侧导出。热气流由下方通过多孔分布板均匀地吹入床层,与固体颗粒充分接触后,由顶部导出,经旋风器回收其中夹带的粉尘后排出。颗粒在热气流中上下翻动,彼此碰撞和混合,气、固间进行传热、传质,以达到干燥目的	传热、传质速率高,设备简单,成本费用低,操作控制容易。但操作控制要求高,而且由于颗粒在床中高度混合,可能引起物料的反混合短路,从而造成物料干燥不充分	适用于处理粉粒状物料,而且粒度最好在 30—60 μm 范围
喷雾干燥器	热空气与喷雾液滴都由干燥器顶部加入,气流做螺旋形流动旋转下降,液滴在接触干燥室内壁前已完成干燥过程,大颗粒收集于干燥器底部后排出,细粉随气体进入旋风器分出。废气在排空前经湿法洗涤塔(或其他除尘器)以提高回收率,并防止污染	干燥过程极快,可直接获得干燥产品,因而可省去蒸发、结晶、过滤、粉碎等工序;能得到速溶的粉末或空心细颗粒;易于连续化、自动化操作。但热效率低,设备占地面积大,设备成本费高,粉尘回收麻烦	适用于士林蓝及士林黄染料等

查一查 从其他角度划分,干燥还有哪些种类?

知识拓展

固体物料的去湿方法

除去固体物料中湿分的方法称为去湿。去湿的方法很多,常用的有以下几种。

1. 机械分离法 即通过压榨、过滤和离心分离等方法去湿。这是一种耗能较少、较为经济的去湿方法,但湿分的除去不完全,多用于处理含液量大的物料,适于初步去湿。

2. 吸附脱水法 即用固体吸附剂,如氯化钙、硅胶等吸去物料中所含的水分。这种方法去除的水分量很少,且成本较高。

3. 干燥法 即利用热能,使湿物料中的湿分气化而去湿的方法。按照热能供给湿物料的方式,干燥法可分为:

(1) 传导干燥 热能通过传热壁面以传导方式传给物料,产生的湿分蒸气被气相(又称干燥介质)带走,或用真空泵排走。例如,纸制品可以铺在热滚筒上进行干燥。

(2) 对流干燥 使干燥介质直接与湿物料接触,热能以对流方式加入物料,产生的蒸气被干燥介质带走。

(3) 辐射干燥 由辐射器产生的辐射能以电磁波形式达到物体的表面,为物料吸收而重新变为热能,从而使湿分气化,例如,用红外线干燥法将自行车表面油漆烘干。

(4) 介电加热干燥 将需要干燥的电解质物料置于高频电场中,电能在潮湿的电介质中变为热能,可以使液体很快升温气化。这种加热过程发生在物料内部,故干燥速率较快,如微波干燥食品。

干燥法耗能较大,工业上往往将机械分离法与干燥法联合起来除湿,即先用机械方法尽可能除去湿物料中的大部分湿分,然后再利用干燥方法继续除湿。

单元二 干燥原理

一、对流干燥的方法

典型的对流干燥工艺流程如图 3-7 所示,空气经加热后进入干燥器,气流与湿物料直接接触,空气沿流动方向温度降低,湿含量增加,废气自干燥器另一端排出。

对流干燥过程中,物料表面温度 θ_i 低于气相主体温度 t,因此热量以对流方式从气相传递到固体表面,再由表面向内部传递,这是个传热过程;固体表面水汽分压 p_i 高于气相主体中水汽分压,因此水汽由固体表面向气相扩散,这是一个传质过程。可见对流干燥过程是传质和传热同时进行的过程,如图 3-8 所示。

显然,干燥过程中压差 $(p-p_i)$ 越大,温差 $(t-\theta_i)$ 越高,干燥过程进行得越快,因此干燥介质及时将气化的水汽带走,以维持一定的扩散推动力。

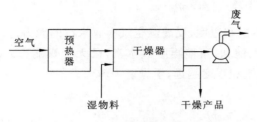

图 3-7 对流干燥流程示意图

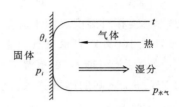

图 3-8 干燥过程的传质和传热

二、空气的性质

1. 湿度 H

湿度 H 是湿空气中所含水蒸气的质量与绝干空气质量之比。

（1）定义式。

$$H = \frac{M_v n_v}{M_a n_a} = \frac{18 n_v}{29 n_a} = 0.662 \frac{n_v}{n_a} \quad （\text{kg/kg 干空气}） \tag{3-1}$$

式中，M_a——干空气的摩尔质量，kg/kmol；

M_v——水蒸气的摩尔质量，kg/kmol；

n_a——湿空气中干空气的千摩数，kmol；

n_v——湿空气中水蒸气的千摩尔数，kmol。

（2）以分压比表示。

$$H = 0.622 \frac{p_v}{p - p_v} \tag{3-2}$$

式中，p_v——水蒸气分压，N/m²；

p——湿空气总压，N/m²。

（3）饱和湿度 H_s。

若湿空气中水蒸气分压恰好等于该温度下水的饱和蒸气压 p_s，此时的湿度为在该温度下空气的最大湿度，称为饱和湿度，以 H_s 表示。

$$H_s = 0.622 \frac{p_s}{p - p_s} \tag{3-3}$$

式中，p_s——同温度下水的饱和蒸气压，N/m²。

由于水的饱和蒸气压只与温度有关，故饱和湿度是湿空气总压和温度的函数。

2. 相对湿度 φ

当总压一定时，湿空气中水蒸气分压 p_v 与一定总压下空气中水汽分压可能达到的最大值之比的百分数，称为相对湿度。

（1）定义式。

$$\varphi = \frac{p_v}{p_s} \times 100\% \quad （p_s \leqslant p） \tag{3-4a}$$

$$\varphi = \frac{p_v}{p} \times 100\% \quad (p_s \geqslant p) \tag{3-4b}$$

(2) 意义:相对湿度表明了湿空气的不饱和程度,反映湿空气吸收水汽的能力。

$\varphi = 1$(或 100%),表示空气已被水蒸气饱和,不能再吸收水汽,已无干燥能力。φ 越小,即 p_v 与 p_s 差距越大,表示湿空气偏离饱和程度越远,干燥能力越大。

(3) H、φ、t 之间的函数关系。

$$H = 0.622 \frac{\varphi p_s}{p - \varphi p_s} \tag{3-5}$$

可见,对水蒸气分压相同,而温度不同的湿空气,若温度越高,则 p_s 值越大,φ 值越小,干燥能力越大。

以上介绍的是表示湿空气中水分含量的两个性质,下面介绍与热量衡算有关的性质。

3. 湿比热容 C_H

定义:将 1kg 干空气和其所带的 Hkg 水蒸气的温度升高 1℃所需的热量,简称湿热。

$$C_H = C_g + C_v H = 1.01 + 1.88H [\text{kJ}/(\text{kg 干空气} \cdot \text{℃})] \tag{3-6}$$

式中,C_g 为干空气比热容,其值约为 1.01[kJ/(kg 干空气 · ℃)];

C_v 为水蒸气比热容,其值约为 1.88[kJ/(kg 干空气 · ℃)]。

4. 焓 I

湿空气的焓为单位质量干空气的焓和其所带 Hkg 水蒸气的焓之和。

计算基准:0℃时干空气与液态水的焓等于零。

$$I = c_g t + (r_0 + c_v t)H = r_0 H + (c_g + c_v H)t = 2492H + (1.01 + 1.88H)t (\text{kJ/kg 干空气}) \tag{3-7}$$

式中,r_0——0℃时水蒸气汽化潜热,其值为 2492 kJ/kg。

5. 湿空气比容 v_H

定义:每单位质量绝干空气中所具有的空气和水蒸气的总体积。

$$v_H = v_g + v_w H = (0.773 + 1.244H)\frac{273 + t}{273} \times \frac{101.3 \times 10^2}{p} (\text{m}^3/\text{kg 干气}) \tag{3-8}$$

由式(3-8)可见,湿比容随其温度和湿度的增加而增大。

6. 露点 t_d

(1) 定义:一定压力下,将不饱和空气等湿降温至饱和,出现第一滴露珠时的温度。

$$H = 0.622 \frac{p_d}{p - p_d} \tag{3-9}$$

式中,p_d——为露点 t_d 时饱和蒸气压,也就是该空气在初始状态下的水蒸气分压 p_v。

(2) 计算 t_d

$$p_d = \frac{Hp}{0.622 + H} \tag{3-9a}$$

计算得到 p_d,查其相对应的饱和温度,即为该湿含量 H 和总压 p 时的露点 t_d。

(3) 同样的,由露点 t_d 和总压 p 可确定湿含量 H。

$$H = 0.622 \frac{p_d}{p - p_d} \tag{3-9b}$$

7. 干球温度 t、湿球温度 t_w

(1) 干球温度 t：在空气流中放置一支普通温度计，所测得空气的温度为 t，相对于湿球温度而言，此温度称为空气的干球温度。

(2) 湿球温度 t_w：如图 3-9 所示，用水润湿纱布包裹普通温度计的感温球，即成为一湿球温度计。将它置于一定温度和湿度的流动的空气中，达到稳态时所测得的温度称为空气的湿球温度，以 t_w 表示。

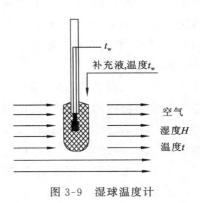

图 3-9 湿球温度计

当不饱和空气流过湿球表面时，由于湿纱布表面的饱和蒸气压大于空气中的水蒸气分压，在湿纱布表面和气体之间存在着湿度差，这一湿度差使湿纱布表面的水分汽化被气流带走，水分汽化所需潜热，首先取自湿纱布中水分的显热，使其表面降温，于是在湿纱布表面与气流之间又形成了温度差，这一温度差将引起空气向湿纱布传递热量。

当单位时间由空气向湿纱布传递的热量恰好等于单位时间自湿纱布表面汽化水分所需的热量时，湿纱布表面就达到稳态温度，即湿球温度。经推导得

$$t_w = t - \frac{k_H r_w}{\alpha}(H_w - H) \tag{3-10}$$

式中，k_H 为气相传质系数，α 为给热系数，H_w 为湿空气在温度 t_w 下的饱和湿度，kg 水/kg 干气；H 为空气的湿度，kg 水/kg 干气。

实验表明：当流速足够大时，热、质传递均以对流为主，且 k_H 及 α 都与空气速率的 0.8 次幂成正比，一般在气速为 3.8~10.2m/s 的范围内，比值 α/k_H 近似为一常数（对水蒸气与空气的系统，$\alpha/k_H = 0.96 \sim 1.005$）。此时，湿球温度 t_w 为湿空气温度 t 和湿度 H 的函数。

注意：①湿球温度不是状态函数；②在测量湿球温度时，空气速率一般需大于 5m/s，使对流传热起主要作用，相应减少热辐射和传导的影响，使测量较为精确。

8. 绝热饱和温度 t_{as}

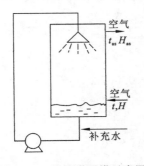

图 3-10 绝热增湿塔示意图

(1) 定义：绝热饱和过程中，气、液两相最终达到的平衡温度称为绝热饱和温度。

图 3-10 表示了不饱和空气在与外界绝热的条件下和大量的水接触，若时间足够长，使传热、传质趋于平衡，则最终空气被水蒸气饱和，空气与水温度相等，即为该空气的绝热饱和温度。

此时气体的湿度为 t_{as} 下的饱和湿度 H_{as}。以单位质量的干空气为基准，在稳态下对全塔作热量衡算：

$$c_H(t - t_{as}) = (H_{as} - H)r_{as} \tag{3-11a}$$

或 $$t_{as}=t-\frac{r_{as}}{c_H}(H_{as}-H) \tag{3-11b}$$

式(3-11)表明,空气的绝热饱和温度 t_{as} 是空气湿度 H 和温度 t 的函数,是湿空气的状态参数,也是湿空气的性质。当 t、t_{as} 已知时,可用式(3-11)来确定空气的湿度 H。

在绝热条件下,空气放出的显热全部变为水分汽化的潜热返回气体中,对 1kg 干空气来说,水分汽化的量等于其湿度差 (H_m-H),由于这些水分汽化时,除潜热外,还将温度为 t_{as} 的显热也带至气体中,所以绝热饱和过程终了时,气体的焓比原来增加了 $4.187t_{as}$ $(H_{as}-H)$。但此值和气体的焓相比很小,可忽略不计,故绝热饱和过程又可当作等焓过程处理。

对于空气和水的系统,湿球温度可视为等于绝热饱和温度。因为在绝热条件下,用湿空气干燥湿物料的过程中,气体温度的变化是趋向于绝热饱和温度 t_{as} 的。如果湿物料足够润湿,则其表面温度也就是湿空气的绝热饱和温度 t_{as},即湿球温度 t_w,而湿球温度是很容易测定的,因此湿空气在等焓过程中的其他参数的确定就比较容易了。

比较干球温度 t、湿球温度 t_w、绝热饱和温度 t_{as} 及露点 t_d 可以得出:

不饱和湿空气 $\qquad\qquad t>t_w(t_{as})>t_d$

饱和湿空气 $\qquad\qquad t=t_w(t_{as})=t_d$

【例 3-1】 已知湿空气的总压为 101.3 kN/m²,相对湿度为 50%,干球温度为 20 ℃。试求:(a)湿度 H;(b)水蒸气分压 p;(c)露点 t_d;(d)焓 I;(e)如将 500 kg/h 干空气预热至 117 ℃,求所需热量 Q;(f)每小时送入预热器的湿空气体积 V。

解 $p=101.3$ kN/m²,$\varphi=50\%$,$t=20$ ℃,由饱和水蒸气表查得,水在 20 ℃时之饱和蒸气压为 $p_s=2.34$ kN/m²。

(a)湿度 H

$$H=0.622\frac{\varphi p_s}{p-\varphi p_s}=0.622\times\frac{0.50\times2.34}{101.3-0.5\times2.34}=0.0072(\text{kg/kg 干空气})$$

(b)水蒸气分压

$$p=\varphi p_s=0.5\times2.34=1.17(\text{kN/m}^2)$$

(c)露点 t_d

露点是空气在湿度 H 或水蒸气分压 p 不变的情况下,冷却达到饱和时的温度,所以可由 $p=1.17$ kN/m² 查饱和水蒸气表,得到对应的饱和温度 $t_d=9$ ℃。

(d)焓 I

$$\begin{aligned}I&=(1.01+1.88H)t+2492H\\&=(1.01+1.88\times0.00727)\times20+2492\times0.00727\\&=38.6(\text{kJ/kg 干空气})\end{aligned}$$

(e)热量 Q

$$\begin{aligned}Q&=500\times(1.01+1.88\times0.00727)\times(117-20)\\&=4966(\text{kJ/h})=13.8(\text{kW})\end{aligned}$$

(f)湿空气体积 V

$$V = 500V_H = 500 \times (0.773 + 1.224H) \times \frac{t+273}{273}$$

$$= 500 \times (0.773 + 1.244 \times 0.007\ 27) \times \frac{20+273}{273} = 419.7 (\text{m}^3/\text{h})$$

阅读资料

湿空气的湿度图及其应用

当总压一定时,表明湿空气性质的各项参数(t、p、φ、H、I、t_w 等),只要规定其中任意两个相互独立的参数,湿空气的状态就被确定。工程上为方便起见,将各参数之间之间的关系制成算图——湿度图。常用的湿度图由湿度-温度图(H-t)和焓湿度图(I-H),本章只介绍焓-湿度图(图 3-11)的构成和应用。

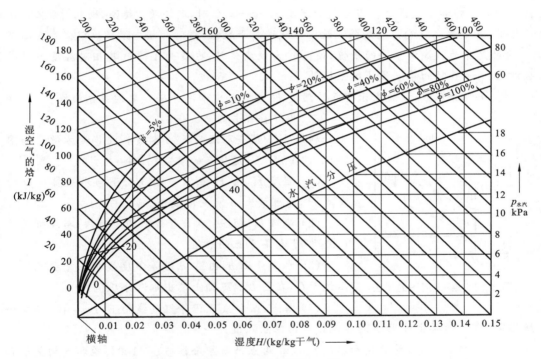

图 3-11　焓-湿度图(I-H 图)

一、焓湿图的构成

如图 3-12 所示,在压力为常压下($p_t = 101.3\text{Pa}$)的湿空气的 I-H 图中,为了使各种关系曲线分散开,采用两坐标轴交角为 $135°$ 的斜角坐标系。为了便于读取湿度数据,将横轴上湿度 H 的数值投影到与纵轴正交的辅助水平轴上。图中共有 5 种关系曲线,图上任何一点都代表一定温度 t 和湿度 H 的湿空气状态。现将图中各种曲线分述如下:

1. 等湿线(等 H 线),等湿线是一组与纵轴平行的直线,在同一根等 H 线上不同的点都具有相同的温度值,其值在辅助水平轴上读出。

2. 等焓线(等 I 线),等焓线是一组与斜轴平行的直线。在同一条等 I 线上不同的点所代表的湿空气的状态不同,但都具有相同的焓值,其值可以在纵轴上读出。

3. 等温线(等 t 线),由式 $I=1.01t+(1.88t+2490)H$ 可知,当空气的干球温度 t 不变时,I 与 H 呈直线关系,因此在 I-H 图中对应不同的 t,可作出许多条等 t 线。

上式为线性方程,等温线的斜率为 $(1.88t+2490)$,是温度的函数,故等温线相互之间是不平行。

4. 等相对湿度线(等 φ 线),等相对湿度线是一组从原点出发的曲线。根据 $H=0.622\varphi p_s/(pt-\varphi p_s)$ 可知,当总压 p_t 一定时,对于任意规定的 φ 值,上式可简化为 H 和 p_s 的关系式,而 p_s 又是温度的函数,因此对应一个温度 t,就可根据水蒸气查到相应的 p_s 值,计算出相应的湿度 H,将上述各点 (H,t) 连接起来,就构成等相对湿度 φ 线。根据上述方法,可绘出一系列的等 φ 线群。

$\varphi=100\%$ 的等 φ 线为饱和空气线,此时空气完全被水气所饱和。饱和空气以上 $(\varphi<100\%)$ 为不饱和空气区域。当空气的湿度 H 为一定值时,其温度 t 越高,则相对湿度 φ 值就越低,其吸收水汽能力就越强。故湿空气进入干燥器之前,必须先经预热以提高其温度 t。目的是除为提高湿空气的焓值,使其作为载热体外,也是为了降低其相对湿度而提高吸湿力。$\varphi=0$ 时的等 φ 线为纵坐标轴。

5. 水汽分压线,该线表示空气的湿度 H 与空气中水汽分压 p 之间关系曲线。

二、I-H 图的用法

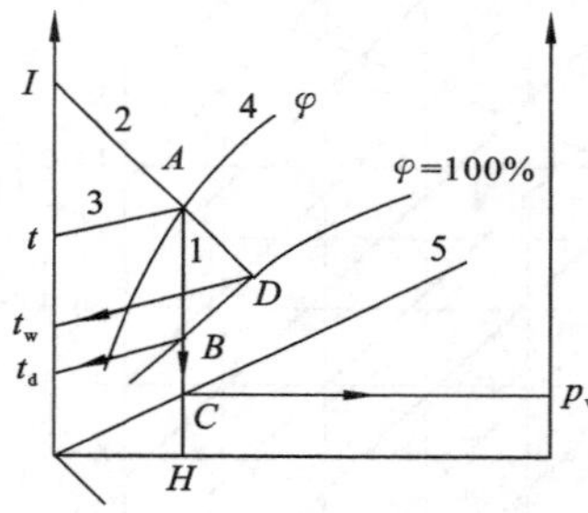

图 3-12　焓-湿度图的用法

利用 I-H 图查取湿空气的各项参数非常方便。如图 3-12 中 A 代表一定状态的湿空气,则

(1) 湿度 H,由 H 点沿等湿线向下与水平辅助轴的交点 H,即可读出 A 点的湿度值。

(2) 焓值 I,通过 A 点作等焓线的平行线,与纵轴交于 I 点,即可读得 A 点的焓值。

(3) 水汽分压 p,由 A 点沿等温度线向下交水蒸气分压线于 C,在图右端纵轴上读出水汽分压值。

(4) 露点 t_d,由 A 点沿等湿度线向下与 $\varphi=100\%$ 饱和线相交于 B 点,再由过 B 点的等温线读出露点 t_d 值。

(5) 湿球温度 t_w(绝热饱和温度 t_{as}),由 A 点沿着等焓线与 $\varphi=100\%$ 饱和线相交于 D 点,再由过 D 点的等温线读出湿球温度 t_w(绝热饱和温度 t_{as} 值)。

已知湿空气某一状态点 A 的位置,如图 3-12 所示。可直接借助通过点 A 的四条参数线读出它的状态参数值。

通过上述查图可知,首先必须确定代表湿空气状态的点,然后才能查得各项参数。通常根据下述已知条件之一来确定湿空气的状态点:

湿空气的干球温度 t 和湿球温度 t_w,如图 3-13(a)所示。

湿空气的干球温度 t 和露点 t_d,如图 3-13(b)所示。

湿空气的干球温度 t 和相对湿度 φ,如图 3-13(c)所示。

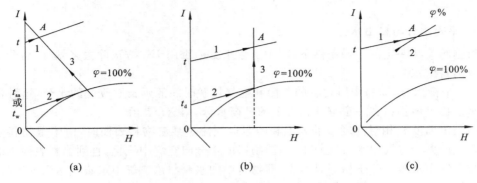

图 3-13 在 $I\text{-}H$ 图中确定湿空气的状态点

三、物料中所含水分的性质

1. 结合水分与非结合水分

根据物料与水分结合力的状况,可将物料中所含水分分为结合水分与非结合水分。

(1)结合水分,包括物料细胞壁内的水分、物料内毛细管中的水分及以结晶水的形态存在于固体物料之中的水分等。这种水分是借化学力或物理化学力与物料相结合的,由于结合力强,其蒸气压低于同温度下纯水的饱和蒸气压,致使干燥过程的传质推动力降低,故除去结合水分较困难。

(2)非结合水分,包括机械地附着于固体表面的水分,如物料表面的吸附水分、较大孔隙中的水分等。物料中非结合水分与物料的结合力弱,其蒸气压与同温度下纯水的饱和蒸气压相同,因此干燥过程中除去非结合水分较容易。

用实验方法直接测定某物料的结合水分与非结合水分较困难,但根据其特点,可利用平衡关系外推得到。在一定温度下,由实验测定的某物料的平衡曲线,将该平衡曲线延长与 $\varphi=100\%$ 的纵轴相交(图 3-14),交点以下的水分为该物料的结合水分,因其蒸气压低于同温下纯水的饱和蒸气压。交点以上的水分为非结合水分。

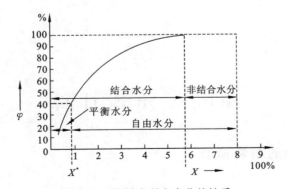

图 3-14 物料中所含水分的性质

物料所含结合水分或非结合水分的量仅取决于物料本身的性质,而与干燥介质状况无关。

2. 平衡水分与自由水分

根据物料在一定的干燥条件下,其中所含水分能否用干燥方法除去来划分,可分为平衡水分与自由水分。

(1)平衡水分,物料中所含有的不因和空气接触时间的延长而改变的水分,这种恒定的含水量称为该物料在一定空气状态下的平衡水分,用 X^* 表示。

当一定温度 t、相对湿度 φ 的未饱和的湿空气流过某湿物料表面时,由于湿物料表面水的蒸气压大于空气中水蒸气分压,则湿物料的水分向空气中汽化,直到物料表面水的蒸气压与空气中水蒸气分压相等时为止,即物料中的水分与该空气中水蒸气达到平衡状态,此时物料所含水分即为该空气条件 (t, φ) 下物料的平衡水分。平衡水分随物料的种类及空气的状态 (t, φ) 不同而异,在同一温度下的某些物料的平衡曲线,对于同一物料,当空气温度一定,改变其 φ 值,平衡水分也将改变。

(2)自由水分,物料中超过平衡水分的那一部分水分,称为该物料在一定空气状态下的自由水分。

若平衡水分用 X^* 表示,则自由水分为 $(X-X^*)$。

四、物料中含水量的表示方法

1. 湿基含水量

湿物料中所含水分的质量分数称为湿物料的湿基含水量。

$$w = \frac{湿物料中的水分的质量}{湿物料总质量} \text{ kg/kg 湿料}$$

2. 干基含水量

不含水分的物料通常称为绝对干料。湿物料中的水分的质量与绝对干料质量之比,称为湿物料的干基含水量。

$$X = \frac{湿物料中的水分的质量}{湿物料绝干物料的质量} \text{ kg/kg 干物料}$$

两者的关系为

$$X = \frac{w}{1-w} \tag{3-12}$$

$$w = \frac{X}{1+X} \tag{3-13}$$

单 元 三 干 燥 计 算

一、干燥过程的物料衡算

(一)水分蒸发量

对如图 3-15 所示的连续干燥器作水分的物料衡算。以 1h 为基准,若不计干燥过程

中物料损失量,则在干燥前后物料中绝对干料的质量不变,即

$$G_c = G_1(1-w_1) = G_2(1-w_2) \qquad (3-14)$$

式中,G_1——进干燥器的湿物料的质量,kg/h;

G_2——出干燥器的湿物料的质量,kg/h。

由式(3-14)可以得出 G_1、G_2 之间的关系:

$$G_1 = G_2 \frac{1-w_2}{1-w_1}; \quad G_2 = G_1 \frac{1-w_1}{1-w_2}$$

式中,w_1、w_2——干燥前后物料的湿基含水量,kg 水/kg 料。

干燥器的总物料衡算为

$$G_1 = G_2 + W \qquad (3-15)$$

则蒸发的水分量为

$$W = G_1 - G_2 = G_1 \frac{w_1-w_2}{1-w_2} = G_2 \frac{w_1-w_2}{1-w_1} \qquad (3-16a)$$

式中,W——水分蒸发量,kg/h。

若以干基含水量表示,则水分蒸发量可用式(3-16b)计算。

$$W = G_c(X_1 - X_2) \qquad (3-16b)$$

也可得出

$$W = L(H_2 - H_1) = G_c(X_1 - X_2) \qquad (3-17)$$

式中,L——干空气的质量流量,kg/h;

G_c——湿物料中绝干物料的质量,kg/h;

H_1、H_2——进、出干燥器的湿物料的湿度,kg 水/kg 干空气;

X_1、X_2——干燥前后物料的干基含水量,kg 水/kg 干物料。

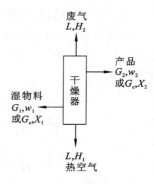

图 3-15 干燥器物料衡算

(二)干空气消耗量

由式(3-17)可得干空气的质量:

$$L = \frac{W}{(H_2 - H_1)} = \frac{G_c(X_1 - X_2)}{(H_2 - H_1)} \qquad (3-18)$$

蒸发 1kg 水分所消耗的干空气量,称为单位空气消耗量,其单位为 kg 绝干空气/kg 水分,用 l 表示,则

$$l = L/W = 1/(H_2 - H_1) \qquad (3-19)$$

如果以 H_0 表示空气预热前的湿度,而空气经预热器后,其湿度不变,故 $H_0 = H_1$,则有

$$l = 1/(H_2 - H_0) \qquad (3-19a)$$

由上可见,单位空气消耗量仅与 H_2、H_0 有关,与路径无关。

【例 3-2】 某干燥器处理湿物料量为 800 kg/h。要求物料干燥后含水量由 30% 减至 4%(均为湿基)。干燥介质为空气,初温为 15 ℃,相对湿度为 50%,经预热器加热至 120 ℃,试求:(a)水分蒸发量 W;(b)空气消耗量 L、单位消耗量 l;(c)如鼓风机装在进口处,求鼓风机之风量 V。

解 (a)水分蒸发量 W

$$W = G_1 \frac{w_1 - w_2}{1 - w_2} = 800 \times \frac{0.3 - 0.04}{1 - 0.04} 216.7 \, (\text{kg/h})$$

（b）空气消耗量 L、单位空气消耗量 l

由式（3-5）可得空气在 $t_0 = 15 \, ℃$，$\varphi_0 = 50\%$ 时的湿度 $H_0 = 0.005$ kg 水/kg，干空气在 $t_2 = 45 \, ℃$，$\varphi_2 = 80\%$ 时的湿度为 $H_2 = 0.052$ kg 水/kg 干空气，空气通过预热器湿度不变，即

$$H_0 = H_1$$

$$L = \frac{W}{H_2 - H_1} = \frac{W}{H_2 - H_0} = \frac{216.7}{0.052 - 0.005} = 4\,610 \, (\text{kg 干空气/h})$$

$$l = \frac{1}{H_2 - H_0} \frac{1}{0.052 - 0.005} = 21.3 \, (\text{kg 干空气/kg 水})$$

（c）风量 V

$$v_H = (0.773 + 1.244 \times H_0) \frac{t_0 + 273}{273}$$

$$= (0.773 + 1.244 \times 0.005) \frac{15 + 273}{273}$$

$$= 0.822 \, (\text{m}^3/\text{kg 干空气})$$

$$V = L v_H = 4610 \times 0.822 = 3\,790 \, (\text{m}^3/\text{h})$$

二、干燥过程的热量衡算

通过干燥系统的热量衡算可以求得：①预热器消耗的热量；②向干燥器补充的热量；③干燥过程消耗的总热量。这些内容可作为计算预热器传热面积、加热介质用量、干燥器尺寸以及干燥系统热效应等的依据。

（一）热量衡算的基本方程

若忽略预热器的热损失，对图 3-16 预热器列焓衡算，得

$$LI_0 + Q_p = LI_1 \tag{3-20a}$$

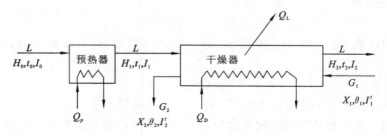

图 3-16　干燥器的热量衡算

故单位时间内预热器消耗的热量为

$$Q_p = L(I_1 - I_0) \tag{3-20b}$$

再对图 3-16 的干燥器列焓衡算，得

$$LI_1 + GI_1' + Q_D = LI_2 + GI_2' + Q_L \tag{3-20c}$$

式中，Q_L——热损失，kg/s；

I_0、I_1、I_2——湿空气进、出预热器及出干燥器的焓，kJ/kg 干空气；

I_1'、I_2'——湿物料的焓，kJ/kg 干物料。

故单位时间内向干燥器补充的热量为

$$Q_D = L(I_2 - I_1) + G(I_2' - I_1') + Q_L \tag{3-21}$$

联立式(3-20)、式(3-21)得

$$Q = Q_p + Q_D = L(I_2 - I_0) + G(I_2' - I_1') + Q_L \tag{3-22}$$

式(3-20)～式(3-22)为连续干燥系统中热量衡算的基本方程。为了便于分析和应用，将式(3-21)作如下处理。假设：

(1) 新鲜空气中水汽的焓等于离开干燥器废气中水汽的焓，即

$$I_{v_2} = I_{v_0}$$

(2) 湿物料进出干燥器时的比热容取平均值 c_m。

根据焓的定义，可写出湿空气进出干燥系统的焓为

$$\begin{aligned} I_0 &= c_g(t_0 - 0) + H_0 c_v(t_0 - 0) + H_0 r_0 \\ &= c_g t_0 + H_0 c_v t_0 + H_0 r_0 \\ &= c_g t_0 + I_{v0} H_0 \end{aligned}$$

同理：

$$I_2 = c_g t_2 + I_{v2} H_2$$

上两式相减并将假设(1)代入，为了简化起见，取湿空气的焓为 I_{v2}，故

$$I_2 - I_0 = c_g(t_2 - t_0) + I_{v2}(H_2 - H_0) \tag{3-23a}$$

或

$$I_2 - I_0 = c_g(t_2 - t_0) + (r_0' + c_{v2} t_2)(H_2 - H_0) \tag{3-23b}$$

$$= 1.01(t_2 - t_0) + (2490 + 1.88 t_2)(H_2 - H_0) \tag{3-23c}$$

湿物料进出干燥器的焓分别为

$$I_1' = c_{m1} \theta_1 ; \quad I_2' = c_{m2} \theta_2 \text{（焓以 0 ℃ 为基准温度，物料基准状态——绝干物料)}$$

式中，c_{m1}、c_{m2}——湿物料进出、出干燥器时的比热容，kg/(kg 绝热干料·℃)；

θ_1、θ_2——湿物料进入和离开干燥器时的温度，℃。

将假设(2)代入式(3-24)：

$$I_2' - I_1' = c_m(\theta_2 - \theta_1) \tag{3-24}$$

将式(3-22)、式(3-23)及 $L = \dfrac{W}{H_2 - H_1}$ 代入式(3-21)得

$$\begin{aligned} Q = Q_p + Q_D &= L(I_2 - I_0) + G(I_2' - I_1') + Q_L \\ &= L[1.01(t_2 - t_0) + (2490 + 1.88 t_2)(H_2 - H_0)] + G c_m(\theta_2 - \theta_1) + Q_L \\ &= 1.01 L(t_2 - t_0) + W(2490 + 1.88 t_2) + G c_m(\theta_2 - \theta_1) + Q_L \end{aligned} \tag{3-25}$$

分析式(3-25)可知，向干燥系统输入的热量用于：①加热空气；②蒸发水分；③加热物料；④热损失。

上述各式中的湿物料比热容 c_m 可由绝干物料比热容 c_g 及纯水的比热容 c_w 求得，即

$$c_m = c_g + Xc_w$$

（二）空气通过干燥器时的状态变化

干燥过程既有热量传递又有质量传递,情况复杂,一般根据空气在干燥器内焓的变化,将干燥过程分为等焓过程与非等焓过程两大类。

1. 等焓干燥过程

等焓干燥过程又称绝热干燥过程,等焓干燥条件:

(1) 不向干燥器中补充热量。

(2) 忽略干燥器的热损失。

(3) 物料进出干燥器的焓值相等。

将上述假设代入式(3-25),得

$$L(I_1 - I_0) = L(I_2 - I_0)$$

即

$$I_1 = I_2$$

上式说明空气通过干燥器时焓恒定,实际操作中很难实现这种等焓过程,故称为理想干燥过程,但它能简化干燥的计算,并能在 H-I 图上迅速确定空气离开干燥器时的状态参数。

2. 非等焓干燥器过程

非等焓干燥器过程又称为实际干燥过程。由于实际干燥过程不具备等焓干燥条件则

$$L(I_1 - I_0) \neq L(I_2 - I_0)$$

$$I_1 \neq I_2$$

非等焓过程中空气离开干燥器时状态点可用计算法或图解法确定。

（三）干燥系统的热效率

干燥过程中,蒸发水分所消耗的热量与从外热源所获得的热量之比为干燥器的热效率,即

$$\eta = \frac{Q_{汽化}}{Q_r} \tag{3-26}$$

式中,蒸发水分所需的热量 $Q_{汽化}$ 可用式(3-27)计算。

$$Q_{汽化} = W(2\,490 + 1.88t_2 - 4.187\theta_1) \tag{3-27}$$

从外热源获得的热量为

$$Q_T = Q_p + Q_D$$

如干燥器中空气所放出的热量全部用来气化湿物料中的水分,即空气沿绝热冷却线变化,则

$$Q_{汽化} = Lc_{H2}(t_1 - t_2) \tag{3-28}$$

且干燥器中无补充热量,$Q_D = 0$,则

$$Q_T = Q_p = Lc_{H1}(t_1 - t_0)$$

若忽略湿比热容的变化,则干燥过程的热效率可表示为

$$\eta=\frac{t_1-t_2}{t_1-t_0} \tag{3-29}$$

热效率越高表示热利用率越好,若空气离开干燥器的温度较低,而湿度较高,则干燥操作的热效率高。但空气湿度增加,使物料与空气间的推动力下降。

一般来说,对于吸水性物料的干燥,空气出口温度应高些,而湿度应低些,即相对湿度要低些。在实际干燥操作中,空气离开干燥器的温度 t_2 需比进入干燥器时的绝热饱和温度高 $20\sim50$ ℃,这样才能保证在干燥系统后面的设备内不致析出水滴,否则可能使干燥产品返潮,且易造成管路的堵塞和设备材料的腐蚀。

【例 3-3】 用连续干燥器干燥含水 1.5%的物料 9 200 kg/h,物料进口温度 25 ℃,产品出口温度 34.4 ℃,含水 0.2%(均为湿基),其比热容为 1.84 kJ/(kg·℃),空气的干球温度为 26 ℃,湿球温度为 23 ℃,在预热器加热到 95 ℃后进入干燥器,空气离开干燥器的温度为 65 ℃,干燥器的热损失为 71 900 kJ/h。试求:(1)产品量;(2)空气用量;(3)预热器所需热量。

解 (1)产品量

$$W=G_2=\frac{w_1-w_2}{1-w_1}=9\,200\times\frac{0.015-0.002}{1-0.002}=120(\text{kg/h})$$

则产品量为

$$G_2=G_1-W=9\,200-120=9\,080(\text{kg/h})$$

(2)空气用量

$$L=\frac{W}{H_2-H_1}$$

式中,$H_1=H_0$,由 $t_0=26$ ℃,$t_{w0}=23$ ℃,查湿度图得

$$H_1=H_0=0.017$$

由于

$$\frac{t_1-t_2}{H_2-H_1}=\frac{q_1+q_l-q_d-c_w\theta_1+r_0}{c_H}$$

其中

$$q_1=\frac{G_2}{W}c_m(\theta_2-\theta_1)=\frac{9\,080}{120}\times1.84\times(34.4-25)=1\,308.73[\text{kJ/(h·kg 水)}]$$

在入口温度 $\theta_1=25$ ℃时,水的比热容 $c_w=4.18$ kJ/kg·℃,于是

$$c_w\theta_1=4.18\times25=104.5[\text{kJ/(h·kg 水)}]$$

已知,$q_1=\frac{71\,900}{120}=599.17\text{kJ/(h·kg 水)}$,$q_d=0$,$r_0=2\,490$ kJ/kg,所以

$$c_H=1.01+1.88H_1=1.01+1.88\times0.017=1.042[\text{kJ/(kg·℃)}]$$

将有关数据代入上式得

$$\frac{95-65}{H_2-0.017}=\frac{1\,308.73+599.17-0-104.5+2\,490}{1.042}$$

解得

$$H_2=0.024\text{kg 水/kg 干空气}$$

故空气用量 L 为

$$L = \frac{W}{H_2 - H_1} = \frac{120}{0.024 - 0.027} = 17\ 142.9\ (\text{kg/h})$$

（3）预热器需要加入的热量

$$\begin{aligned}
Q_p &= L(I_1 - I_0) = L(1.01 + 1.88 H_0)(t_1 - t_0) \\
&= 17142.9 \times (1.01 + 1.88 \times 0.017) \times (95 - 26) \\
&= 1.232 \times 10^5 (\text{kJ/h}) \\
&= 342 (\text{kW})
\end{aligned}$$

活动建议　分析讨论:提高热效率有哪些方法。

三、干燥速率和干燥时间

（一）干燥速率

干燥速率:单位时间内在单位干燥面积上汽化的水分量 W,如用微分式表示则为

$$U = \frac{\mathrm{d}w}{A\,\mathrm{d}\tau} \tag{3-30}$$

式中,U——干燥速率,$\text{kg/(m}^2 \cdot \text{h)}$;

　　　W——汽化水分量,kg;

　　　A——干燥面积,m^2;

　　　τ——干燥所需时间,h。

　　　而　　　　　　　　　　　　$\mathrm{d}W = -G_c \mathrm{d}X$

所以

$$U = \frac{\mathrm{d}W}{A\,\mathrm{d}\tau} = -\frac{G_c \mathrm{d}X}{A\,\mathrm{d}\tau} \tag{3-31}$$

式中,G_c——湿物料中绝对干料的量,kg;

　　　X——干基的含水量,kg 水/kg 干物料 。

　　　负号表示物料含水随着干燥时间的增加而减少。

（二）干燥曲线与干燥速率曲线

　　干燥过程的计算内容包括确定干燥操作条件、干燥时间及干燥器尺寸,因此必须求出干燥过程的干燥速率。但由于干燥机理及过程皆很复杂,直至目前研究得尚不够充分,所以干燥速率的数据多取自实验测定值。为了简化影响因素,测定干燥速率的实验是在恒定条件下进行。如用大量的空气干燥少量的湿物料时可以认为接近于恒定干燥情况。

　　如图 3-17 所示为干燥过程中物料含水量 X 与干燥时间 τ 的关系曲线,此曲线称为干燥曲线。

　　图 3-18 所示为物料干燥速率与物料含水量 X 关系曲线,称为干燥速率曲线。

　　由干燥速率曲线可以看出,干燥过程分为恒速干燥和降速干燥两个阶段。

1. 恒速干燥阶段

　　此阶段的干燥速率如图 3-18 中 BC 段所示。这一阶段中,物料表面充满着非结合水分,其性质与液态纯水相同。在恒定干燥条件下,物料的干燥速率保持恒定,其值不随物

料含水量多少而变。

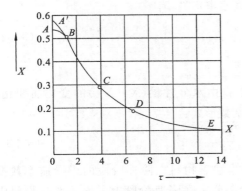
图 3-17　恒定干燥条件下的干燥曲线

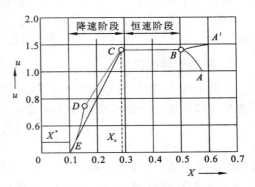
图 3-18　恒定干燥条件下的干燥速率曲线

在恒速干燥阶段中，由于物料内部水分扩散速率大于表面水分汽化速率，空气传给物料的热量等于水分汽化所需的热量。物料表面的温度始终保持为空气的湿球温度，这阶段干燥速率的大小主要取决于空气的性质，而与湿物料的性质关系很小。

图中 AB 段为物料预热段，此段所需时间很短，干燥计算中往往忽略不计。

2. 降速干燥阶段

如图 3-18 所示，干燥速率曲线的转折点（C 点）称为临界点，该点的干燥速率 U_c 仍等于恒速阶段的干燥速率，与该点对应的物料含水量，称为临界含水量 X_c。当物料的含水量降到临界含水量以下时，物料的干燥速率也逐渐降低。

图中所示 CD 段为第一降速阶段，这是因为物料内部水分扩散到表面的速率已小于表面水分在湿球温度下的汽化速率，这时物料表面不能维持全面湿润而形成"干区"，由于实际汽化面积减小，从而以物料全部外表面积计算的干燥速率下降。

图中 DE 段称为第二降速阶段，由于水分的汽化面随着干燥过程的进行逐渐向物料内部移动，从而使热、质传递途径加长，阻力增大，造成干燥速率下降。到达 E 点后，物料的含水量已降到平衡含水量 X^*（平衡水分），再继续干燥也不可能降低物料的含水量。

降速干燥阶段的干燥速率主要取决于物料本身的结构、形状和大小等，而与空气的性质关系很小。这时空气传给湿物料的热量大于水分汽化所需的热量，故物料表面的温度不断上升，而最后接近于空气的温度。

想一想　在工业实际生产中，物料会不会被干燥达到平衡含水量后才能出干燥器？物料干燥后的含水量指标应该怎样确定？

（三）恒定干燥条件下干燥时间的计算

恒定干燥条件，即干燥介质的温度、湿度、流速及与物料的接触方式，在整个干燥过程中均保持恒定。

在恒定干燥情况下，物料从最初含水量 X_1 干燥至最终含水量 X_2 所需的时间 τ_1，可根据在相同情况下测定的如图 3-18 所示的干燥速率曲线和干燥速率表达式（3-31）求取。

1. 恒速干燥阶段

设恒速干燥阶段的干燥速率为 U_c,根据干燥速率定义,有

$$\tau_1 = \frac{G_c}{AU_c}(X_1 - X_2) \tag{3-32}$$

2. 降速干燥阶段

在此阶段中,物料的干燥速率 U 随着物料中自由水分含量 $(X-X^*)$ 的变化而变化,可将从实验测得的干燥速率曲线表示成如下的函数形式:

$$\tau_2 = \frac{G_c}{A}\int_{X_2}^{X_c} \frac{dX}{U} \tag{3-33}$$

可用图解积分法(需具备干燥速率曲线)计算。当缺乏物料在降速阶段的干燥速率数据时,可用近似计算处理,这种近似计算法的依据,是假定在降速阶段中干燥速率与物料中的自由水分含量 $(X-X^*)$ 成正比,即用临界点 C 与平衡水分点 E 所连接的直线 CE 代替降速干燥阶段的干燥速率曲线。

于是,降速干燥阶段所需的干燥时间 τ_2 为

$$\tau_2 = \frac{G_c}{AK_X}\ln\frac{X_c - X^*}{X_2 - X^*} \tag{3-34}$$

$$K_X = \frac{U_c}{X_c - X^*} \tag{3-35}$$

【例 3-4】 用一间歇干燥器将一批湿物料从含水量 $w_1 = 27\%$ 干燥到 $w_2 = 5\%$(均为湿基),湿物料的质量为 200 kg,干燥面积为 0.025 m²/kg 干物料,装卸时间 $\tau' = 1$h,试确定每批物料的干燥周期[从该物料的干燥速率曲线可知 $X_c = 0.2$, $X^* = 0.05$, $U_c = 1.5$ kg/(m²·h)]。

解 绝对干物料量

$$G_c = G_1(1-w_1) = 200 \times (1-0.27) = 146(kg)$$

干燥总面积

$$A = 146 \times 0.025 = 3.65(m^2)$$

$$X_1 = \frac{w_1}{1-w_1} = \frac{0.27}{1-0.27} = 0.37 \qquad X_2 = \frac{w_2}{1-w_2} = \frac{0.05}{1-0.05} = 0.053$$

恒速阶段 τ_1,由 $X_1 = 0.37$ 至 $X_c = 0.2$,得

$$\tau_1 = \frac{G_c}{U_c A}(X_1 - X_c) = \frac{146}{1.5 \times 3.65} \times (0.37 - 0.2) = 4.53(h)$$

降速阶段 τ_2,由 $X_c = 0.2$ 至 $X^* = 0.05$,得

$$K_X = \frac{U_c}{X_c - X^*} = \frac{1.5}{0.2 - 0.05} = 10[kg/(m^2 \cdot h)]$$

$$\tau_2 = \frac{G_c}{K_X A}\ln\frac{X_c - X^*}{X_2 - X^*} = \frac{146}{10 \times 3.65}\ln\frac{0.2 - 0.05}{0.053 - 0.05} = 15.7(h)$$

每批物料的干燥周期 τ:

$$\tau = \tau_1 + \tau_2 + \tau' = 4.53 + 15.7 + 1 = 21.2(h)$$

单元四　干燥操作

一、操作条件

干燥器操作条件的确定,通常需由实验测定或可按下述一般选择原则考虑。

1. 干燥介质的选择

干燥介质的选择取决于干燥过程的工艺及可利用的热源。基本的热源有饱和水蒸气、液态或气态的燃料和电能。在对流干燥介质可采用空气、惰性气体、烟道气和过热蒸汽。

当干燥操作温度不太高,且氧气的存在不影响被干燥物料的性能时,可采用热空气作为干燥介质。对某些易氧化的物料,或从物料中蒸发出易爆的气体时,则宜采用惰性气体作为干燥介质。烟道气适用于高温干燥,但要求被干燥的物料不怕污染,而且不与烟气中的 SO_2 和 CO_2 等气体发生作用。由于烟道气温度高,故可强化干燥过程,缩短干燥时间。此外还应考虑介质的经济性及来源。

2. 流动方式的选择

在逆流操作中,物料移动方向和介质的流动方向相反,整个干燥过程中的干燥推动力较均匀,适用于:①物料含水量高时,不允许采用快速干燥的场合;②耐高温的物料;③要求干燥产品的含水量很低时。

在错流操作中,干燥介质与物料间运动方向互相垂直。各个位置上的物料都与高温、低湿的介质相接触,因此干燥推动力比较大,又可采用较高的气体速率,所以干燥速率很高,适用于:①无论在高或低的含水量时,都可以进行快速干燥的场合;②耐高温的物料;③因阻力大或干燥器构造的要求不适宜采用并流或逆流操作的场合。

3. 干燥介质进入干燥器时的温度

为了强化干燥过程和提高经济效益,干燥介质的进口温度宜保持在物料允许的最高温度范围内,但也应考虑避免物料发生变色、分解等物理化学变化。对于同一种物料,允许的介质进口温度随干燥器形式不同而异。例如,在厢式干燥器中,由于物料是静止的,因此应选用较低的介质进口温度;在转筒、沸腾、气流等干燥器中,由于物料不断地翻动,干燥温度较高、较均匀、速度快、时间短,因此介质进口温度可高些。

4. 干燥介质离开干燥器时的相对湿度和温度

增高干燥介质离开干燥器的相对湿度 φ_2,以减少空气消耗量及传热量,即可降低操作费用;但因 φ_2 增大,也就是介质中水汽的分压增高,使干燥过程的平均推动力下降,为了保持相同的干燥能力,就需增大干燥器的尺寸,即加大了投资费用。所以,最适宜的 φ_2 值应通过经济衡算来决定。

对于同一种物料,若所选的干燥器的类型不同,适宜的 φ_2 值也不同。例如,对气流干燥器,由于物料在器内的停留时间很短,就要求有较大的推动力以提高干燥速率,因此一般离开干燥器的气体中水蒸气分压需低于出口物料表面水蒸气分压的 $50\%\sim80\%$。对于某些干燥器,要求保证一定的空气速率,因此考虑气量和 φ_2 的关系,即为了满足较大气速的要求,可使用较多的空气量而减少 φ_2 值。

干燥介质离开干燥器的温度 t_2 与 φ_2 应同时予以考虑。若 t_2 降低,而 φ_2 又较高,此时湿空气可能会在干燥器后面的设备和管路中析出水滴,因此破坏了干燥的正常操作。对气流干燥器,一般要求 t_2 较物料出口温度高 $10\sim30\ ℃$,或 t_2 较入口气体的绝热饱和温度高 $20\sim50\ ℃$。

5. 物料离开干燥器时的温度

物料出口温度 θ_2 与很多因素有关,但主要取决于物料的临界含水量 X_c 及干燥第二阶段的传质系数。X_c 值越低,物料出口温度 θ_2 也越低;传质系数越高,θ_2 越低。

二、典型干燥器的操作

根据被干燥物料的形状、物理性质、热能的来源以及操作的自动化程度,可使用不同类型的干燥设备。

(一)流化干燥器的操作

(1)开炉前首先检查送风机和引风机,检查其有无摩擦和碰撞声,轴承的润滑油是否充足,风压是否正常。

(2)对流化干燥器投料前应先打开加热器疏水阀、风箱室的排水阀和炉底的放空阀,然后渐渐开大蒸汽阀门进行烤炉,除去炉内湿气,直到炉内石子和炉壁达到规定的温度结束烤炉操作。

(3)停下送风机和引风机,敞开人空孔,向炉内铺撒物料,料层高度约 250mm,此时已完成开炉的准备工作。

(4)再次开动送风机和引风机,关闭有关阀门,向炉内送热风,并开动给料机抛撒潮湿物料,要求进料由少渐多,物料分布均匀。

(5)根据进料量,调节风量和热风温度,保证成品干湿度合格。

(6)经常检查卸出的物料有无结块,观察炉内物料面的沸腾情况,调节各风箱室的进风量和风压大小。

(7)经常检查风机的轴承温度、机身有无振动以及风道有无漏风,发现问题及时解决。

(8)经常检查引风机出口带料情况和尾气管线副食程度,问题严重应及时解决。

(二)喷雾干燥设备的操作

(1)喷雾干燥设备包括数台不同化工设备,因此在投产前应做好如下准备工作:
① 检查供料泵、雾化气、送风机是否运转正常。
② 检查蒸气、溶液阀门是否灵活好用,各管路是否畅通。

③ 清理塔内积料和杂物,铲除壁挂疤。

④ 排除加热器和管路中积水,并进行预热,然后向塔内送热风。

⑤ 清洗雾化器,达到流道畅通。

(2) 启动供料泵向雾化器输送溶液时,观察压力大小和输送量,以保证雾化器的需要。

(3) 经常检查、调节雾化器喷嘴的位置和转速,确保雾化颗粒大小合格。

(4) 经常查看和调节干燥塔负压数值,一般控制在 $100 \sim 300$ Pa。

(5) 定时巡回检查各转动设备的轴承温度和润滑情况,检查其运转是否平稳,有无摩擦和撞击声。

(6) 检查各种管路与阀门是否泄漏,各转动设备的密封装置是否泄漏,做到及时调整。

技能训练一　干燥操作实验

一、训练目标

1. 了解气流常压干燥设备的基本流程和工作原理。
2. 测定湿物料(纸板或其他)在恒定干燥情况下不同时刻的含水量。
3. 掌握干燥操作方法。

二、训练准备

1. 湿物料的干基含水量

不含水分的物料通常称为绝对干料。湿物料中的水分的质量与绝对干料质量之比,称为湿物料的干基含水量 X。

$$X = \frac{湿物料中水分的质量}{湿物料中绝干物料的质量} \text{ kg/kg 干物料}$$

物料干燥过程除与干燥介质(如空气)的性质和操作条件有关外,还受物料中所含湿分性质的影响。

2. 干燥曲线

湿物料的平均干基含水量 X 与干燥时间 t 的关系曲线即为干燥曲线,它说明了在相同的干燥条件下将某物料干燥到某一含水量所需的干燥时间,以及干燥过程中物料表面温度随干燥时间的变化关系。

三、实验装置

如图 3-19 所示,空气由风机输送经孔板流量计、电加热器入干燥室,然后入风机环使用。电加热器由晶体管继电器控制,使空气的温度恒定。干燥室前方装湿球温度计,干燥后也装有温度计,用以测量干燥室内的空气状况。风机出口端的温度计用于测量流经孔板时的空气温度,这温度是计算流量的一个参数。空气流速由阀4(球形阀)调节。任何时候该阀都不允许全关,否则电加热器就会因空气不流动而引起损坏。当然,如果全开了两个片式阀门(15)则除外,风机进口端的片式阀用以控系统所吸入的空气量,面出端的片式阀则用于调节系统向外界排出的废气量。如试样量较多,可适当打开这两个阀门,使系统内空气湿度恒定;若试样数量不多,则不开启。

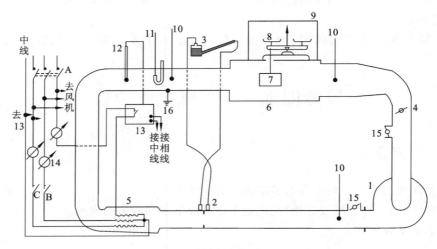

图 3-19　干燥实验装置流程图

1-风机;2-孔板流量计;3-孔板压差计;4-风速调节阀;5-电加热器;6-干燥室;7-试样;8-天平;9-防风罩;10-干球温度计;
11-温球温度计;12-导电温度计;13-晶体管继电器;14-电流表;15-片式阀门;16-接地保护线;A,B,C-组合开关

四、实验步骤

1. 事先将试样放在电热干燥箱内,用 90 ℃ 左右温度烘约 2 h,冷却后称量,得出试样绝干质量(G_c)。

2. 实验前将试样加水约 90 g(对 150×100×7 mm 的浆板试样而言)稍候片刻,让水分扩散至整个试样,然后称取湿试样质量。

3. 检查天平是否灵活,并配平衡。往湿球温度计加水。

4. 启动风机,调节阀门至预定风速值。

5. 开加热器,调节温度控制器,调节温度至预定值,待温度稳定后再开干燥室门,将湿试样放置在干燥器内的托架上,关好干燥室门。

6. 立即加砝码使天平接近平衡,但砝码稍轻,待水分干燥至天平指针平衡时开动第一个秒表(实验使用 2 个秒表)。

7. 减去 3 g 砝码,待水分再干燥至天平指针平衡时,停第一个秒表同时立即开动第二个秒表,以后再减 3 g 砝码,如此往复进行,至试样接近平衡水分时为止。

8. 停加热器,停风机,待干燥室温度降至接近室温,打开干燥室门,取出被干燥物料。关好干燥室门。

注意:湿球温度计要保持有水,水从喇叭口处加入,实验过程中视蒸发情况中途加水一两次。

五、数据整理

1. 计算湿物料干基含水量 X

$$X = \frac{湿物料中水分的质量}{湿物料中绝干物料的质量}$$

以序号 i——$i+1$ 为例:

$$X_i = \frac{G_{si} - G_c}{G_c} \qquad X_{i+1} = \frac{G_{si+1} - G_c}{G_c}$$

2. 画出时间(τ)-含水量(X)及时间(τ)-温度(t)的关系曲线。

思 考 题

1. 对流干燥操作进行的必要条件是什么?

2. 对流干燥过程中干燥介质的作用是什么?

3. 湿空气有哪些性质参数? 如何定义?

4. 湿空气湿度大,则其相对湿度也大,这种说法对吗? 为什么?

5. 干球温度、湿球温度、露点三者有何区别? 它们的大小顺序如何? 在什么条件下,三者数值相等?

6. 湿物料含水量表示方法有哪几种? 如何相互换算?

7. 什么是平衡水分、自由水分、结合水分及非结合水分? 如何区分?

8. 干燥过程有哪几个阶段? 它们各有何特点?

9. 什么是临界含水量?

10. 恒定干燥条件下干燥时间如何计算?

11. 厢式干燥器、气流干燥器及流化床干燥器的主要优缺点及适用场合如何?

12. 固体物料与一定状态的湿空气进行接触干燥时,可否获得绝干物料? 为什么?

13. 为什么湿空气不能直接进入干燥器,而要经预热器预热?

14. 物料中的非结合水分是指哪些水分? 在干燥过程中能否全部除去?

15. 通常物料除湿的方法有哪些?

16. 干燥速率对产品物料的性质会有什么影响?

17. 试简要说明湿物料热空气流中的干燥过程。

18. 对流干燥过程的特点是什么?

19. 干燥器出口空气的湿度增大(或温度降低)对干燥操作和产品质量有何影响? 并说明理由。

20. 对空气-水系统,湿球温度为什么可近似当作绝热饱和温度?对空气-苯系统,这两个温度是否也近似相等?

21. 如何测定空气的湿球温度?

计 算 题

1. 已知湿空气的总压为 100 kPa,温度为 60 ℃,相对湿度为 40%,试求:(1) 湿空气中水汽的分压;(2) 湿度;(3) 湿空气的密度。

2. 将 $t_0 = 25$ ℃、$\varphi = 50\%$ 的常压新鲜空气与循环废气混合,混合气加热至 90 ℃后用于干燥某湿物料。废气的循环比为 0.75,废气的状态为:$t_2 = 50$ ℃、$\varphi = 80\%$。流量为 1 000 kg/h的湿物料,经干燥后湿基含水量由 0.2 降至 0.05。假设系统热损失可忽略,干燥操作为等焓干燥过程。试求:(1)新鲜空气耗量;(2)进入干燥器时湿空气的温度和焓;(3)预热器的加热量。

3. 将温度 $t_0 = 26$ ℃、焓 $I_0 = 66$ kJ/kg 绝干气的新鲜空气送入预热器,预热到 $t_1 = 95$ ℃后进入连续逆流干燥器,空气离开干燥器的温度 $t_2 = 65$ ℃。湿物料初态为:$q_1 = 25$ ℃,$w_1 = 0.015$,$G_1 = 9\ 200$ kg 湿物料/h,终态为:$q_2 = 34.5$ ℃、$w_2 = 0.002$。绝干物料比热容 $c_s = 1.84$ kJ/(kg 绝干物料 · ℃)。若每汽化 1 kg 水分的总热损失为 580 kJ,试求:(1)干燥产品量 G_2';(2)作出干燥过程的操作线;(3)新鲜空气消耗量;(4)干燥器的热效率。

4. 对 10 kg 某湿物料在恒定干燥条件下进行间歇干燥,物料平铺在 0.8 m×1 m 的浅盘中,常压空气以 2 m/s 的速度垂直穿过物料层。空气 $t = 75$ ℃,$H = 0.018$ kg/kg 绝干空气,2.5 h 后物料的含水量从 $X_1 = 0.25$ kg/kg 绝干物料降至 $X_2 = 0.15$ kg/kg 绝干物料。此干燥条件下物料的 $X_c = 0.1$ kg/kg 绝干物料、$X^* = 0$。假设降速段干燥速率与物料含水量呈线性关系。求(1)将物料干燥至含水量为 0.02 kg/kg 绝干物料所需的总干燥时间;(2)空气的 t、H 不变而流速加倍,此时将物料由含水量 0.25 kg/kg 绝干物料干燥至 0.02 kg/kg 绝干物料需 1.4 h,求此干燥条件下的 X_c。

5. 某湿物料经过 5.5h 恒定干燥后,含水量由 $G_1 = 0.35$ kg/kg 绝干料降至 $G_2 = 0.10$ kg/kg 绝干料,若物料的临界含水量 $X_c = 0.15$ kg/kg 绝干料、平衡含水量 $X^* = 0.04$ kg/kg 绝干料。假设在降速阶段中干燥速率与物料的自由含水量($X - X^*$)成正比。若在相同的干燥条件下,要求将物料含水量由 $X_1 = 0.35$ kg/kg 绝干料降至 $X_2' = 0.05$ kg/kg 绝干物料,试求所需的干燥时间。

本模块主要符号及说明

H——空气湿度,kg 水/kg 干空气;

H_s——饱和湿度,kg 水/kg 干空气;

M_a——干空气的摩尔质量,kg/kmol;

M_v——水蒸气的摩尔质量,kg/kmol;

n_a——湿空气中干空气的千摩数,kmol;

n_v——湿空气中水蒸气的千摩尔数,kmol;

p_v——水蒸气分压,N/m^2;

p——湿空气总压,N/m^2;

p_s——同温度下水的饱和蒸气压,N/m^2;

φ——相对湿度;

C_H——湿比热容,(kJ/kg 干空气·℃);

C_a——干空气比热容,其值约为 1.01kJ/(kg 干空气·℃);

C_v——水蒸气比热容,其值约为 1.88 kJ/(kg 干空气·℃);

I——焓,kJ/(kg 干空气);

r_0——0 ℃时水蒸气化潜热,其值为 2 492 kJ/kg;

v_H——湿空气比容,m^3/kg 干空气;

t_d——露点,℃;

p_d——为露点 t_d 时饱和蒸气压,N/m^2;

t——干球温度,℃;

t_w——湿球温度,℃;

t_{as}——绝热饱和温度,℃;

G_1——进干燥器的湿物料的质量,kg/h;

G_2——出干燥器的湿物料的质量,kg/h;

G_c——湿物料中绝干物料的质量,kg/h;

w——湿基含水量,kg 水/kg 湿料;

w_1、w_2——干燥前后物料的湿基含水量,kg 水/kg 湿物料;

X——湿物料的干基含水量,kg 水/kg 绝对干料;

X_1、X_2——干燥前后物料的干基含水量,kg 水/kg 干物料;

L——干空气的质量流量,kg/h;

l——单位空气消耗量,kg 绝干气/kg 水分;

I_0、I_1、I_2——湿空气进、出预热器及出干燥器的焓,kJ/kg 干空气;

I_1'、I_2'——物料的焓,kJ/kg 干物料;

c_{m1}、c_{m2}——分别为湿物料进出、出干燥器时的比热容,kg/(kg 绝热干料·℃);

θ_1、θ_2——分别为湿物料进入和离开干燥器时温度,℃;

H_1、H_2——进、出干燥器的湿物料的湿度,kg 水/kg 干空气;

W——水分蒸发量,kg/h;

U——干燥速率,kg/(m^2·s);

A——干燥面积,m^2;

τ——干燥进行的时间,s。

模块四　蒸发与结晶技术

知识目标

1. 掌握蒸发和结晶的基本知识；了解常见蒸发和结晶的设备结构；掌握蒸发器的选型。
2. 理解蒸发的单效和多效设计计算；理解结晶的晶体生长特点。
3. 了解蒸发操作的常见事故及其处理；了解结晶设备的日常维护及保养。

能力目标

1. 能够根据生产任务对结晶实施基本的操作。
2. 能对结晶设备进行设计计算，并运用所学知识解决实际工程问题。

素质目标

1. 树立工程观念，培养学生严谨治学、勇于创新的科学态度。
2. 培养学生安全生产的职业意识，敬业爱岗、严格遵守操作规程的职业准则。
3. 培养学生团结协作、积极进取的团队精神。

蒸发操作作为化工领域的重要操作单元之一，在生物工业中被广泛采用。由于生物工业所生产的产品通常为具有生物活性的物质，或对温度较为敏感的物质，这是蒸发浓缩操作在生物工业中应特别注意的问题。

在发酵工业中，蒸发操作常用于将溶液浓缩至一定的浓度，使其他工序更为经济合理，如将稀酶液浓缩到一定浓度再进行沉淀处理或喷雾干燥；或将稀溶液浓缩到规定浓度以符合工艺要求，如将麦芽汁浓缩到规定浓度再进行发酵；或将溶液浓缩到一定浓度以便进行结晶操作。

结晶操作是获得纯净固体物质的重要方法之一。发酵工业的许多产品，如谷氨酸钠、柠檬酸、葡萄糖、核苷酸等都是用结晶的方法提纯精制的。

蒸发与结晶之间最大区别在于，蒸发是将部分溶剂从溶液中排出，使溶液浓度增加，溶液中的溶质没有发生相变，而结晶过程则是通过将过饱和溶液冷却、蒸发，或投入晶种使溶质结晶析出。结晶过程的操作与控制比蒸发过程要复杂得多。有的工厂将蒸发与结晶过程置于蒸发器中连续进行，这样虽然可以节约设备投资，但对结晶晶体质量、结晶提取率即产品提取率将造成负面影响。

单元一 认识蒸发

一、工业生产中的蒸发

蒸发是将溶液加热后,使其中部分溶剂气化并被移除,从而提高溶液浓度即溶液被浓缩的过程。进行蒸发操作的设备称为蒸发器。

工业上的蒸发是一种浓缩溶液的单元操作,是具有挥发性的溶剂与不挥发的溶质的分离过程。当溶液受热时,靠近加热面的溶剂气化,使原溶液浓度提高,而被浓缩。气化生成的蒸气在溶液上方空间若不除去,则蒸气与溶液之间将逐渐趋于平衡,使气化不能继续进行。所以,进行蒸发操作时,一方面应该不断供给热能,另一方面应该不断排除蒸气。

蒸发的方式有自然蒸发与沸腾蒸发两种。自然蒸发是溶液中的溶剂在低于其沸点下气化,此种蒸发仅在溶液表面进行,故速率缓慢,效率很低。沸腾蒸发是在沸点下的蒸发,溶液任何部分都发生气化,效率很高,为了强化蒸发过程,工业上应用的蒸发设备通常是在沸腾状态下进行的,因为沸腾状态下传热系数高,传热速率快。并且根据物料特性及工艺要求采取相应的强化传热措施,以提高蒸发浓缩的经济性。

由于被蒸发的溶液大多是水溶液,蒸发过程成了用水蒸气作为加热剂去产生水蒸气。为了便于区分,把作为热源的水蒸气称为加热蒸汽或一次蒸汽,把从溶液中汽化出来的蒸汽称为二次蒸汽。

(一)蒸发的目的

蒸发的目的主要有三方面:

(1)利用蒸发操作取得浓溶液。

(2)通过蒸发操作制取过饱和溶液,进而得到结晶产品。

(3)将溶液蒸发并将蒸气冷凝、冷却,以达到纯化溶剂的目的。

(二)蒸发的分类

1. 按操作压力

按操作空间的压力可分为常压、加压或减压蒸发。

减压蒸发也称真空蒸发。它是在减压或真空条件下进行的蒸发过程,真空使蒸发器内溶液的沸点降低,其装置如图 4-1 所示,图中排气阀门是调节真空度的,在减压下当溶液沸腾时,会出现冲料现象,此时可打开排气阀门,吸入部分空气,使蒸发器内真空度降低,溶液沸点升高,从而沸腾减慢。

采用减压或真空蒸发其优点如下:

(1)由于减压沸点降低,加大了传热温度差,蒸发器的传热推动力增加,过程强化。

(2)适用于热敏性溶液和不耐高温的溶液,即减少或防止热敏性物质的分解。

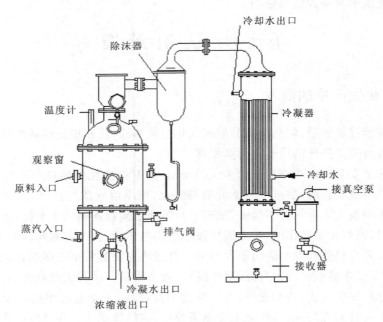

图 4-1　真空蒸发装置

（3）可利用二次蒸汽作为加热热源。

（4）蒸发器的热损失减少。

但另一方面,在真空下蒸发需要增设一套抽真空的装置以保持蒸发室的真空度,从而消耗额外的能量。保持的真空度越高,消耗的能量也越大。同时,随着压力的减小,溶液沸点降低,其黏度也随之增大,常使对流传热系数减小,从而也使总传热系数减小。此外,由于二次蒸汽温度的降低,冷凝的传热温度差相应降低。

2. 按蒸汽利用情况

按蒸汽利用情况可分为单效蒸发、二效蒸发和多效蒸发。

如前所述,要保证蒸发的进行,二次蒸汽必须不断地从蒸发室中移除,若二次蒸汽移除后不再利用时,这样的蒸发称为单效蒸发;若二次蒸汽被引入另一蒸发器作为热源,在另一蒸发器中被利用,称为二效蒸发,依次类推,如蒸汽多次被利用串联操作,则称为多效蒸发。多效蒸发可提高初始加热蒸汽的利用率。

3. 按操作流程

按操作流程可分为间歇式、连续式。

4. 按加热部分的结构

按加热部分的结构可分为膜式和非膜式。

薄膜蒸发具有传热效果好,蒸发速率快,无静压头产生使得沸点升高的现象等优点,因此薄膜式蒸发技术得到了很大的发展,成为目前蒸发设备的主流。

（三）蒸发设备的要求

无论哪种类型的蒸发器都必须满足以下基本要求：

（1）充足的加热热源，以维持溶液的沸腾和补充溶剂汽化所带走的热量。

（2）保证溶剂蒸汽，即二次蒸汽的迅速排除。

（3）一定的热交换面积，以保证传热量。

二、常用蒸发设备结构

蒸发器主要由加热室及分离器组成。按加热室的结构和操作时溶液的流动情况，可将工业中常用的间接加热蒸发器分为循环型（非膜式）和单程型（膜式）两大类。

（一）循环型蒸发器

循环型蒸发器属于非膜式蒸发器。这一类型的蒸发器，溶液都在蒸发器中做循环流动，因而可提高传热效果。由于引起循环的原因不同，又可分为自然循环和强制循环两类，前者主要有以下几种结构形式。

1. 中央循环管式蒸发器

这种蒸发器的结构如图 4-2 所示。其加热室由垂直管束组成，中间有一根直径很大的管子，称为中央循环管。当加热蒸汽通入管间加热时，由于中央循环管较大，其中单位体积溶液占有的传热面比其他加热管内单位溶液占有的小，即中央循环管和其他加热管内溶液受热程度各不相同，后者受热较好，溶液汽化较多，因而加热管内形成的气液混合物的密度就比中央循环管中溶液的密度小，从而使蒸发器中的溶液形成中央循环管下降，而由其他加热管上升的循环流动。这种循环，主要是由容易的密度差引起的，故称为自然循环。

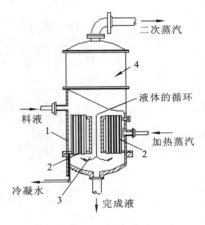

图 4-2 中央循环管式蒸发器
1-外壳；2-加热室；3-中央循环管；4-蒸发室

采用自然循环的蒸发器，是蒸发器的一个发展。过去所用的蒸发器，其加热室多为水平管式、蛇管式或夹套式。采用竖管式加热室并装有中央循环管后，虽然总的传热面积有所减少，但由于能促进溶液的自然循环、提高管内的对流传热系数，反而可以强化蒸发过程。而水平管式之类蒸发器的自然循环很差，故除特殊情况外，目前在大规模工业生产上已很少应用。

为了使溶液有良好的循环，中央循环管的截面积一般为其他加热管总截面积的 40%～100%，加热管高度一般为 1～2 m，加热管直径为 25～75 mm。这种蒸发器由于结构紧凑、制造方便、传热较好及操作可靠等优点，应用十分广泛，有"标准式蒸发器"之称。但实际上，由于结构上的限制，循环速率不大。溶液在加热室中不断循环，使其浓度始终接近完成液的浓度,因而溶液的沸点高,有效温度差就减小。这是循环式蒸发器的共同缺点。此外,设备的清洗和维修也不够方便,所以这种蒸发器难以完全满足生产的要求。

2. 悬筐式蒸发器

其结构如图 4-3 所示,加热室 4 像个篮筐,悬挂在蒸发器壳体的下部,并且以加热室外壁与蒸发器内壁之间的环形孔道代替中央循环管。加热蒸汽由中央蒸汽管 2 进入加热室,二次蒸汽上升时所挟带的液沫则与中央蒸汽管 2 相接触而继续蒸发。溶液沿加热管中上升,而后循着悬筐式加热室外壁与蒸发器内壁间的环隙向下流动而构成循环。这种蒸发器的加热室,可由顶部取出进行检修或更换,因而适用于易结晶和结垢溶液的蒸发,其热损失也较小。它的主要缺点是结构复杂,单位传热面的金属消耗量较多。

3. 外加热式蒸发器

这种蒸发器如图 4-4 所示。其加热室安装在蒸发面外面,不仅可以降低蒸发器的总高度,且便于清洗和更换,有的甚至设两个加热室轮换使用。它的加热管束较长,同时循环速率较快。

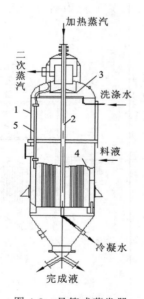

图 4-3 悬筐式蒸发器

1-外壳;2-中央蒸汽管;3-除沫器;4-加热室;5-液沫回流管

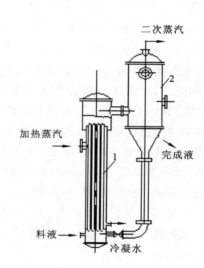

图 4-4 外加热式蒸发器

1-加热室;2-蒸发室

4. 列文式蒸发器

上述几种自然循环蒸发器,其循环速率均在 1.5 m/s 以下,一般不适用于蒸发黏度较大,易结晶或结垢严重的溶液,否则,操作周期就很短。为了提高自然循环速率以延长操作周期和减少清洗次数,可采用图 4-5 所示的列文式蒸发器。

这种蒸发器的结构特点是在加热室之上增设沸腾室。这样加热室中的溶液因受到这一段附加的液柱静压力的作用而并不沸腾,只是在上升到沸腾室内当其所受压力降低后才能开始沸腾,因而溶液的沸腾气化由加热室移到了没有传热面的沸腾室。另外,这种蒸发器的循环管的截面积为加热管总截面积的 2～3 倍,溶液流动时的阻力小,因而循环速率可达 2.5 m/s 以上。这些措施,不仅对减轻和避免加热管表面结晶和结垢有显著的作用,从而可在较长时间内不需要清洗,且总传热系数也较大。列文式蒸发器的主要缺点是液柱静压头效应引起的温度差损失较大,为了保持一定的有效温度差要求加热蒸汽有较高的压力。此外,设备庞大,消耗的材料多,需要高大的厂房,也是它的缺点。

　　除上述自然循环蒸发器外,在蒸发黏度大,易结晶和结垢的物料时,还常用到强制循环蒸发器,其结构如图 4-6 所示,这类蒸发器的主要结构为加热室、蒸发室、除沫器、循环管、循环泵等。与自然循环蒸发器的结构相比较,增设了循环泵,从而料液形成定向流动,速率一般为 1.5～3.5 m/s,最高达 5 m/s。其蒸发原理与上述几种蒸发器是相同的。传热系数可达 930～5 800 W/(m² · K),每平方米加热面的动力消耗量为 0.4～0.8 kW,因此限制了过大的加热面积。该设备适用于高黏度和易于结晶析出、易结垢或易于产生泡沫的溶液的蒸发。

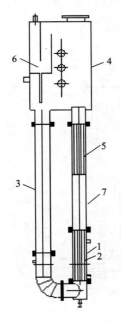

图 4-5　列文式蒸发器

1-加热室;2-加热管;3-循环管;4-蒸发室;

5-除沫器;6-挡板;7-沸腾室

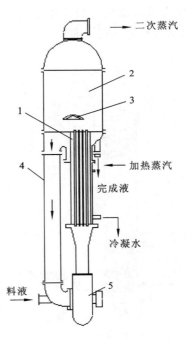

图 4-6　强制循环蒸发器

1-加热室;2-蒸发室;3-除沫器;4-循环管;5-循环泵

(二) 单程型蒸发器

　　这一类蒸发器的主要特点是:溶液在蒸发器中只通过加热室一次,不做循环流动即成为浓缩液排出。溶液通过加热室时,在管壁上呈膜状流动,故习惯上又称为液膜式蒸发器(实际上这一名称不够确切,因在循环型蒸发器的加热管壁上溶液也可做膜状流动)。根据物料在蒸发器中流向的不同,单程型蒸发器又分为以下几种。

1. 升膜式蒸发器

升膜式蒸发器的加热室由许多垂直长管组成,如图 4-7 所示。常用的热管直径为 25～50 mm,管长和管径之比为 100～150。料液经预热后由蒸发器底部引入,进到加热管内受热沸腾后迅速气化,生成的蒸气在加热管内高速上升。溶液则被上升的蒸气所带动,沿管壁成膜状上升,并在此过程中继续蒸发,气、液混合物在分离器 2 内分离,完成液由分离器底部排出,二次蒸汽则在顶部导出。为了能在加热管内有效地成膜,上升的蒸汽应具有一定的速率。例如,常压下操作时适宜的出口气速一般为 20～50 m/s,减压下操作时气速则应更高。因此,如果从料液中蒸气的水量不多,就难以达到上述要求的气速,即升膜式蒸发器不适用于较浓溶液的蒸发;它对黏度很大,易结晶或易结垢的物料也不适用。

2. 降膜式蒸发器

这种蒸发器(图 4-8)和升膜式蒸发器的区别在于,料液是从蒸发器的顶部加入,在重力作用下沿管壁呈膜状下降,并在此过程中不断被蒸发而蒸浓,在其底部得到完成液。为了使液体在进入加热管后能有效地成膜,每根管的顶部装有液体分布器,其形式很多,图 4-9列出几种常见的分布器。

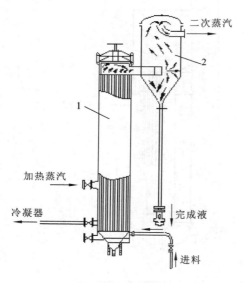

图 4-7 升膜式蒸发器
1-蒸发器;2-分离器

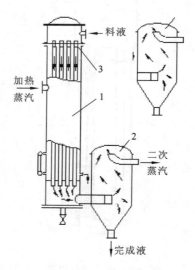

图 4-8 降膜式蒸发器
1-蒸发器;2-分离器;3-液体分离器

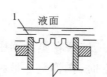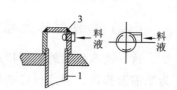

图 4-9 降膜式蒸发器的液体分布器
1-加热管;2-导流管;3-旋液分配头

降膜式蒸发器可以蒸发浓度较高的溶液,对于黏度较大(如在 $0.05\sim0.45\ \mathrm{Ns/m^2}$ 范围内)的物料也能适用。但因液膜在管内分布不易均匀,传热系数比升膜式蒸发器的较小。

3. 升-降膜式蒸发器

将升膜式和降膜式蒸发器装在一个外壳中即成升-降膜式蒸发器,如图 4-10 所示。预热后的料液先经升膜式蒸发器上升,然后由降膜式蒸发器下降,在分离器中和二次蒸汽分离即得完成液。这种蒸发器多用于蒸发过程中溶液黏度变化很大、溶液中水分蒸发量不大和厂房高度有一定限制的场合。

单程蒸发器的出现使蒸发器又有了新的发展。这种类型的蒸发器,在形式上虽然也不使溶液循环,但又不是原来水平管式这一类蒸发器的简单重复,在一定条件下,它比循环型蒸发器具有更大的优点。由于溶液在单程型蒸发器中呈膜状流动,因而对流传热系数大为提高,使得溶液能在加热室中一次通过不再循环就达到要求的浓度。溶液不再循环,带来的好处有:溶液在蒸发器中的停留时间很短,因而特别适用于热敏性物料的蒸发;整个溶液的浓度,不像循环型那样总是接近于完成液的浓度,因而其温度差损失相对地就较小;此外膜状流动时,液柱静压头引起的温度差损失可以忽略不计,所以在相同操作

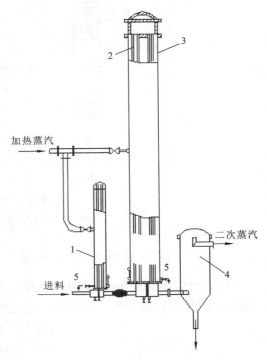

图 4-10　升降膜式蒸发器
1-预热器;2-升膜加热器;3-降膜加热器;
4-分离器;5-加热蒸汽冷凝排出口

条件下,这种蒸发器的有效温差较大。因此,近年来,单程型蒸发器获得了广泛的应用。其主要缺点是:对进料负荷的波动相当敏感,当设计或操作不适当时不易成膜,此时,对流传热系数将明显下降;另外,它也不适用于易结晶和结垢物料的蒸发。

4. 刮板式蒸发器

这是一种利用外加动力成膜的单程型蒸发器,其结构如图 4-11 所示。蒸发器外壳带有夹套,内通入加热蒸汽加热。加热部分装有旋转的刮板,刮板本身又可分为固定式和转子式两种,前者与壳体内壁的间隙为 $0.5\sim1.5\ \mathrm{mm}$,后者与器壁的间隙随转子的转数而变。料液由蒸发器上部沿切线方向加入(也有加至与刮板同轴的甩料盘上的),在重力和旋转刮板刮带下,溶液在壳体内壁形成下旋的薄膜,并在下降过程中不断被蒸发,在底部得到完成液。这种蒸发器的突出优点是对物料的适应性很强,如对高黏度和易结晶、结垢的物料都能适用。其缺点是结构复杂,动力消耗大,每平方米传热面需 $1.5\sim3\ \mathrm{kW}$。此外,受夹套传热面的限制,其处理量也很小。

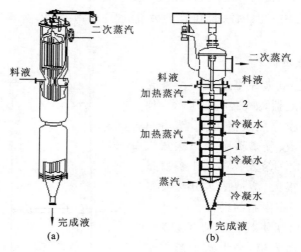

图 4-11 刮板式蒸发器

(a)固定刮板式;(b)转子式(1-夹套;2-刮板)

(三) 直接接触传热的蒸发器

除上述循环型和单程型两大类间壁传热的蒸发器外,实际生产中,还应用直接接触传热的蒸发器,其构造如图 4-12 所示。它是将燃料(通常为煤气和油)与空气混合后,在浸于溶液中的燃烧室内燃烧,产生的高温火焰和烟气经燃烧室下部的喷嘴直接喷入被蒸发的溶液中。高温气体和溶液直接接触,同时进行传热使水分迅速汽化,蒸发出的大量水汽和废烟气一起由蒸发器顶部出口管排出。这种蒸发器又常称为浸没燃烧蒸发器。其燃烧室在溶液中的浸没深度一般为 200～600 mm,出燃烧室的高温气体的温度可达 1 000 ℃以上,但由于气液直接接触时传热速率快,气体离开液面时只比溶液温度高出 2～4 ℃。喷嘴由于浸没在高温液体中,较易损坏,故应采用耐高温和耐腐蚀的材料制作喷嘴,并考虑使它便于更换。

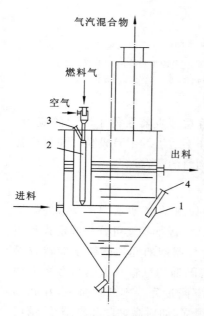

图 4-12　浸没燃烧蒸发器

1-外壳;2-燃烧器;3-点火管;4-测温管

浸没燃烧蒸发器不需要固定的传热壁面,因而结构简单,特别适用于易结晶、结垢和具有腐蚀性物料的蒸发。由于是直接接触传热,故它的传热效果很好,热利用率高。目前在废酸处理和硫酸铵溶液的蒸发中,它已得到了广泛应用。但若蒸发的料液不允许被烟气所污染,则浸没燃烧蒸发器一般不适用。此外,由于有大量的烟气存在,也限制了二次蒸汽的利用。

从上述的介绍可以看出,蒸发器的结构形式是很多的,各有其优缺点和适用的场合。在选型时,除了要求结构简单、易于制造、金属消耗少、维修方便、传热效果好等外,首要的还需看它能否适应所蒸发物料的工艺特性,包括物料的黏性、热敏性、腐蚀性以及是否容易结晶或结垢等。这样全面综合地加以考虑,才能免于失误。

三、蒸发器的附属设备

蒸发器的附属设备有汽液分离器以及冷凝与不凝气体的排除装置。

(一) 汽液分离器(捕沫器)

从蒸发器溢出的二次蒸汽带有液沫,需要加以分离和回收。在分离室上部或分离室外面装有阻止液滴随二次蒸汽跑出的装置,称为分离器或捕沫器。

(1) 装于蒸发器顶盖下面的分离器,如图 4-13 所示的装置是使蒸汽的流动方向突变,从而分离了雾沫。(c)是用细金丝、塑料丝等编成网带,分离效果好,压力降较小,可以分离直径小于 10 μm 的液滴。(d)是蒸汽在分离器中做圆周运动,因离心作用将气流中液滴分离出来。

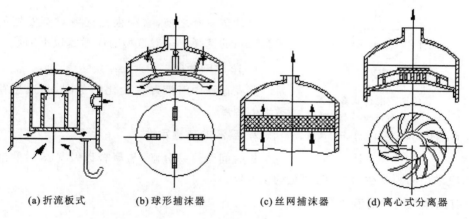

(a)折流板式　　(b)球形捕沫器　　(c)丝网捕沫器　　(d)离心式分离器

图 4-13　汽液分离器

(2) 装于蒸发器外面的分离器,如图 4-14 所示,(a)是隔板式,(b)、(c)、(d)是旋风分离器,其分离效果较好。

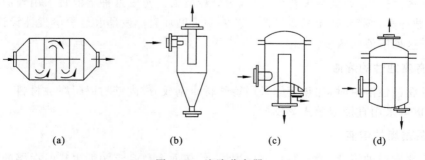

(a)　　　　　(b)　　　　　(c)　　　　　(d)

图 4-14　汽液分离器

（二）冷凝与不凝气体的排除装置

在蒸发操作过程中,二次蒸汽若是有用物料,应采用间壁式冷凝器回收;二次蒸汽不被利用时,必须冷凝成水方可排除,同时排除不凝性气体。对于水蒸气的冷凝,可采用汽、水直接接触的混合式冷凝器。

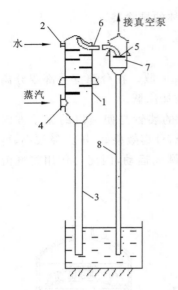

图 4-15 为高位逆流混合式冷凝器,气压管 3 又称大气腿,大气腿的高度应大于 10 m,这样才能保证冷凝水通过大气腿自动流至接通大气的下水系统。

无论使用哪种冷凝器,都要设置真空装置,不断排除不凝性气体,并向系统提供一定的真空度。水环真空泵、往复式真空泵及喷射泵常用作抽真空的设备。

图 4-15　高位逆流混合式冷凝器
1-外壳;2-进水口;3、8-气压管;4-蒸汽进口;
5-淋水板;6-不凝性气体引出管;7-分离器

四、蒸发器的选型

设计蒸发器之前,必须根据任务对蒸发器的形式有恰当的选择。一般选型时应考滤以下因素。

1. 溶液的黏度

蒸发过程中溶液黏度变化的范围,是选型首要考虑的因素。

2. 溶液的热稳定性

长时间受热易分解、易聚合以及易结垢的溶液蒸发时,应采用滞料量少、停留时间短的蒸发器。

3. 有晶体析出的溶液

对蒸发时有晶体析出的溶液应采用外加热式蒸发器或强制循环蒸发器。

4. 易发泡的溶液

易发泡的溶液在蒸发时会生成大量层层重叠不易破碎的泡沫,充满了整个分离室后即随二次蒸汽排出,不但损失物料,而且污染冷凝器。蒸发这种溶液宜采用外加热式蒸发器、强制循环蒸发器或升膜式蒸发器。若将中央循环管蒸发器和悬筐蒸发器设计大一些,也可用于这种溶液的蒸发。

5. 有腐蚀性的溶液

蒸发腐蚀性溶液时,加热管应采用特殊材质制成,或内壁衬以耐腐蚀材料。若溶液不怕污染,也可采用直接接触式蒸发器。

6. 易结垢的溶液

无论蒸发何种溶液,蒸发器长久使用后,传热面上总会有污垢生成。垢层的导热系数小,因此对易结垢的溶液,应考虑选择便于清洗和溶液循环速率大的蒸发器。

7. 溶液的处理量

溶液的处理量也是选型应考虑的因素。要求传热面积大于 10 m² 时,不宜选用刮板搅拌薄膜蒸发器;要求传热面在 20 m² 以上时,宜采用多效蒸发操作。

单元二　蒸发的设计计算

一、单效蒸发的设计计算

单效蒸发是蒸发时二次蒸汽移除后不再利用,只是单台设备的蒸发。对于单效蒸发,在给定生产任务和确定了操作条件后,通常需要计算水分蒸发量、加热蒸汽消耗量和蒸发器的传热面积。这些问题,可以应用物料衡算、焓衡算和传热速率方程解决。

1. 物料衡算和焓衡算

1) 蒸发量的计算

如图 4-16 所示,溶质在蒸发过程中不会挥发,进料中的溶质将全部进入完成液。故溶质的物料衡算应为

$$Fx_0 = Lx = (F-W)x$$

由此,可求得水分蒸发量为

$$W = F\left(1-\frac{x_0}{x}\right) \qquad (4-1)$$

完成液的浓度:

$$x = \frac{Fx_0}{F-W} \qquad (4-2)$$

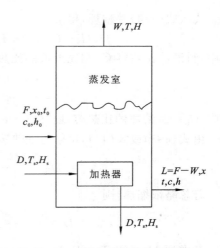

图 4-16　单效蒸发的物料衡算
及焓衡算示意图

式中,F——溶液的进料量,kg/h;

　　W——水分的蒸发量,kg/h;

　　L——完成液流量,kg/h;

　　x_0——料液中溶质的浓度,质量分数;

　　x——完成液中溶质的浓度,质量分数。

2) 加热蒸汽消耗量的计算

当加热蒸汽的冷凝液在饱和温度下排出时,由焓衡算,如图 4-16 所示,可得

$$DH_s + Fh_0 = Lh + WH + Dh_s + Q_1 \quad (4-3)$$

整理后得

$$D(H_s - h_s) + Fh_0 = (F-W)h + WH + Q_1 \qquad (4-4)$$

式中,D——加热蒸汽消耗量,kg/h;

　　t_0——料液温度,℃;

　　t——蒸发器中溶液温度,℃;

h_0——料液的焓,kJ/kg;

C_0——料液的比热容,kJ/(kg·K);

h——完成液的焓,kJ/kg;

C——完成液的比热容,kJ/(kg·K);

C^*——水的比热容,kJ/(kg·K);

h_s——加热器中冷凝水的焓,kJ/kg;

T_s——加热蒸汽的饱和温度,℃;

H_s——加热蒸汽的焓,kJ/kg;

H——二次蒸汽(温度为 t 的过热蒸汽)的焓,kJ/kg;

R——加热蒸汽的蒸发潜热,kJ/kg;

r——温度为 t 时二次蒸汽的蒸发潜热,kJ/kg;

Q_l——热损失,kJ/h。

用式(4-3)进行计算时,必须预知溶液在一定浓度和温度下的焓。对于大多数物料的蒸发,可以不计溶液的浓缩热,而由比热容求得其焓。习惯上取 0 ℃ 为基准,即令 0 ℃ 液体的焓为零,故有

$$h_s = C^* T_s - 0 = C^* T_s$$
$$h_0 = C_0 T_0 - 0 = C_0 T_0$$
$$h = Ct - 0 = Ct$$

代入式(4-4)并整理,得

$$D(H_s - C^* T_s) + FC_0 t_0 = (F - W)Ct + WH + Q_l \tag{4-5}$$

式中,料液的比热容 C_0 和完成液的比热容 C 可按下式近似地计算:

$$C_0 = C^*(1 - x_0) + C_B x_0$$
$$C = C^*(1 - x) + C_B x$$

式中,C_B——溶质的比热容,kJ/(kg·K)。

由式(4-3)或式(4-4)可解得加热蒸汽消耗量为

$$D = \frac{F(h - h_0) + W(H - h) + Q_l}{H_s - h_s} \tag{4-6}$$

若忽略浓缩热,则

$$D = \frac{F(Ct - C_0 t_0) + W(H - Ct) + Q_l}{H_s - h_s} \tag{4-6a}$$

考虑到 $H_s - C^* T_s = R$,$H - Ct \approx r$,故得

$$D = \frac{F(Ct - C_0 t_0) + Wr + Q_l}{R} \tag{4-6b}$$

若为沸点进料,即 $t_0 = t$,并忽略热损失和比热容 C 和 C_0 的差别,则有

$$D = \frac{W(H - Ct)}{R} \approx \frac{Wr}{R}$$

或

$$\frac{D}{W} = \frac{H - Ct}{R} \approx \frac{r}{R} \tag{4-7}$$

式中,$\dfrac{D}{W}$ 称为单位蒸汽消耗量,用以表示蒸汽利用的经济程度。

由于蒸汽的潜热随温度的变化不大,即溶液温度 t 和加热蒸汽温度 T_s 下的潜热 r 和 R 相差不多,故单效蒸发时,$\dfrac{D}{W} \approx 1$,即蒸发 1 kg 的水,约需 1 kg 的加热蒸汽。考虑到 r 和 R 的实际差别以及热损失等因素,$\dfrac{D}{W}$ 约为 1.1 或稍多。

2. 蒸发器传热面积的计算

由传热速率方程得

$$A = \frac{Q}{K \Delta t_m} \tag{4-8}$$

式中,A——蒸发器的传热面积,m^2;

$\quad$ Q——传热量,W,显热 $Q = DR$;

$\quad$ K——传热系数,$W/(m^2 \cdot K)$;

$\quad$ Δt_m——平均传热温度差,K。

由于蒸发过程为蒸汽冷凝和溶液沸腾之间的恒温差传热,$\Delta t_m = T_s - t$,故有

$$A = \frac{Q}{K(T_s - t)} = \frac{DR}{K(T_s - t)} \tag{4-9}$$

二、多效蒸发的设计计算

1. 操作原理

在大规模工业生产中,往往需蒸发大量水分,这就需要消耗大量加热蒸汽。为了减少加热蒸汽的消耗,可采用多效蒸发。将加热蒸汽通入一蒸发器,则溶液受热而沸腾,而产生的二次蒸汽其压力与温度较原加热蒸汽(生蒸汽)为低,但此二次蒸汽仍可设法加以利用。在多效蒸发中,则可将二次蒸汽当作加热蒸汽,引入另一个蒸发器,只要后者蒸发室压力和溶液沸点均较原来蒸发器中的低,则引入的二次蒸汽即能起加热热源的作用。同理,第二个蒸发器新产生的新的二次蒸汽又可作为第三个蒸发器的加热蒸汽。这样,每一个蒸发器即称为一效,将多个蒸发器连接起来一同操作,即组成一个多效蒸发系统。加入生蒸汽的蒸发器称为第一效,利用第一效二次蒸汽加热的称为第二效,依此类推。

2. 生蒸汽的利用率

在多效蒸发中,末效或后几效总是在真空下操作,足以使得各效(除末效外)的二次蒸汽均作为下一效的加热蒸汽,故可大大提高生蒸汽的利用率,即经济性。蒸发同样数量的水(W),采用多效蒸发所需要的生蒸汽量(D)远较只采用单效时小。

所以,在蒸发大量水分时,采用多效蒸发,其节省生蒸汽的效果是很明显的,在工程中应用也是很广泛的。常用的有双效、三效、四效蒸发,甚至有多达六效的。

3. 多效蒸发流程

按照加料方式的不同,常见的多效蒸发流程有三种,现以三效为例加以说明。

1)并流

如图 4-17 所示,溶液和蒸汽的流向相同,即均由第一效顺序流至末效,此种流程称为

并流。操作时生蒸汽通入第一效加热室,蒸发的二次蒸汽引入第二效的加热室作加热蒸汽,第二效的二次蒸汽又引入第三效加热室作为加热蒸汽,作为末效第三效的二次蒸汽则送至冷凝器被全部冷凝。同时,原料首先进入第一效,经浓缩后由底部排出,再依次进入第二效和第三效被连续浓缩,完成液由末效的底部排出。

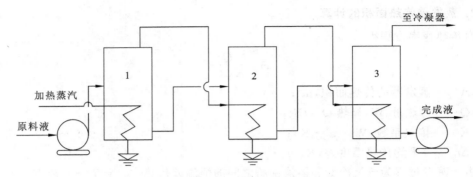

图 4-17　并流加料蒸发流程

并流的优点:

① 后一效蒸发室的压力依次比前效的低,故溶液可以利用各效间压力差依次由前效送到下一效,而不必用泵。

② 后一效溶液的沸点较前一效低,故溶液由前一效进入后一效时,会因过热而自行蒸发,即产生闪蒸,因而可产较多的二次蒸汽。

并流的缺点:由于溶液的浓度依次比前效升高,但温度又降低,所以沿溶液流动方向其黏度逐渐增高,致使传热系数依次下降,后两效尤为严重。

2) 逆流

图 4-18 所示为逆流蒸发流程,该流程是将原料液由末效引入,并用泵依次输送至前效,完成液由第一效底部排出。而加热蒸汽仍是由第一效进入并依次流向末效。因蒸汽和溶液的流动方向相反,故称为逆流。

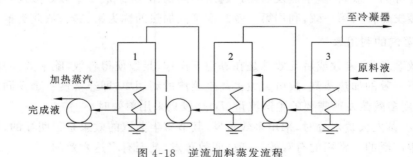

图 4-18　逆流加料蒸发流程

逆流蒸发流程的主要优点:随着各效溶液浓度的不断提高,温度也相应提高,因此各效溶液的黏度接近,各效的传热系数也大致相同。其缺点是效间溶液需用泵输送,能量消耗较大,且各效进料温度均低于沸点,与并流相比较,产生的二次蒸汽量较少。

3）平流

平流法蒸发流程如图 4-19 所示,原料液分别加入每一效中,完成液也是分别自各效中排出。蒸汽的流向仍是由第一效流至末效。

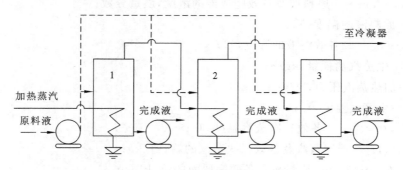

图 4-19　平流加料蒸发流程

上述并流在工业中采用的最多,而逆流适用于处理黏度随温度和浓度变化较大的溶液,但不适于处理热敏性溶液。平流适于处理蒸发过程中伴有结晶析出的溶液。

多效蒸发除以上几种流程外,还可根据实际情况采用上述基本流程的变型。例如,NaOH 水溶液的蒸发,也有采用并流和逆流结合的流程。此外在多效蒸发中,有时并不将二次蒸汽全部作为次一效的加热蒸汽用,而是将其中一部分引出用于预热料液或用于其他和蒸发操作无关的传热过程。这种引出的蒸汽称为额外蒸汽。末效的二次蒸汽因其压力较低,一般不再引出作为他用,而是全部进入冷凝器中。

4. 多效蒸发的计算

多效蒸发因效数多,变量的数目也多,故其计算方法要远比单效复杂。已知条件是:原料液的流率、浓度和温度,生蒸汽的压力,冷凝器的真空度,末效完成液的浓度等。需计算的项目有:各效溶液的沸点、生蒸汽的消耗量、各效的蒸发量、各效的传热面积。

解决上述问题的基本方法仍然是依据物料衡算、热量衡算和传热速率方程。但若将描述多效蒸发过程的方法联立求解,是很烦琐和困难的。通常在计算中,常先作一些简化和假设用试差法求解,现以图 4-20 所示的并流流程为例加以说明。

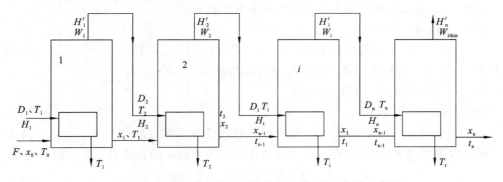

图 4-20　并流加料多效蒸发的物料衡算、热量衡算示意图

图中,W_1、W_2、W_3——各效的蒸发量,kg/h;

F——原料液流率,kg/h;

W——总蒸发量,kg/h;

$x_0,x_1,\cdots,x_n$——原料液及各效完成液的浓度,质量分数;

t_0——原料液的温度,℃;

$t_1,t_2,\cdots,t_n$——各效溶液的沸点,℃;

D_1——生蒸汽消耗量,kg/h;

p——加热蒸汽压力,N/m²;

T_1——生蒸汽温度,℃;

$T_1',T_2',\cdots,T_n'$——各效二次蒸汽温度,℃;

H_1、H_1'、H_2'——生蒸汽及各效二次蒸汽的焓,kJ/kg;

h_0、h_1、h_2,$\cdots$,h_n——原料液及各效完成液的焓,kJ/kg;

$\Delta_1,\Delta_2,\cdots,\Delta n$——各效蒸发器的传热面积,m²。

1) 物料衡算

对图 4-20 所示多效蒸发系统作溶质的物料衡算,得

$$Fx_o = (F-W)x_n \tag{4-10}$$

$$W = \frac{F(x_n-x_0)}{x_n} = F\left(1-\frac{x_0}{x_n}\right) \tag{4-11}$$

$$W = W_1 + W_2 + \cdots + W_n \tag{4-12}$$

对任一效作溶质的物料衡算,则

$$Fx_0 = (F-W_1-W_2-\cdots-W_i)x_i \quad i \geqslant 2 \tag{4-13}$$

或

$$x_i = \frac{Fx_0}{F-W_1-W_2-\cdots-W_i} \tag{4-13a}$$

应提出的是,在多效蒸发计算中,一般仅知道原料液和末效完成液的浓度,而其他各效的浓度均为未知,因此利用上述物料衡算只能求得总蒸发量,至于各效蒸发量和溶液的浓度,还需结合热量衡算才能求得。

2) 热量衡算

对图 4-20 所示的多效蒸发系统的各效分别作热量衡算。

对第一效,得

$$Fh_0 + D_1(H_1-h_w) = (F-W_1)h_1 + W_1 H_1' \tag{4-14}$$

式中,C_{p0}、C_{p1}——原料液和第一效中溶液的比热容,kJ/(kg·℃);

r_1——生蒸汽的汽化潜热,kJ/kg。

于是式(4-14)可变为

$$FC_p^0 t_0 + D_1 r_1 = (F-W_1)C_{p_L} t_1 + W_1 H_1' \tag{4-14a}$$

同单效蒸发的热量衡算,将式中溶液的比热容用原料液的比热容表示,即

$$(F-W_1)C_{p_L} = FC_{p_0} - W_1 C_{p^w}$$

且

$$H_1' - C_{p^w} t_1 \approx r_1'$$

将上两式代入式(4-14a),整理后得

$$Q_1 = D_1 r_1 = W_1 r_1' + FC_{p^0}(t_1 - t_0)\qquad(4\text{-}14\text{b})$$

式中,r_1'——第一效中二次蒸汽的气化潜热,kJ/kg。

同理,对第二效,得

$$Q_2 = D_2 r_2 = (FC_{p^0} - W_1 C_{p^w})(t_2 - t_1) + W_2 r_2'$$

式中,$D_2 = W_1$,$r_2 = r_1'$ 或 $Q_2 = W_1 r_1'$。

对第 i 效,同样得

$$Q_i = D_i r_i = (FC_{p^0} - W_1 C_{p^w} - W_2 C_{p^w} - \cdots - W_{i-1} C_{p^w})(t_i - t_{i-1}) + W_i r_i'\qquad(4\text{-}15)$$

式中,$D_i = W_{i-1}$,$r_i = r_{i-1}'$ 或 $Q_i = W_{i-1} r_{i-1}'$

由式(4-15)可求出第 i 效的蒸发量,即

$$W_i = D_i \frac{r_i}{r_i'} + (FC_{p^0} - W_1 C_{p^w} - W_2 C_{p^w} - \cdots - W_{i-1} C_{p^w})\frac{(t_{i-1} - t_i)}{r_i'}\qquad(4\text{-}16)$$

若代入溶液的稀释热(但无焓浓图可查)及蒸发器热损失时,可将式(4-16)右边乘以热利用系数 η_i。一般 η_i 可取 0.96~0.98。对于稀释热较大的溶液,η_i 值与其浓度有关。例如,NaOH 水溶液可取 $\eta = 0.98 \sim 0.007\Delta x$(式中 Δx 为溶液的浓度变化)。

3)有效温差在各效的分配

由于各效的传热速率方程,如已求得加热蒸汽的消耗量,即可求得各效蒸发器的传热面积,对于三效,则

$$\begin{cases} A_1 = \dfrac{Q_1}{K_1 \Delta t_1} \\ A_2 = \dfrac{Q_2}{K_2 \Delta t_2} \\ A_3 = \dfrac{Q_3}{K_3 \Delta t_3} \end{cases}\qquad(4\text{-}17)$$

式中,$Q_1 = D_1 r_1$,$Q_2 = W_1 r_1'$,$Q_3 = W_2 r_2'$,$\Delta t_2 = T_1 - t_1$,$\Delta t_2 = T_2 - t_2 = T_1' - t_2$,$\Delta t_3 = T_3 - t_3 = T_2' - t_3$。

通常在多效蒸发中多采用各效面积相等的蒸发器,即 $A_1 = A_2 = A_3$。

若由式(4-17)求得的传热面积不相等,应重新分配各效的有效温度差,方法如下:

设备效面积相等时的有效温度差为

$$\begin{cases} \Delta t_1' = \dfrac{Q_1}{K_1 A} \\ \Delta t_2' = \dfrac{Q_2}{K_2 A} \\ \Delta t_3' = \dfrac{Q_3}{K_3 A} \end{cases}\qquad(4\text{-}18)$$

将式(4-17)两边除以 A,经整理得

$$
\begin{cases}
\dfrac{Q_2}{K_2 A} = \dfrac{A_1}{A}\Delta t_1 \\[2mm]
\dfrac{Q_2}{K_2 A} = \dfrac{A_2}{A}\Delta t_2 \\[2mm]
\dfrac{Q_3}{K_3 A} = \dfrac{A_3}{A}\Delta t_3
\end{cases}
\tag{4-19}
$$

由式(4-18)和式(4-19),得

$$
\begin{cases}
\Delta t'_1 = \dfrac{A_1}{A}\Delta t_1 \\[2mm]
\Delta t'_2 = \dfrac{A_2}{A}\Delta t_2 \\[2mm]
\Delta t'_3 = \dfrac{A_3}{A}\Delta t_3
\end{cases}
\tag{4-20}
$$

将式(4-20)中各式相加,得

$$
\sum \Delta t = \Delta t'_1 + \Delta t'_2 + \Delta t'_3 + \frac{A_1}{A}\Delta t_1 + \frac{A_2}{A}\Delta t_2 + \frac{A_3}{A}\Delta t_3
$$

或

$$
A = \frac{A_1 \Delta t_1 + A_2 \Delta t_2 + A_3 \Delta t_3}{\sum \Delta t}
\tag{4-21}
$$

式中,$\sum \Delta t$ ——各效的有效温度差之和,称为有效总温度差,℃。

可见,由式(4-21)求得传热面积 A,即可由式(4-20)重新分配各效的有效温度差。

另外,为简化计算,可取 $A = \dfrac{A_1 + A_2 + A_3}{3}$,再由式(4-20)分配有效温度差。显然,由此法计算得到的 $\Delta t'_1 + \Delta t'_2 + \Delta t'_3$ 不一定等于 $\sum \Delta t$,但可对各 Δt_1 值稍作调整,使得 $\sum \Delta t = \Delta t'_1 + \Delta t'_2 + \Delta t'_3$。另外,若算出的传热面积还不相等,应根据第二次算出的有效温度差按式(4-20) 和式(4-21)再分配一次,一般重复计算的次数不会太多。

若要求各效传热面积不相等,则应按传热面积总和最小的原则来分配各效的有效温度差。

单元三　认识结晶

结晶是指溶质自动从过饱和溶液中析出形成新相的过程。这一过程不仅包括溶质分子凝聚成固体,还包括这些分子有规律的排列在一定晶格中,这种有规律的排列与表面分子化学键力变化有关。因此,结晶过程又是一个表面化学反应过程。

结晶是制备纯物质的有效方法。溶液中的溶质在一定条件下因分子有规律的排列而结合成晶体,晶体的化学成分均一,具有各种对称的晶状,其特征为离子和分子在空间晶格的结点上呈有规则的排列。固体有结晶和无定形两种状态。两者的区别就是构成单位(原子、离子或分子)的排列方式不同,前者有规则,后者无规则。在条件变化缓慢时,溶质分子具有足够时间进行排列,有利于结晶形成;相反,当条件变化剧烈,强迫快速析出,溶质分子来不及排列就析出,结果形成无定形沉淀。

通常只有同类分子或离子才能排列成晶体,所以结晶过程有很好的选择性,通过结晶溶液中的大部分杂质会留在母液中,再通过过滤、洗涤等就可得到纯度高的晶体。许多抗生素、氨基酸、维生素等就是利用多次结晶的方法制取高纯度产品的。但是结晶过程是复杂的,有时会出现晶体大小不一、形状各异,甚至形成晶簇等现象,因此附着在晶体表面及空隙中的母液难以完全除去,需要重结晶,否则将直接影响产品质量。

由于结晶过程成本低,设备简单,操作方便,所以目前广泛应用于微生物药物的精制。

一、晶核的生成和晶体的生长

(一)结晶过程的推动力

结晶是一个传质过程,结晶的速率与推动力成正比。

在结晶的实践中可以观察到推动力越大,结晶速率越大的现象,而在这种情况下往往获得的结晶颗粒数多且颗粒细微;结晶速率缓慢而推动力不很大的情况,则可以得到较少的颗粒数和较大的晶粒。将析出结晶的细微颗粒,连同母液一起放置,结果是颗粒数减少而颗粒增大。因此可以认为,在结晶析出过程中存在着晶核的生成和晶体的生长两个并存的子过程。

(二)晶核的生成

成核的过程在理论上分为两大类:一种是在溶液的过饱和之后自发形成的,称为"一次成核",此时可以是自发成核,也可以是外界干扰(如尘粒、结晶器的粗糙内表面等);另一种成核是加入晶种诱发的"二次成核"。

有关晶核形成的理论本书不作讨论,但在结晶过程中一定要把握好下面几点。第一,要尽可能避免自发成核过程,以防止由于晶核的"泛滥"而造成晶体无法继续成长,一般可在介稳区内投放适量晶种,诱发成核,使结晶过程得以启动;第二,要避免使用机械冲击或研磨严重的循环泵,可使用气升管、隔膜泵或衬里的、叶片数很少的低转速开式叶轮泵;第三,结晶器的内壁应当光滑,要求表面光洁、少焊缝、无毛刺和粗糙面,避免对成核的诱发;第四,待结晶料液中的固体悬浮杂质要预先清除。总之,要避免自发成核的发生,以及由此而造成的晶核过多、结晶过细;结晶的推动力不宜过大,即使要在不稳区启动结晶过程,在启动后也要设法降低推动力,甚至要取出部分晶核以控制结晶颗粒的总数。

(三)晶体的成长

按照最普遍使用的扩散理论,晶体的成长大致分为三个阶段:首先是溶质分子从溶液主体向晶体表面的静止液层扩散;接着是溶质穿过静止液层后到晶体表面,晶体按晶格排列增长并产生结晶热;然后是释放出的结晶热穿过晶体表面静止液层向溶液主体扩散。

实际上晶体的成长与晶核的形成在速率上存在着相互的竞争,当推动力(过饱和程度)变得较大的时候,晶核生成速率 $U_{核}$ 急剧增加,尽管晶体成长速率 $U_{晶}$ 也在增大,但是竞争不过晶核的生成,数量多而粒度细的晶体的析出就成为必然了。

当结晶逐渐析出,过饱和度最终下降为 0 时,随着时间的推延,晶核的数量会逐渐减少而晶体会逐渐增大。解释这种现象要用动态平衡的观点,此时作为结晶-溶解过程虽处于平衡状态,但是结晶、溶解的微观过程从来也没有停止,只不过是结晶速率和溶解速率相等而已。既然如此,大小不等的晶体都有同等的晶体成长和被溶解的机会。但是粒度小的晶体相对于粒度大的晶体有较大的比表面积,这一情况使得细微晶粒被溶解的可能性大而晶体增大的可能性小。因此,结晶时间的延长有利于晶体的成长。

二、提高晶体质量的途径

晶体的质量主要是指晶体的大小、形状和纯度三个方面。工业上通常希望得到粗大而均匀的晶体。粗大而均匀的晶体较细小不规则的晶体便于过滤与洗涤,在储存过程中不易结块。

(一) 晶体大小

结晶过程是成核及其生长同时进行的,因此必须同时考虑这些因素对两者的影响。过饱和度增加能使成核速率和晶体生长速率增快,但成核速率增加更快,因而得到细小的晶体。尤其过饱和度很高时影响更为显著。

当溶液快速冷却时,能达到较高的过饱和度得到较细小的晶体;反之,缓慢冷却常得到较大的晶体。当溶液的温度升高时,成核速率和晶体生长速率皆增快,但对后者影响更显著。因此,低温得到较细的晶体。

搅拌能促进成核和加快扩散,提高晶核长大的速率。但当搅拌强度到一定程度后,再加快搅拌效果就不显著,相反,晶体还会因搅拌剪切力过大而被打碎。

另外,晶种能够控制晶体的形状、大小和均匀度,为此要求晶种首先要有一定的形状、大小,而且比较均匀。因此,适宜晶种的选择是一个关键问题。

(二) 晶体形状

同种物质的晶体,用不同的结晶方法产生,虽然仍属于同一晶系,但其外形可以完全不同。外形的变化是因为在一个方向生长受阻,或在另一方向生长加速所致。通过一些途径可以改变晶体外形,如控制晶体生长速率、过饱和度、结晶温度、选择不同的溶剂、溶液 pH 的调节和有目的的加入某种能改变晶形的杂质等方法。

在结晶过程中,对于某些物质来说,过饱和度对其各晶面的生长速率影响不同,所以提高或降低过饱和度有可能使晶体外形受到显著影响。如果只在过饱和度超过亚稳区的界限后才能得到所要求的晶体外形,则需采用向溶液中加入抑制晶核生成的添加剂。

从不同溶剂中结晶常得到不同的外形,而且杂质的存在还会影响到晶形。

（三）晶体纯度

结晶过程中,含许多杂质的母液是影响产品纯度的一个重要因素。晶体表面具有一定的物理吸附能力,因此表面上有很多母液和杂质黏附在晶体上。晶体越细小,比表面积越大,表面自由能越高,吸附杂质越多。若没有处理好必然降低产品纯度,一般把结晶和溶剂一同放在离心机或过滤机中,搅拌后再离心或抽滤,这样洗涤效果好。边洗涤边过滤的效果较差,因为易形成沟流使有些晶体不能洗到。

当结晶速率过大时(如过饱和度较高,冷却速率很快),常发生若干颗晶体聚结成为"晶簇"的现象,此时易将母液等杂质包藏在内,或因晶体对溶剂亲和力大,晶格中常包含溶剂。为防止晶簇的产生,在结晶过程中可以进行适度搅拌。为除去晶格中的有机溶剂只能采用重结晶的方法。

晶体粒度及粒度分布对质量有很大的影响。一般来说,粒度大、均匀一致的晶体比粒度小、参差不齐的晶体含母液少而且容易洗涤。

杂质与晶体具有相同晶形时,称为同晶现象。对于这种杂质需用特殊的物理化学方法分离除去。

（四）晶体结块

晶体结块给使用带来不便。结块原因目前公认的有结晶理论和毛细管吸附理论两种。

1. 结晶理论

由于物理或化学原因,晶体表面溶解并重结晶,于是晶粒之间在接触点上形成了固体联结,即形成晶桥,而呈现结块现象。

物理原因是晶体与空气之间进行水分交换。如果晶体是水溶性的,则当某温度下空气中的水蒸气分压大于晶体饱和溶液在该温度下的平衡蒸气压时,晶体就从空气中吸收水分。晶体吸水后,在晶粒表面形成饱和溶液。当空气中湿度降低时,吸水形成的饱和溶液蒸发,在晶粒相互接触点上形成晶桥而粘连在一起。

化学原因是由于晶体与其存在的杂质或空气中的氧、二氧化碳等产生化学反应,或在晶粒间的液膜中发生复分解反应。由于以上某些反应产物的溶解度较低而析出,从而导致结块。

2. 毛细管吸附理论

由于细小晶粒间形成毛细管,其弯月面上的饱和蒸气压低于外部饱和蒸气压,这样就为水蒸气在晶粒间的扩散创造条件。另外,晶体虽经干燥,但总会存在一定湿度梯度。这种水分的扩散会造成溶解的晶体移动,从而为晶粒间晶桥提供饱和溶液,导致晶体结块。

均匀整齐的粒状晶体结块倾向较小,即使发生结块,由于晶块结构疏松,单位体积的接触点少,结块易弄碎,如图 4-21(a)所示。粒度不齐的粒状晶体由于大晶粒之间的空隙充填着较小晶粒,单位体积中接触点增多,结块倾向较大,而且不易弄碎,如图 4-21(b)所示。晶粒均匀整齐但为长柱状,能挤在一起而结块,如图 4-21(c)所示。晶体呈长柱状,又不整齐,紧紧地挤在一起,很易结成空隙很小的晶块,如图 4-21(d)所示。

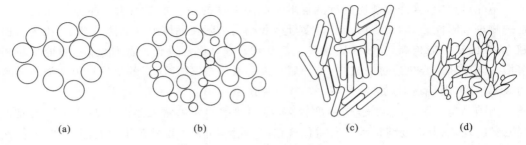

图 4-21　晶粒形状对结块的影响

(a)大而均匀的粒状晶体;(b)不均匀的粒状晶体 ;(c)大而均匀的长柱状晶体;(d)不均匀的长柱状晶体

大气湿度、温度、压力及储存时间等对结块也有影响。空气湿度高会使结块严重。温度高增大化学反应速率,使结块速率加快。晶体受压,一方面使晶体紧密接触增加接触面,另一方面对其溶解度有影响,因此压力增加导致结块严重。随着储存时间的增长,结块现象趋于严重,这是溶解及重结晶反复次数增多所致。

为避免结块,在结晶过程中应控制晶体粒度,保持较窄的粒度分布及良好的晶体外形,还应的储存在干燥、密闭的容器中。

（五）重结晶

因为杂质和结晶物质在不同溶剂和不同温度下的溶解度不同。因此,重结晶就是将晶体用合适的溶剂溶解,再次结晶,使纯度提高。

重结晶的关键是选择合适的溶剂,选择溶剂的原则:①溶质在某溶剂中的溶解度随温度升高而迅速增加,冷却时能析出大量结晶;②溶质易溶于某一溶剂而难溶于另一溶剂,且两溶剂互溶,则通过实验确定两者在混合溶剂中所占比例。其方法是将溶质溶于溶解度较大的一种溶剂中,然后将第二种溶剂加热后缓缓地加入,直到稍呈浑浊,结晶刚出现为止,接着冷却,放置一段时间使结晶完全。

三、结晶设备的结构及特点

按照生产作业方式,结晶器分成间歇和连续两大类,连续式结晶器又可分为线性的和搅拌的两种。早期的结晶装置多为间歇式,而现代结晶装置多数采用连续作业,而且逐渐发展为大型化、操作自动化。

按照形成过饱和溶液途径的不同,可将结晶设备分为冷却结晶器、蒸发结晶器、真空结晶器、盐析结晶器和其他结晶器五大类,其中前三类使用较广。

（一）冷却结晶器

冷却结晶设备是采用降温使溶液进入过饱和(自然起晶或晶种起晶)状态,并不断降温,以维持溶液一定的过饱和浓度进行育晶,常用于温度对溶解度影响比较大的物质结晶。结晶前先将溶液升温浓缩。

1. 槽式结晶器

通常用不锈钢板制作,外部有夹套,通冷却水以对溶液进行冷却降温;连续操作的槽式结晶器往往采用长槽,并设有长螺距的螺旋搅拌器,以保持物料在结晶槽的停留时间。槽的上部要有活动的顶盖,以保持槽内物料的洁净。槽式结晶器的传热面积有限,且劳动强度大,对溶液的过饱和度难以控制;但小批量、间歇操作时还比较合适。槽式结晶器的结构如图 4-22 和图 4-23 所示。

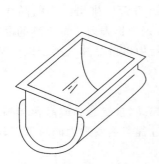

图 4-22　间歇槽式分离器

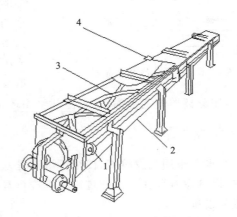

图 4-23　长槽搅拌式连续结晶器

1-冷却水进口;2-水冷却夹套;3-长螺距螺旋搅拌器;4-两段接头

2. 结晶罐

这是一类立式带有搅拌器的罐式结晶器,冷却采用夹层,也可用装于罐内的鼠笼冷却管(图 4-24)。在结晶罐中冷却速率可以控制的比较缓慢。因为是间歇操作,结晶时间可以任意调节,因此可得到较大的结晶颗粒,特别适用于有结晶水物料的晶析过程。但是生产能力较低,过饱和度不能精确控制。结晶罐的搅拌转速要根据对产品晶粒的大小要求来定:对抗生素工业,在需要获得微粒晶体时采用高转速,即 1 000~3 000 r/min;一般结晶过程的转速为 50~500 r/min。

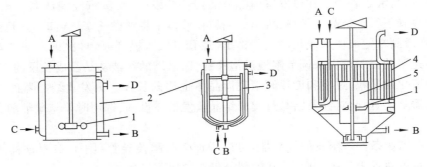

图 4-24　结晶罐

1-浆式搅拌器;2-夹套;3-刮垢器;4-鼠笼冷却管;5-导液管;6-尖底搅拌耙;

A-液料进口;B-晶浆出口;C-冷却剂入口;D-冷却剂出口

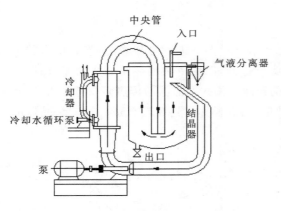

图 4-25　粒析式冷却结晶器

3. 粒析式冷却结晶器

这是一种能够严格控制晶体大小的结晶器,如图 4-25 所示,料液沿入口管进入结晶器内,经循环管于冷却器室中达到过饱和(呈介稳态),此过饱和溶液经循环泵沿中央管路进入结晶器室的底部,由此向上流动,通过一层晶体悬浮体层,进行结晶。不同大小的晶体因沉降速率不同,大的颗粒在下,小的颗粒在上,进行粒析。晶体长大的沉降速率大于循环液上升速率后而沉降到器底,连续或定期从出口管处排出。小的晶体与溶液一同循环,直到长大为止。极细的晶粒浮在液面上,用分离器使之分离,设有冷却水循环泵,在结晶器中可按晶体大小予以分类。

(二)蒸发结晶器

蒸发结晶设备采用蒸发溶剂,使浓缩溶液进入过饱和区起晶(自然起晶或晶种起晶),并不断蒸发,以维持溶液在一定的过饱和度进行育晶。结晶过程与蒸发过程同时进行,故一般称为煮晶设备。

对于溶质的溶解度随温度变化不大,或者单靠温度变化进行结晶时结晶率较低的场合,需要蒸除部分溶剂以取得结晶操作必要的过饱和度,这时可用蒸发式结晶器。

蒸发操作的目的就是达到溶液的过饱和度,便于进一步的结晶操作。传统的蒸发器较少考虑结晶过程的规律,往往对结晶的析出考虑较多而对结晶的成长极少考虑。随着人们对结晶操作认识的逐步深化,才开始重视在蒸发操作及设备中对结晶过程的控制。

蒸发式结晶器是一类蒸发-结晶装置。为了达到结晶的目的,使用蒸发溶剂的手段产生并严格控制溶液的过饱和度,以保证产品达到一定的粒度标准。或者讲,这是一类以结晶为主、蒸发为辅的设备。

图 4-26 为奥斯陆蒸发式结晶器,料液经循环泵送入加热器加热,加热器采用单程管壳式换热器,料液走管程。在蒸发室内部分溶剂被蒸发,二次蒸汽经捕沫器排出,浓缩的料液经中央管下行至结晶成长段,析出的晶粒在液体中悬浮做流态化运动,大晶粒集中在下部,而细微晶粒随液体从成长段上部排出,经管道吸入循环泵,再次进入加热器。对加热器传热速率的控制可用来调节溶液过饱和程度,浓缩的料液从结晶成长段的下部上升,不断接触流化的晶粒,过饱和度逐渐消失而晶体也逐渐长大。蒸发式结晶器的结构远比一般蒸发器复杂,因此对涉及结晶过程的结晶蒸发器在设计、选用时要与单纯的蒸发器相区别。

对于在减压条件下蒸发的结晶器,可以增加大气腿接导管(图 4-27),这样的装置可以将蒸发室单独置于负压下操作,其他部分仍在常压下操作。

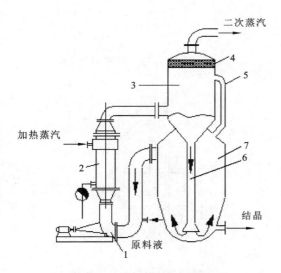

图 4-26　奥斯陆蒸发式结晶器
1-循环泵；2-加热器；3-蒸发室；4-捕沫器；
5-通气管；6-中央管；7-结晶生长段

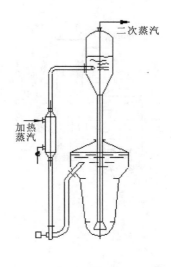

图 4-27　有大气腿接导管的奥斯陆结晶器

（三）真空式结晶器

真空式结晶器比蒸发式结晶器要求有更高的操作真空度。另外真空式结晶器一般没有加热器或冷却器，料液在结晶器内闪蒸浓缩并同时降低了温度，因此在产生过饱和度的机理上兼有蒸除溶剂和降低温度两种作用。由于不存在传热面积，从根本上避免了在复杂的传热表面上析出并积结晶体。真空式结晶器由于省去了换热器，其结构简单、投资较低的优势使它在大多数情况下成为首选的结晶器。只有溶质溶解度随温度变化不明显的场合才选用蒸发式结晶器；而冷却式结晶器几乎都可被真空式结晶器代替。

1. 间歇式真空结晶器

图 4-28 是一台间歇真空式结晶器。原料液在结晶室被闪蒸，蒸除部分溶剂并降低温度，以浓度的增加和温度的下降程度来调节过饱和度。二次蒸汽先经过一个直接水冷凝器，然后再接到一台双级蒸汽喷射泵，以造成较高的真空度。

2. 奥斯陆真空结晶器

图 4-29 是奥斯陆真空结晶器，有细微晶粒的料液自结晶室的上部溢流入循环泵，在其入口处会同新加入的料液一起打入蒸发室闪蒸，浓缩降温的过饱和溶液经中央大气腿进入结晶室底部，与流化的晶粒悬浮液接触，在这里消除过饱和度并使晶体生长，液体上部的细晶在分离器中通蒸汽溶解并送回闪蒸。奥斯陆真空结晶器也同样要设置大气腿，除蒸发室外，其他部分均可在常压下操作。

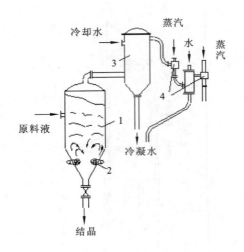

图 4-28　间歇真空结晶器
1-结晶室；2-搅拌器；3-直接水冷凝器；
4-二级蒸汽喷射泵

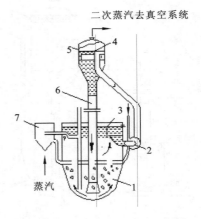

图 4-29　奥斯陆真空结晶器
1-结晶室；2-循环泵；3-挡板；4-液体均匀环；
5-蒸发室；6-大气腿；7-结晶分布器

单元四　结晶设备的设计计算

一、物料衡算

结晶器的物料衡算式为

$$w_{h1} = w_{h2} + w_{h3} + w_h \tag{4-22}$$

式中，w_{h1}——进入结晶器的物料量，kg/h；

　　w_{h2}——自结晶器取出的结晶量，kg/h；

　　w_{h3}——自结晶器取出的母液量，kg/h；

　　w_h——结晶器蒸发走的溶剂量，kg/h。

式(4-22)用于间歇操作时可将单位改为 kg/批。对溶质进行衡算的方程是

$$w_{h1} x_{w1} = w_{h2} x_{w2} + w_{h3} x_{w3} \tag{4-23}$$

式中，x_{w1}——进入结晶器物料中溶质的质量分数；

　　x_{w2}——结晶的纯度，质量分数；

　　x_{w3}——自结晶器取出的母液中溶质的质量分数。

对结晶器不蒸除溶剂的情况，$w_h = 0$，则

$$w_{h2} = w_{h1} - w_{h3} \tag{4-24}$$

由式(4-23)和式(4-24)联立，求得结晶产量为

$$w_{h2} = \frac{w_{h1}(x_{w1} - x_{w3})}{x_{w2} - x_{w3}} \tag{4-25}$$

二、热量衡算

热量衡算的目的是计算冷却水用量。出入结晶器的热流有五股：待结晶溶液带入的热量速率 q_1，结晶带出的热流速率 q_2，母液带出的热流速率 q_3，蒸发的溶剂蒸气带走的热流速率 q_4 和冷却水带走的热流速率 q，热流速率的单位是 KW。结晶器的热量衡算式为

$$q_1 = q_2 + q_3 + q_4 + q \tag{4-26}$$

其中

$$q_1 = w_{h1} C_1 T_1 \tag{4-27}$$

式中，T_1——待结晶溶液的温度，K；

　　C_1——待结晶溶液的平均比热容，kJ/(kg·K)。

也有

$$q_2 = w_{h2}(C_{晶} T_2 + \Delta H_{结晶}) \tag{4-28}$$

式中，T_2——晶体与母液离开结晶器时的温度，K；

　　$C_{晶}$——晶体的平均比热容，kJ/(kg·K)；

　　$H_{结晶}$——晶体的结晶热，kJ/kg。

而

$$q_1 = w_{h3} C_3 T_2 \tag{4-29}$$

式中，C_3——母液的平均比热容，kJ/(kg·K)。

还有

$$q_4 = w_h i_T \tag{4-30}$$

式中，i_T——温度为 T 的溶剂蒸气的热焓量；

　　T——离开结晶器的溶剂蒸气温度，K。

三、结晶设备容积和尺寸计算

设备的生产能力：

$$G = \frac{V \rho \varphi \omega}{t} (\text{kg/h}) \tag{4-31}$$

式中，V——结晶设备总体积，m^3；

　　ρ——浓液的密度，kg/m^3；

　　φ——结晶设备最终时充填系数，对于煮晶锅一般为 $0.4 \sim 0.5$；

　　ω——结晶溶液中晶体的质量分数比；

　　t——每批结晶操作总时间，h。

所以

$$V = \frac{Gt}{\rho \varphi \omega} \tag{4-32}$$

计算出整个设备体积后，即可根据选定设备的形式来确定设备的其他尺寸，如采用球形底的煮晶锅，则

$$V = \frac{Gt}{\rho\varphi B} = \frac{2Gt}{\rho B} = V_1 + V_2 = \frac{1}{12}\pi D^3 + \pi D^2 H \tag{4-33}$$

一般 $H/D = 2\sim3$，取 2.5 时

$$D = \sqrt[3]{\frac{24GT}{8.5\pi\rho B}} \tag{4-34}$$

计算出直径 D 后，要验算蒸发时器内二次蒸汽流速是否为 $1\sim3$ m/s，过大会造成雾沫夹带严重，需要修正。

四、结晶设备传热面积

使用冷凝结晶设备时，通常是将经过浓缩但还未能自然起晶（在该温度下）的热溶液送进结晶器，在设备内迅速冷却，使溶液进入不稳定的过饱和区而起晶，或到达介稳区的过饱和浓度时加入晶种育种。在育种过程中，溶液中溶质的含量随着不断析出晶体而减少，因此要求保持较大的结晶速率，则要维持溶液较高的过饱和浓度，采用降温的办法来改变溶液的溶解度。随着溶液中结晶的增加，结晶速率的下降，降温速率也应逐渐减慢。在整个结晶过程中，最终迅速冷却阶段的传热量为最大，传热面积是以最大的传热量进行计算的。若冷却结晶设备的传热面积以最佳条件（送入的溶液都已到达育晶条件）计算，这时需要的传热面积较小，可以用结晶速率与维持溶液一定过饱和浓度的降温速率相等的联立方程进行计算。热交换面应平整光滑，避免因晶体积聚而影响育晶阶段的传热效果。

间歇式蒸发结晶设备通常是在蒸发过程中连续不断地补充溶液，以维持设备内溶液一定容积和一定过饱和浓度的条件下进行育晶，这样可取得较快的结晶速率和较大的晶体。浓缩最初阶段是把溶液从进料的不饱和浓度快速浓缩到育晶过程所需要的过饱和浓度，同时不断进入溶液，以保持设备内最大的容积系数，此时所需要的传热面积最大。当溶液达到一定的过饱和浓度后，加入晶种育晶，此时的蒸发量是所补充的原料溶液浓缩到育晶过饱和浓度所蒸发的溶剂量，随着晶体不断增加，补充溶液量和蒸发量也不断减少。通常加热面积的确定是以最大蒸发量进行计算。若溶液以介稳区育晶浓度进料，则所需要的传热面积较小，这时的传热面积可用结晶速率和进料溶液所需要的蒸发速率相等的联立方程计算。

技能训练一　重结晶提纯粗制的乙酰苯胺

一、训练目的

1. 学习重结晶法提纯固体有机化合物的原理和方法。
2. 掌握抽滤、热过滤操作和菊花形滤纸的折叠方法。

二、原理

意义:从有机合成反应分离出来的固体粗产物往往含有未反应的原料、副产物及杂质,必须加以分离纯化,重结晶是分离提纯固体化合物的一种重要、常用的分离方法之一。

原理:利用混合物中各组分在某种溶剂中溶解度不同或在同一溶剂中不同温度时的溶解度不同而使它们相互分离。

固体有机物在溶剂中的溶解度随温度的变化易改变,通常温度升高,溶解度增大;反之,则溶解度降低,热的为饱和溶液,降低温度,溶解度下降,溶液变成过饱和易析出结晶。利用溶剂对被提纯化合物及杂质的溶解度的不同,以达到分离纯化的目的。

适用范围:它适用于产品与杂质性质差别较大,产品中杂质含量小于5%的体系。

三、仪器和药品

仪器:布氏漏斗、吸滤瓶、抽气管、安全瓶、锥形瓶、短颈漏斗、循环水真空泵、热水保温漏斗、玻璃漏斗、玻璃棒、表面皿、酒精灯、滤纸、量筒、刮刀。

药品:乙酰苯胺。

四、一般过程

重结晶提纯法的一般过程:选择溶剂、溶解固体、趁热过滤去除杂质、晶体的析出、晶体的收集与洗涤、晶体的干燥。

1. 溶剂选择

在进行重结晶时,选择理想的溶剂是一个关键,理想的溶剂必须具备下列条件:

(1) 不与被提纯物质发生化学反应。

(2) 在较高温度时能溶解多量的被提纯物质;而在室温或更低温度时,只能溶解很少量的该种物质。

(3) 对杂质溶解非常大或者非常小(前一种情况是要使杂质留在母液中不随被提纯物晶体一同析出;后一种情况是使杂质在热过滤的时候被滤去)。

(4) 容易挥发(溶剂的沸点较低),易与结晶分离除去。

(5) 能给出较好的晶体。

(6) 无毒或毒性很小,便于操作。

(7) 价廉易得。

经常采用以下实验的方法选择合适的溶剂:

取 0.1 g 目标物质于一小试管中,滴加约 1 mL 溶剂,加热至沸。若完全溶解,且冷却后能析出大量晶体,这种溶剂一般认为合用。若样品在冷时或热时,都能溶于 1 mL 溶剂中,则这种溶剂不合用。若样品不溶于 1mL 沸腾溶剂中,再分批加入溶剂,每次加入 0.5 mL,并加热至沸,共用 3 mL 热溶剂,而样品仍未溶解,这种溶剂也不合用。若样品溶于 3 mL 以内的热溶剂中,冷却后仍无结晶析出,这种溶剂也不合用。

2. 固体物质的溶解

原则上为减少目标物遗留在母液中造成的损失,在溶剂的沸腾温度下溶解混合物,并使之饱和。为此将混合物置于烧瓶中,滴加溶剂,加热到沸腾。不断滴加溶剂并保持微沸,直到混合物恰好溶解为止。在此过程中要注意混合物中可能有不溶物,如为脱色加入的活性炭、纸纤维等,防止误加过多的溶剂。

溶剂应尽可能不过量,但这样在热过滤时,会因冷却而在漏斗中出现结晶,引起很大的麻烦和损失。综合考虑,一般可比需要量多加 20% 甚至更多的溶剂。

3. 杂质的除去

热溶液中若还含有不溶物,应在热水漏斗中使用短而粗的玻璃漏斗趁热过滤。过滤使用菊花形滤纸。溶液若有不应出现的颜色,待溶液稍冷后加入活性炭,煮沸 5 min 左右脱色,然后趁热过滤。活性炭的用量一般为固体粗产物的 1%~5%。

4. 晶体的析出

将收集的热滤液静置缓缓冷却（一般要几小时后才能完全）,不要急冷滤液,因为这样形成的结晶很细、表面积大、吸附的杂质多。有时晶体不易析出,则可用玻璃棒摩擦器壁或加入少量该溶质的结晶,不得已也可放置冰箱中促使晶体较快地析出。

5. 晶体的收集和洗涤

将结晶通过抽气过滤从母液中分离出来。滤纸的直径应小于布氏漏斗内径！抽滤后打开安全瓶活塞停止抽滤,以免倒吸。用少量溶剂润湿晶体,继续抽滤、干燥。

6. 晶体的干燥

纯化后的晶体,可根据实际情况采取自然晾干或烘箱烘干。

五、实验步骤

将 3 g 粗制的乙酰苯胺及计量的水加入 250 mL 的三角烧瓶中,加热至沸腾,直至乙酰苯胺溶解(若不溶解可适量添加少量热水,搅拌并加热至接近沸腾使乙酰苯胺溶解)。取下烧瓶稍冷后再加入计量的活性炭于溶液中,煮沸 5~10 min。趁热用热水漏斗和菊花形滤纸过滤,用一烧杯收集滤液。在过滤过程中,热水漏斗和溶液均应用小火加热保温以免冷却。滤液放置彻底冷却,待晶体析出,抽滤出晶体,并用少量溶剂(水)洗涤晶体表面,抽干后,取出产品放在表面皿上晾干或烘干,称量。

六、注意事项

1. 用活性炭脱色时,不要把活性炭加入正在沸腾的溶液中。
2. 滤纸不应大于布氏漏斗的底面。
3. 在热过滤时,整个操作过程要迅速,否则漏斗一凉,结晶在滤纸上和漏斗颈部析出,操作将无法进行。

4. 洗涤用的溶剂量应尽量少,以避免晶体大量溶解损失。

5. 停止抽滤时,先将抽滤瓶与抽滤泵间连接的橡皮管拆开,或者将安全瓶上的活塞打开与大气相通,再关闭泵,防止水倒流入抽滤瓶内。

思 考 题

1. 什么是蒸发、结晶、多效蒸发、热泵蒸发、热敏性物质?

2. 简要说明真空薄膜蒸发器的特点。

3. 简要说明真空薄膜蒸发器的分类(按成膜方式分类)。

4. 降膜式蒸发器与升膜式的不同之处是什么?降膜式蒸发器的效率很大程度上取决于液体分布的好坏,为什么?

5. 简要说明刮板式真空薄膜蒸发器的特点。

6. 说明刮板导向角的作用及设置,刮板蒸发室圆度的要求。

7. 说明结晶设备中搅拌器及搅拌转速的选择。

8. 说明结晶设备内壁要求及排料阀的要求。

计 算 题

1. 在单效蒸发器内,将 10% NaOH 水溶液浓缩到 25%,分离室绝对压力为 15 kPa,求溶液的沸点和溶质引起的沸点升高值。

2. 在单效蒸发器中用饱和水蒸气加热浓缩溶液,加热蒸汽的用量为 2 100 kg/h,加热水蒸气的温度为 120 ℃,其汽化热为 2 205 kJ/kg。已知蒸发器内二次蒸汽温度为 81 ℃,由于溶质和液柱引起的沸点升高值为 9 ℃,饱和蒸汽冷凝的传热膜系数为 8 000 W/(m² · K),沸腾溶液的传热膜系数为 3 500 W/(m² · K)。求蒸发器的传热面积。忽略换热器管壁和污垢层热阻,蒸发器的热损失忽略不计。

3. 某效蒸发器每小时将 1 000 kg 25%(质量百分数,下同)NaOH 水溶液浓缩到 50%。已知:加热蒸气温度为 120 ℃,进入冷凝器的二次蒸汽温度为 60 ℃,溶质和液柱引起的沸点升高值为 45 ℃,蒸发器的总传热系数为 1 000 W/(m² · K)。溶液被预热到沸点后进入蒸发器,蒸发器的热损失和稀释热可以忽略,认为加热蒸汽与二次蒸汽的汽化潜热相等,均为 2 205 kJ/kg。求蒸发器的传热面积和加热蒸汽消耗量。

4. 将 8% 的 NaOH 水溶液浓缩到 18%,进料量为 4 540 kg,进料温度为 21 ℃,蒸发器的传热系数为 2 349 W/(m² · K),蒸发器内的压力为 55.6 kPa,加热蒸汽温度为 110 ℃,求理论上需要加热蒸汽量和蒸发器的传热面积。

已知:8% NaOH 的沸点在 55.6 kPa 时为 88 ℃,88 ℃ 时水的汽化潜热为 2 298.6 kJ/kg。8% NaOH 的比热容为 3.85 kJ/(kg · ℃),110 ℃ 水蒸气的汽化潜热为 2 234.4 kJ/kg。

5. 用双效蒸发器,浓缩浓度为 5%(质量分率)的水溶液,沸点进料,进料量为 2 000 kg/h,经第一效浓缩到 10%。第一、二效的溶液沸点分别为 95 ℃ 和 75 ℃。蒸发器消耗生蒸汽量为 800 kg/h。各温度下水蒸气的汽化潜热均可取为 2 280 kJ/kg。忽略热损失,求蒸发水量。

本模块主要符号及说明

F——溶液的进料量,kg/h;

W——水分的蒸发量,kg/h;

L——完成液流量,kg/h;

x_0——料液中溶质的浓度,质量分数;

x——完成液中溶质的浓度,质量分数;

D——加热蒸气消耗量,kg/h;

t_0——料液温度,℃;

t——蒸发器中溶液温度,℃;

h_0——料液的焓,kJ/kg;

C_0——料液的比热容,kJ/(kg·K);

h——完成液的焓,kJ/kg;

C——完成液的比热容,kJ/(kg·K);

C^*——水的比热容,kJ/(kg·K);

h_s——加热器中冷凝水的焓,kJ/kg;

T_s——加热蒸汽的饱和温度,℃;

H_s——加热蒸汽的焓,kJ/kg;

H——二次蒸汽(温度为 t 的过热蒸汽)的焓,kJ/kg;

R——加热蒸汽的蒸发潜热,kJ/kg;

r——温度为 t 时二次蒸汽的蒸发潜热,kJ/kg;

Q_1——热损失,kJ/h。

A——蒸发器的传热面积,m²;

Q——传热量,W,显热 $Q = DR$;

K——传热系数,W/(m²·K);

Δt_m——平均传热温度差,K;

W——总蒸发量,kg/h;

$x_0, x_1, \cdots, x_n$——原料液及各效完成液的浓度,质量分数;

t_0——原料液的温度,℃;

$t_1, t_2, \cdots, t_n$——各效溶液的沸点,℃;

D_1——生蒸汽消耗量,kg/h;

p——加热蒸汽压力,N/m²;

T_1——生蒸汽温度,℃;

$T_1', T_2', \cdots, T_n'$——各效二次蒸汽温度,℃;

H_1, H_1', H_2'——生蒸汽及各效二次蒸汽的焓,kJ/kg;

$h_0, h_1, h_2, \cdots, h_n$——原料液及各效完成液的焓，kJ/kg；

$\Delta_1 、 \Delta_2 , \cdots , \Delta_n$——各效蒸发器的传热面积，$m^2$；

w_{h1}——进入结晶器的物料量，kg/h；

w_{h2}——自结晶器取出的结晶量，kg/h；

w_{h3}——自结晶器取出的母液量，kg/h；

w_h——结晶器蒸发走的溶剂量，kg/h。

模块五 层析技术

 知识目标

1. 掌握凝胶过滤层析、离子交换层析、吸附层析等的基本原理;掌握凝胶过滤层析、离子交换层析、吸附层析等的主要设备及工作原理;掌握凝胶过滤层析中凝胶的选用、离子交换层析中离子交换树脂的选用、吸附层析中吸附剂的选用;掌握凝胶过滤层析、离子交换层析、吸附层析的基本操作。

2. 理解凝胶过滤层析、离子交换层析、吸附层析过程的机理;理解凝胶过滤层析、离子交换层析、吸附层析过程的影响因素并能进行分析。

3. 了解凝胶过滤层析、离子交换层析、吸附层析的特点以及在化工生产中的应用;了解其他的层析分离方法。

 能力目标

1. 能对凝胶过滤层析、离子交换层析、吸附层析实施基本的操作。

2. 能根据生产的任务选择合适的层析分离方法,并能对凝胶过滤层析中的凝胶、离子交换层析中的离子交换树脂、吸附层析中的吸附剂的选用。

3. 能对凝胶过滤层析、离子交换层析、吸附层析操作过程中的影响因素进行分析,并运用所学知识解决实际工程问题。

4. 能根据生产的需要正确查阅和使用一些常用的工程计算图表、手册、资料等。

 素质目标

1. 增强逻辑思维能力。
2. 培养同学追求知识、独立思考、勇于创新的科学精神。
3. 培养工程技术观念。

单元一 凝胶过滤层析

一、认识凝胶过滤层析

（一）凝胶过滤层析的定义

乙肝疫苗在分离工艺中的最后一步是采用一种方式进行重组 HBsAg 聚合蛋白的精制，将浓缩液通过 Sepharose4FF 凝胶柱进行精制后，根据其相对分子质量的大小出现的3 个洗脱峰，进行测定，发现 A 峰为杂蛋白，B 峰和 C 峰为活性组成，如图 5-1 所示。收集B 峰，除菌过滤后即得纯品，收率达 48％，其产品即为乙肝疫苗，并能达到世界卫生组织的标准。像这种依据其分子的大小而进行分离的技术就是凝胶过滤层析法。

凝胶过滤层析法是一种新型的分离方法，也称分子筛层析法、凝胶扩散层析、排阻层析、限制扩散层析等。是利用凝胶过滤层析介质的网状结构，根据分子大小不同而被分离的一种分离技术。如图 5-2 所示，当含有不同大小的分子进入凝胶层析柱内时，较大的分子不能通过孔道扩散进入凝胶内部，较小的则程度不同地进入凝胶内部，由于不同分子大小的物质扩散速率的不同造成了它们在凝胶柱内的停留时间也不相同，其结果较小分子的物质在柱内的停留时间相对较长，使得不同分子大小的物质在凝胶内部向柱下流动的速率也不同，因而不同的物质也就按分子的大小被分开了，最先淋出的是大分子的物质。

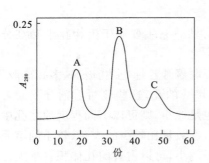

图 5-1 乙肝疫苗 Sepharose4FF 凝胶过滤谱

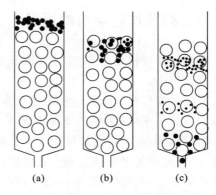

图 5-2 凝胶过滤分离过程示意图

大圆圈-凝胶颗粒；大黑点-高相对分子质量物质；
较小黑点-较低相对分子质量物质；小黑点-低相对分子
质量物质；(a)开始时；(b)淋洗开始；(c)淋洗阶段

（二）凝胶过滤层析的特点

1. 不改变分离物质的特性

凝胶过滤层析过程中，被分离的物质主要是通过凝胶柱来进行分离的，而凝胶多是不带电的惰性物质，与被分离的物质不会发生物理化学变化，使被分离物质维持原来的结构而不变性,这在一些生物化工、医药领域内尤为适用,如蛋白质的分离、抗凝血多肽的分离等。

2. 分离条件要求不高

在凝胶过滤层析过程中,由于凝胶的惰性,对温度、压力等操作要求一般不需要高温或高压,所需的分离条件比较温和,可以在低温下操作,也可以在常温下操作。不需要有机溶剂。特别对于一些对 pH、金属离子敏感的生物化工方面更为合适。

3. 应用面广

在凝胶过滤层析分离过程中,只要选择不同的凝胶就可以分离不同的物质,凝胶可以是亲水性的,如交联葡聚糖、聚丙烯酰胺或琼脂糖凝胶,用于分离水溶性的生物分子或高聚物分子;也可以是疏水性的,如聚苯乙烯凝胶,用于分离疏水性有机化合物。由于凝胶的种类很多,所分离的物质也很多,从相对分子质量来说,可以从几百到数百万,特别是活性大分子的分离。

4. 设备的结构简单,易于操作

凝胶层析分离设备的结构简单,易于操作,周期短,分离操作后介质不需再生,可连续使用,有的凝胶过滤层析柱可连续使用上百次甚至上千次。

5. 回收率高

凝胶过滤层析操作的重复性好、样品回收率高。控制凝胶孔径大小就可用来分离不同大小的分子。

二、凝胶过滤层析的原理

凝胶过滤层析是近 30 年才发展起来的一种新方法。它主要用于生物化学和高分子聚合物化学中。

凝胶过滤层析的分离过程是在装有多孔物质(交联聚苯乙烯、多孔玻璃、多孔硅胶等)作为填料的柱子中进行的。填料的颗粒有许多不同尺寸的孔,这些孔对溶剂分子而言是很大的,故它们可以自由扩散出入。如果溶质分子也足够小,则可以不同程度地往孔中扩散,同时还可做无定向的运动。大的溶质分子只能占有数量比较少的大孔,较小的溶质分子则可以进入一些尺寸较小的孔中,所以溶质的分子越小,可以占有的孔体积就越大。比凝胶孔大的分子不能进入凝胶的孔内,只能通过凝胶颗粒之间的空隙,随流动相一起向下流动,首先从层析柱中流出。所以整个样品就按分子的大小依次流出层析柱,谱图上也就依次出现了不同组分的色谱峰了。主要分为以下几个步骤完成。

(1)凝胶过滤层析过程主要是在凝胶过滤层析介质内完成,而这一凝胶过滤层析介质是装填在某一设备内,称为凝胶柱或层析柱,通入需要分离的物质时,不同大小的分子在通过层析柱时,每个分子都要向下移动,同时还做无定向的扩散运动。

(2)比凝胶层析过滤介质大的分子不能进入凝胶过滤介质的孔内,大分子只能通过凝胶过滤介质颗粒之间的空隙,随流动相一起向下移动,首先从层析柱中流出,在分离图谱上是最先出现的峰。

（3）比凝胶过滤介质孔径小的分子，有的能进入部分孔道，更小的分子则能自由地扩散进入凝胶过滤介质的孔道内，这些小分子由于扩散效应，不能直接通过凝胶过滤介质的空隙而流出，其流出层析柱的速率滞后于大分子，且是依据分子的大小依次流出层析柱，谱图上出现的色谱峰在大分子峰的后面。

简而言之，凝胶过滤层析就是按照待分离物质的分子尺寸大小，依次流出层析柱而达到分离的目的。

三、凝胶过滤层析介质的分类和选用

目前已商品化的凝胶过滤层析介质有很多种，按材料来源可把凝胶分成有机凝胶与无机凝胶两大类，这两类凝胶过滤介质在装柱方法、使用性能上各有差异。其中有机凝胶过滤层析介质又可分为均匀、半均匀和非均匀三种形式；按机械性能可分成软胶、半硬胶和硬胶三类。软胶的交联度小，机械强度低，不耐压，溶胀性大，它主要用于低压水溶性溶剂的场合，优点是效率高，容量大。硬胶（如多孔玻璃或硅胶）的机械强度好。最通常采用的凝胶（如高交联度的聚苯乙烯）则属于半硬性凝胶。根据凝胶对溶剂的适用范围，可分为亲油性胶、亲水性胶和两性胶，亲水性的凝胶主要应用于生物化工的分离和分析，亲油性凝胶多用于合成高分子材料的分离和分析。按照凝胶过滤层析介质的骨架来分，可分为天然多糖类和合成高聚物类。按凝胶过滤层析能达到的柱效和分辨率，又可将凝胶分为标准凝胶和高效凝胶。

（一）凝胶过滤层析介质的选用

1. 凝胶过滤层析介质（凝胶）

凝胶过滤层析介质简称凝胶，是一种不带电荷的具有三维空间的多孔网状结构，且呈珠状颗粒的物质，每个颗粒的细微结构及筛孔的直径均匀一致，像筛子，有一定的孔径和交联度。它们不溶于水，但在水中有较大的膨胀度，具有良好的分子筛功能。它们可分离的分子大小的范围广，相对分子质量在 $10^2 \sim 10^8$ 范围内。

凝胶是凝胶过滤层析的核心，是产生分离的基础。要达到分离的要求必须选择合适的凝胶。

2. 凝胶过滤层析介质（凝胶）的要求

（1）化学惰性。凝胶是惰性的，凝胶和待分离物质之间不能起化学反应，否则会引起待分离物质化学性质的改变。在生物化学中要特别注意蛋白质和核酸在凝胶上变性的危险。

（2）凝胶的化学性质是稳定的。凝胶应能长期使用而保持化学稳定性，应能在较大的 pH 和温度范围内使用。

（3）含离子基团少。凝胶上没有或只有少量的离子交换基团，以避免离子交换效应。

（4）网眼和颗粒大小均匀。凝胶颗粒大小和网眼大小合适，可选择的范围宽。

（5）机械强度好。凝胶上必须具有足够的机械强度，防止在液流作用下变形。

3. 凝胶过滤层析介质的选用

在进行凝胶层析分离产品时,对凝胶的选择是必须考虑的重要方面。一般在选择使用凝胶时应注意以下问题:

(1) 混合物的分离程度主要取决于凝胶颗粒内部微孔的孔径和混合物相对分子质量的分布范围。与凝胶孔径有直接关系的是凝胶的交联度。凝胶孔径决定了被排阻物质相对分子质量的下限。移动缓慢的小分子物质,在低交联度的凝胶上不易分离,大分子物质同小分子物质的分离宜用高交联度的凝胶。例如,欲除去蛋白质溶液中的盐类时,可选用 SephadexG-25。

(2) 凝胶的颗粒粗细与分离效果有直接关系。一般来说,细颗粒分离效果好,但流速慢;而粗颗粒流速快,但会使区带扩散,使洗脱峰变平而宽。因此,如用细颗粒凝胶宜用大直径的层析柱,用粗颗粒时用小直径的层析柱。在实际操作中,要根据工作需要,选择适当的颗粒大小并调整流速。

(3) 选择合适的凝胶种类以后,再根据层析柱的体积和干胶的溶胀度,计算所需干胶的用量,考虑到凝胶在处理过程中会有部分损失,计算得出的干胶用量应再增加 $10\%\sim20\%$。

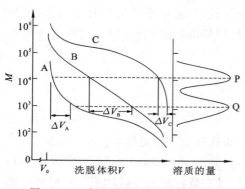

图 5-3　正确选择凝胶以达到最好分离

同时,根据被分离物的情况及凝胶的标定曲线来选择凝胶。例如,现有 P 和 Q 两种组分要用凝胶进行分离。由标定曲线可看出(图 5-3),凝胶 C 不适宜用于此目的,因为几乎所有的物质都能渗透进凝胶。凝胶 A 也不合适,因为大部分物质被凝胶所排斥。只有凝胶 B 是合适的,因为溶质 P 和 Q 坐落在凝胶的线性渗透范围内,而给出最大的 $\Delta V_R/\Delta M$ 值。有时要测定一个高聚物的相对分子质量分布,要求色层柱有很宽的分离范围,就需要串联 $3\sim5$ 根装有不同型号凝胶的柱。

所选择的凝胶也应与流动相相匹配,即凝胶应为流动相所润湿。如果流动相是水溶液,应选用亲水的凝胶;如果流动相是有机溶剂,则应选用亲油的凝胶。

四、凝胶过滤层析介质的结构参数

凝胶过滤层析介质是凝胶过滤层析的基础,用来表征凝胶结构的参数有粒度、比表面积、堆密度、骨架密度、平均孔径等。

1. 粒度

凝胶过滤层析介质的粒度是指溶胀后的凝胶水化颗粒的大小,用水化颗粒的直径来表示,有时也可用干颗粒直径来表示,而无定形颗粒是指它的最大长度,一般在 5～

400 μm范围内。凝胶颗粒的尺寸直接关系到分离效果,粒度越小,柱效越高,分离效果越好,但分离的生产能力下降,层析过程中的压力增大,对层析设备的要求更高,因此细颗粒凝胶更适用于分析型分离;凝胶颗粒越大,柱效会下降,分离的生产能力提高,压力减小,因此大颗粒凝胶更适用于中小规模的制备型分离。同时,凝胶颗粒的均匀度对分离效果也有影响,颗粒直径越均匀,分离效果越好。

2. 交联度和网孔结构

凝胶过滤介质是具有三维网孔结构的颗粒,网孔结构是交联剂将相邻的链状分子相互连接而成的(有些凝胶过滤介质除外)。交联剂决定了凝胶过滤介质颗粒的交联度。交联剂的用量越大,交联度越高,凝胶过滤介质的机械强度越好,颗粒的网孔越小,能够进入网孔的分子也就越小;反之,交联剂的用量越小,交联度越低,凝胶过滤介质的机械强度越低,颗粒的网孔越大,能够进入网孔的分子也就越大。

3. 比表面积

凝胶是一种多孔性物质,比表面积是指每千克多孔性物质所有内外表面积之和。它是凝胶颗粒的形状、大小和体积的综合反映。对于多孔性硅胶和多孔玻璃,比表面积可以作为孔径大小的量度,一般比表面积大,孔径小。对于有机凝胶,由于其结构复杂,不存在这样的对应关系。

4. 堆密度 ρ_p

单位体积的凝胶所具有的质量。

5. 床结构参数

用来表示凝胶过滤介质床层的结构参数的值有:

(1)凝胶过滤介质的空隙体积 V_o。

V_o 称为孔隙体积或外体积(outer volume),又称外水体积,即存在于柱床内凝胶颗粒外面空隙之间的水相体积,相对于一般层析法中柱内流动相的体积。

(2)凝胶过滤介质的体积 V_g。

凝胶过滤介质的体积 V_g 又称为分离介质的骨架体积,为凝胶本身的体积。

(3)内水体积 V_i。

又称内体积,即凝胶过滤介质颗粒内部所含水相的体积,相对于一般层析法中的固定相的体积,是因为凝胶具有三维空间,颗粒内部还有空间,液体可进入颗粒内部,表示的是凝胶全部可渗透的孔内体积,它可由干凝胶颗粒质量和吸水后的质量求得。

(4)凝胶过滤层析的总床层柱的体积 V_t。

将凝胶过滤介质装柱后,柱床体积称为总体积,以 V_t 来表示。实际上 V_t 由 V_o、V_i 与 V_g 三部分组成,即

$$V_t = V_o + V_i + V_g \tag{5-1}$$

(5)洗脱体积 V_e。

洗脱体积指被分离物质通过凝胶层析柱所需要洗脱液的体积。这些体积之间的关系在图 5-4 和图 5-5 也可以看出。

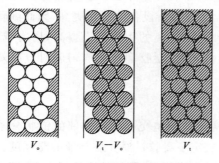
图 5-4　凝胶柱体积参数示意图

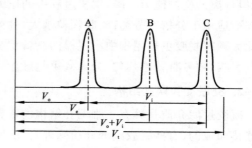
图 5-5　凝胶过滤洗脱曲线

组分 A 为全排阻分子;组分 B 为部分渗透组分;

组分 C 为全渗透分子

6. 孔体积 V_p

孔体积通常是对无机凝胶而言,指每千克凝胶所具有的孔洞体积。

7. 骨架密度 ρ_g

凝胶是一种多孔性物质,除孔洞外就是骨架。它是骨架结构状况的一个反映,骨架密度随着孔径的增大而增大。它是这样测定的,称 W 质量的凝胶,加入 W_s 质量的溶剂充满空间赶走孔洞中的气泡,若凝胶的总体积为 V_t,溶剂的密度为 ρ_s,则骨架密度的数学表达式如下:

$$\rho_g = \frac{W}{V_t - \dfrac{W_s}{\rho_s}} \tag{5-2}$$

式中,ρ_g——骨架密度,kg/m^3;

V_t——凝胶的总体积,m^3;

W——凝胶的质量,kg;

W_s——加入溶剂的质量,kg;

ρ_s——溶剂的密度,kg/m^3。

8. 孔度 φ

它是指孔的体积占凝胶总体积的分数。

$$\varphi = \frac{V_p}{V_p + \dfrac{1}{\rho_g}} \tag{5-3}$$

9. 分配系数 K

分配系数表征不同物质之间的分离行为,是物质在凝胶柱中洗脱特性的参数。它与被分离物质的相对分子质量和分子形状、凝胶过滤介质颗粒的间隙和网孔大小有关,而与层析柱的粗细长短无关。

$$K = \frac{V_e - V_o}{V_i} \tag{5-4}$$

图 5-6 和图 5-7 为溶质大小与体积 V_e 的关系。如果溶质分子过大,根本不能进入凝胶微孔,$K=0$,所以这样的分子都在 $V_e=V_o$ 时流出;如果分子非常小,可以进入凝胶颗粒的所有微孔,则 $K=1$,故它们将在 $V_e=V_o+V_i$ 时流出;如果所有分子都处于 $K=0$ 或 $K=1$,则分离是不可能的;只有被分离的分子在 $0<K<l$ 的范围,它们的分离才能实现。

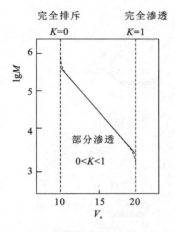 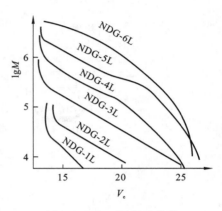

图 5-6　渗透过程的溶质大小与 V_e 的关系　　　　　图 5-7　NDG 的标定曲线

五、凝胶过滤层析介质的制备及性能

(一)凝胶过滤层析介质的制备

凝胶过滤层析介质是凝胶过滤层析的基础,直接影响着凝胶过滤层析的分离效果。凝胶过滤层析介质的种类很多,列举一些典型的来加以说明。

1. 葡聚糖凝胶

葡聚糖凝胶(sephadex)又称交联葡聚糖凝胶,是最早发展的有机凝胶。先用发酵的方法以蔗糖为培养基制备成高相对分子质量的葡聚糖,然后用稀盐酸降低其相对分子质量,再用环氧氯丙烷交联形成颗粒状的凝胶。交联前平均相对分子质量低的葡聚糖可制备成渗透极限低的凝胶填料;交联前平均相对分子质量高的葡聚糖可制备成渗透极限高的凝胶填料。适用于水、二甲基亚砜、甲酰胺、乙二醇及水和低级醇的混合物,主要用于分离蛋白质、核酸、酶、多糖类及生化体系的脱盐等。其化学结构式如图 5-8 所示。

2. 多孔硅胶

多孔硅胶是一种广泛采用的无机凝胶。它的制备一般分为两步,第一步是制成球形小孔硅胶,第二步扩孔,使硅胶的孔径扩大。制备原料硅胶的方法有两种,第一种是将中和了的硅酸钠和硫酸反应液喷雾在油相成球,第二种是用悬浮聚合的方法使硅酸乙酯悬浮聚合而获得细颗粒硅胶。扩孔的方法主要是掺盐高温焙烧。多孔硅胶的化学惰性、热稳定性和机械强度好,硅胶的颗粒、孔径尺寸稳定,与各种溶剂无关,因此可在柱中直接更

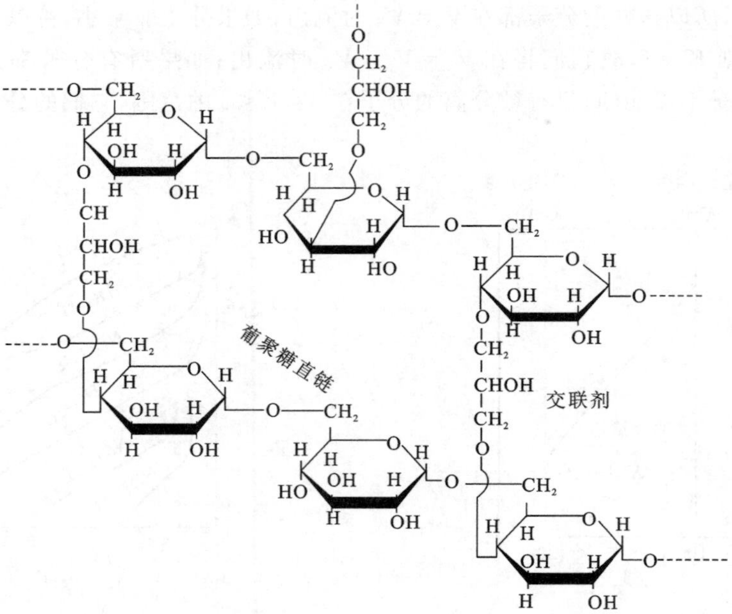

图 5-8　交联葡聚糖的化学结构式

换溶剂，使用方便，使用寿命也长。需要注意的是多孔硅胶的吸附问题，可用于水和酸体系，但不能用于强碱性溶剂。

3. 琼脂糖凝胶（sepharose）

琼脂糖凝胶来源于一种海藻，也是一种有机凝胶，主要是由 *D*-乳糖和 3,6-脱水-*L*-乳糖为残基组成的线性多聚糖。琼脂糖在无交联剂存在下也能自发形成凝胶。

琼脂糖凝胶按照一定浓度，在加热条件下将琼脂糖全部溶解，得到均匀的溶液作为分散相；将分散剂等物质加入到如苯、甲苯、二氯甲烷、环乙烷、四氯化碳等有机溶剂中，充分搅拌、加热作为连续相；将琼脂糖热溶液加入到连续相中，不断搅拌，琼脂糖溶液被分散成粒度大小合适的液滴；逐步降温到琼脂糖基本定型，不断搅拌，使其凝固成一定强度的颗粒；过滤分离，去油、洗涤，得到未交联的琼脂糖。琼脂糖与交联剂（环氧氯丙烷、2,3-二溴丙醇等）进行反应，制成凝胶。琼脂糖还可以进行二次交联，成为刚性或半刚性成品，提高其机械稳定性和通渗性等。

琼脂糖凝胶是目前凝胶过滤层析分离中应用最广的一种凝胶层析过滤介质，由于它的巨大孔径，特别适用于大相对分子质量物质的分离，还用于生物制品的工业化生产。

（二）凝胶过滤层析介质的性能

用来表示凝胶过滤介质的性能指标有渗透极限、分离范围、固流相比和柱效等。表 5-1 和表 5-2 表示一些常用凝胶的性能和色谱性能指标。

表 5-1　某些国产凝胶的性能

凝胶	牌号	有机胶① 无机胶②	软胶① 半硬胶② 硬胶③	亲油性胶① 亲水性胶② 两性胶③
交联聚苯乙烯	NGX,NGW	①	①②	①
多孔硅胶	NDG,NWG	②	③	①②
交联葡聚糖	交联葡聚糖凝胶	①	①	②
羟丙基化交联葡聚糖	交联葡聚糖凝胶 LH-20	①	①	③
琼脂糖凝胶	珠状琼脂糖	①	①	②
多孔玻璃	CPG	②	①	①

表 5-2　NDG 的色谱性能

硅胶	平均孔径/nm	孔度 V_s^*/V_T^*	渗透极限 (聚苯乙烯相对分子质量)	分离范围 (聚苯乙烯相对分子质量)	固流相比 V_s/V_o
NDG-1L	<10	0.69	4×10^4	$1\times10^2\sim2\times10^4$	1.1
NDG-2L	16	0.71	1×10^5	$1\times10^3\sim1\times10^5$	1.1
NDG-3L	36	0.70	4×10^5	$1\times10^4\sim4\times10^5$	1.1
NDG-4L	70	0.65	7×10^5	$2\times10^4\sim4\times10^5$	1.1
NDG-5L	120	0.68	2×10^6	$1\times10^5\sim2\times10^6$	1.1
NDG-6L	>200	0.65	5×10^6	$4\times10^5\sim5\times10^6$	—

1. 渗透极限

渗透极限是用来表示可以分离的相对分子质量的最大极限。超过此极限,则高分子都在凝胶间隙体积 V_o 处流出,没有分离效果。市售凝胶往往是以渗透极限的大小来定规格的。

2. 分离范围

分离范围一般是指相对分子质量-淋出体积标定曲线的线性部分(图 5-6 中 $0<K<1$ 的部分)。分离范围大一点,使用比较方便。孔径分布窄的凝胶分离范围只有相当于 1 个数量级的相对分子质量;而孔径分布宽的凝胶分离范围只有相当于 3 个数量级的相对分子质量;对于一种规格的凝胶,分离范围在 1.5 个数量级就可以了,实际使用时可用不同规格的凝胶串联起来使用。

3. 固流相比 $\dfrac{V_i}{V}$

主要是反应层析柱的分离容量,分离容量越大越好。它与凝胶的孔度有关。

4. 柱效 N

是凝胶分离效果的量度,用层析柱的理论塔板数来表示,是每米层析柱所包含的理论塔板数。其数学表达式如下:

$$N=16\times\frac{\left(\dfrac{V_e}{W}\right)^2}{L} \tag{5-5}$$

式中,N——柱效,塔板/m;

  W——峰宽;

  L——层析柱长,m。

六、凝胶过滤层析设备

凝胶过滤层析设备比较简单,在实验室里用的凝胶层析过滤设备是作为分析设备使用。工业的应用还不是很普通。

1. 实验设备

如图 5-9 所示为实验室里测定核酸、蛋白质的凝胶层析过滤设备。

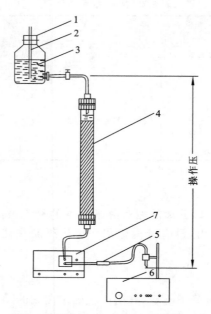

图 5-9 实验室凝胶层析过滤测定核酸、蛋白蛋的装置

1-密封橡皮塞;2-恒压管;3-恒压瓶;4-层析柱;

5-可调螺旋夹;6-自动回收;7-核酸、蛋白质检测仪

需要测定的溶液在一定的压力下通过层析柱,根据其相对分子质量的大小依次流出层析柱,在检测仪 7 中可以直接检测出核酸或蛋白质的含量。

图 5-10 为典型的 SN-01 型凝胶色谱分析仪及其流程,从储液瓶出来的溶剂经加热式除气器除去所溶的气体后进入柱塞泵,由泵压出的溶剂再经一个烧结不锈钢过滤器,进入参比流路和样品流路。在参比流路中,溶剂经参比柱、示差折光检测仪的参比池进入废液瓶;在样品流路中,先经六通进样阀将配制的试样送入色谱柱,样品经色谱柱分离后经示差折光检测器的样品池,进入虹吸式体积标记器。示差折光检测器将浓度检测信号输入记录仪,记录纸上记录的是反映被测物质的相对分子质量分布的凝胶色谱图。图 5-11 为分离不同蛋白质的凝胶过滤层析设备,依据相对分子质量的大小将不同的蛋白质分离开来。

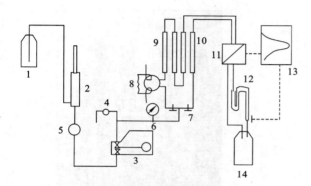

图 5-10　SN-01 型凝胶色谱仪流程示意图

1-储液瓶；2-除气器；3-输液泵；4-放液阀；5-过滤器；6-压力指示器；
7-调节阀；8-六通进样阀；9-样品柱；10-参比柱；11-示差折光检测器；
12-体积标记器；13-记录仪；14-废液瓶

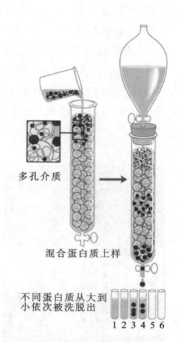

多孔介质

混合蛋白质上样

不同蛋白质从大到
小依次被洗脱出

1 2 3 4 5 6

图 5-11　凝胶过滤层析测定蛋白质

2．工业化设备

1）不锈钢中压凝胶过滤层析设备

图 5-12 为不锈钢中压凝胶过滤层析设备，根据要分离的植物有效成分、化工中间体、化合物等在通过装于层析柱内的凝胶过滤层析介质时，分离成不同的成分，从而得到的有效组成或成分，对于制备高效药、小剂量的中药、植物有效成分、化学中间体等产品是非常重要的精制手段。适用于高含量单体的分离，中药中杂质的清除，化工中间体、合成产品的精制，合成药单体的分离。所选用的凝胶过滤层析介质为琼脂类、聚乙烯类、多糖类等。所适用溶剂为稀酸、稀碱、有机溶剂（如乙酸乙酯、氯仿、乙醇）。此类设备操作方便、生产成本底、工作效率高、层析柱装填方便。

2）聚乙烯凝胶过滤层析设备

图 5-13 为层析柱为聚乙烯的凝胶过滤层析设备，适用于植物、中药有效成分的分离，植物、中药有效成分的精制，植物、中药中杂质的清除。

图 5-12　不锈钢中压凝胶过滤层析设备

所选用的凝胶过滤介质可以是硅胶、葡聚糖类等,所用的溶剂可选用酸、碱、乙醇、甲醇、丙酮。此类设备更换填料方便、通用性强、操作简单、能耗小、效率高。

3）不锈钢凝胶过滤层析设备

图5-14为不锈钢凝胶过滤层析设备,特别适用于植物、中药有效成分的分离,植物、中药有效成分的精制植物、中药中杂质的清除,化工中间体、合成产品的精制。所选用的凝胶过滤介质可以是硅胶、氧化铝等。适用溶剂为稀酸、稀碱、有机溶剂(如乙酸乙酯、氯仿、乙醇)。

图5-13 聚乙烯类凝胶过滤层析设备   图5-14 不锈钢凝胶过滤层析设备

七、凝胶过滤层析操作

(一)凝胶处理

凝胶型号选定后,市售商品多为干燥颗粒,使用前必须充分溶胀。方法是将欲使用的干凝胶缓慢地倾入5～10倍的去离子水中,参照相关资料中凝胶溶胀所需时间,进行充分浸泡,然后用倾倒法除去表面悬浮的小颗粒,并减压抽气排除凝胶悬液中的气泡,准备装柱。在许多情况下,也可采用加热煮沸方法进行凝胶溶胀,此法不仅能加快溶胀速率,而且能除去凝胶中污染的细菌,同时排除气泡。

(二)凝胶柱的装填

合理选择层析柱的长度和直径是保证分离效果的重要环节。理想的层析柱的直径与长度之比一般为1：25～1：100。凝胶柱在装填时柱要均匀,没有空隙和气泡,不过松也不过紧,最好也在要求的操作压下装柱,流速不宜过快,避免因此而压紧凝胶。但也不宜过慢,使柱装得太松,导致层析过程中,凝胶床高度下降。始终保持柱内液面高于凝胶表面,否则水分挥发,凝胶变干。也要防止液体流干,使凝胶混入大量气泡,影响液体在柱内的流动,导致分离效果变坏,不得不重新装柱。通常新装的凝胶柱用适当的缓冲溶液平衡后,将带色的蓝葡聚糖-2 000、细胞色素或血红蛋白等物质配制成质量浓度为 2 g/L 的溶液过柱,观察色带是否均匀下移,以鉴定新装柱的技术质量是否合格,否则需重新装填。

(三)溶剂

在凝胶过滤层析中,因为试样的分离并不取决于溶剂与试样之间的作用力,所以溶剂的作用并不非常重要。溶剂的选择主要考虑能溶解样品、湿润凝胶、不腐蚀色谱仪(不含游离氯离子)等。此外,也要求溶剂纯度高、毒性低、溶解性能好、能溶解多种高分子。还要求溶剂的黏度尽可能低,因溶剂黏度越大,色层柱压降越高,分离所需的时间越长。有时为了降低溶剂的黏度,需要适当地提高温度。

最常用的溶剂是四氢呋喃,这是因为四氢呋喃可以溶解多种高聚物。但四氢呋喃在储存时(尤其在日光下)会生成过氧化物,操作时必须注意。其他的溶剂有三氯代苯、邻二氯苯、甲苯、二甲基甲酰胺、间甲酚、四氯化碳、三氟乙醇等。

(四)加样与洗脱

1. 加样量

加样量与测定方法和层析柱大小有关。如果检测方法灵敏度高或柱床体积小,加样量可少;否则,加样量增大。例如,利用凝胶层析分离蛋白质时,若采用 280 nm 波长测定吸光度,对一根 2 cm×60 cm 的柱来说,加样量需 5 mg 左右。一般来说,加样量越少或加样体积越小(样品浓度高),分辨率越高。通常样品液的加入量应掌握在凝胶床总体积的 5%~10%。样品体积过大,分离效果不好。

对高分辨率的分子筛层析,样品溶液的体积主要由内水体积(V_i)决定,故高吸水量凝胶(如 Sephadex G-200),每毫升总床体积可加 0.3~0.5 mg 溶质,使用体积约为总体积的 0.02;而低吸水量凝胶(如 Sephadex G-75),每毫升总床体积加溶质质量为 0.2 mg,样品体积为总体积的 0.01。

2. 加样方法

如同离子交换柱层析一样,凝胶床经平衡后,吸去上层液体,待平衡液下降至床表面时,关闭流出口,用滴管加入样品液,打开流出口,使样品液缓慢渗入凝胶床内。当样品液面恰与凝胶床表面持平时,小心加入数毫升洗脱液冲洗管壁。然后继续用大量洗脱液洗脱。

3. 洗脱

加完样品后,将层析床与洗脱液储瓶、检测仪、分部收集器及记录仪相连,根据被分离物质的性质,预先估计一个适宜的流速,定量地分部收集流出液,每组分一至数毫升。各组分可用适当的方法进行定性或定量分析。

凝胶柱层析一般都以单一缓冲溶液或盐溶液作为洗脱液,洗脱用的液体应与凝胶溶胀所用液体相同,否则由于更换溶剂引起凝胶容积变化,从而影响分离效果。有时甚至可用蒸馏水。洗脱时用于流速控制的装置最好的是恒流泵。若无此装置,可用控制操作压的方法进行。

（五）重装

一般来说，一次装柱后，可反复使用，无特殊的"再生"处理，只需在每次层析后用 3～4 倍柱床体积的洗脱液过柱。由于使用过程中，颗粒可能逐步沉积压紧，流速会逐渐减低，一次分析用时过多，这时需要将凝胶倒出，重新填装；或用反冲方法，使凝胶松动冲起，再行沉降。有时流速改变是由于凝胶顶部有杂质聚集，则需将混有脏物的凝胶取出，必要时可将上部凝胶搅松后补充部分新胶，经沉集、平衡后即可使用。

（六）凝胶的再生和保存

凝胶层析的载体不会与被分离的物质发生任何作用，因此凝胶柱在层析分离后稍加平衡即可进行下一次的分析操作。但使用多次后，由于床体积变小，流动速率降低或杂质污染等原因，分离效果受到影响。此时对凝胶柱需进行再生处理，其方法是先用水反复进行逆向冲洗，再用缓冲溶液平衡，即可进行下一次分析。

凝胶用完后，可用以下方法保存。

（1）膨胀状态：即在水相中保存。加入防腐剂或加热灭菌后于低温保存。

（2）半收缩状态：用完后用水洗净，然后再用 60%～70% 乙醇洗，则凝胶体积缩小，于低温保存。

（3）干燥状态：用水洗净后，加入含乙醇的水洗，并逐渐加大含醇量，最后用 95% 乙醇洗，则凝胶脱水收缩，再用乙醚洗去乙醇，抽滤至干，于 60～80 ℃ 干燥后保存。

这 3 种方法中，以干燥状态保存为最好。

对使用过的凝胶，若要短时间保存，只要反复洗涤除去蛋白质等杂质，加入适量的防腐剂即可；若要长期保存，则需将凝胶从柱中取出，进行洗涤、脱水和干燥等处理后，装瓶保存。

（七）凝胶过滤层析操作时的故障及处理

在凝胶过滤层析操作时常见的故障及处理归纳如下，见表 5-3。

表 5-3　凝胶过滤层析操作时常见的故障及处理

异常现象	原　因	处理方法
恒压瓶不能恒压	① 恒压瓶上口或下口橡胶塞未塞紧 ② 橡胶塞插玻璃管处漏气	① 塞紧恒压瓶上口或下口 ② 堵住玻璃管处漏气
层析柱连接后，进水口无液体滴出	① 层析柱进水口的水夹未打开 ② 出水口的止水夹未打开	① 打开层析柱进水口的水夹 ② 打开出水口的止水夹
塑料管中有气泡	① 止水夹不紧 ② 塑料管中的气泡 ③ 层析柱下口螺丝未旋紧，因漏气而造成出水塑料管中有气泡 ④ 出水口塑料管被凝胶阻塞	① 打开止水夹 ② 排除塑料管中的气泡 ③ 旋紧层析柱下口 ④ 将层析柱中的凝胶倒出，冲洗尼龙网排除塑料管中的凝胶，重新装柱

异常现象	原因	处理方法
层析过程中流速逐渐减慢	① 样品中或洗脱缓冲溶液中含有不溶颗粒,将胶床表面阻塞 ② 操作压过高,将凝胶胶床压紧 ③ 测定内水时硫酸铵浓度太大;凝胶脱水使胶床压紧 ④ 加样时未注意恒压,加样后胶床面下降 ⑤ 长期使用,微生物生长 ⑥ 装柱时凝胶未完全溶胀,平衡时流速即逐渐减慢 ⑦ 凝胶颗粒过细,或由于用暴力搅动凝胶,凝胶颗粒打碎	① 采用离心或过滤法除去不溶颗粒,用滴管移去柱床表面1～2 cm的凝胶,补加新凝胶至同样高度 ② 重新装柱,采用适当的操作压 ③ 将凝胶取出用缓冲溶液反复洗涤,溶胀重新装柱;适当降低硫酸铵浓度 ④ 加样时应根据操作压,将塑料管下水口抬高至相应的操作压 ⑤ 层析柱不用时,在平衡缓冲溶液中加入0.02%叠氮钠或0.002%氯已定,并使其充满柱床体积,以抑制细菌生长,暂时不用的柱应定期用缓冲溶液过柱冲洗,也可以防止微生物生长 ⑥ 将凝胶取出,待其完全溶胀后重新装柱 ⑦ 取出层析柱中的凝胶,用漂浮法除去细的颗粒,重新装柱,搅拌凝胶应防止暴力
层析柱胶床中有气泡	① 装柱前,凝胶未抽气或煮沸,在凝胶中混入空气 ② 加样不当使空气进入凝胶胶床 ③ 从冰箱中取出凝胶或凝胶缓冲溶液立即装柱,或装柱后被太阳暴晒	① 在凝胶柱上层的气泡可用细头长滴管或细塑料管将气泡取出或赶走,并重新平衡,稳定胶床后再使用,若气泡太多则应抽气或煮沸后自然冷却后装柱 ② 小心加样防止带进气泡 ③ 凝胶或缓冲溶液应放置到室温后才能装柱,避免太阳直射
层析柱胶床破裂	① 大量空气进入层析柱 ② 进水口流速慢,出水口流速快	① 找出空气进入层析柱的原因,重新装柱 ② 找出进出水口流速不一致的原因,重新装柱
样品进入凝胶后条带扭曲	① 样品或缓冲溶液中有颗粒或不溶物 ② 凝胶表面不平,或胶床不均匀	① 采用离心或过滤法除去不溶颗粒,用滴管移去柱床表面1～2 cm的凝胶,补加新凝胶至同样高度 ② 将凝胶柱置于垂直位,轻轻搅动胶床表面1～2 cm处的凝胶,使其自然沉降
凝胶层析分辨率不高	① 凝胶层析柱装得不均匀 ② 凝胶G型选择不当 ③ 加样量太大 ④ 柱床太短 ⑤ 样品浓度高,黏度大而形成拖尾 ⑥ 洗脱时流速太快 ⑦ 分部收集时每管体积过大	① 将凝胶取出重新装柱 ② 根据欲分离物质分离的情况,选择合适的凝胶G型与粒度 ③ 为提高分辨率,分析时加样量一般为柱长的1%～2%,最多不能超过5% ④ 将柱床高度适当加长 ⑤ 根据紫外测定的光吸收值将样品适当稀释 ⑥ 调节洗脱的流速 ⑦ 控制每管收集量,为便于紫外测定,每管收集量以2.8～3 mL为宜

八、凝胶过滤层析的工业应用实例

(一) 脱盐

高分子(如蛋白质、核酸、多糖等)溶液中的低相对分子质量杂质,可以用凝胶层析法除去,这一操作称为脱盐。本法脱盐操作简便、快速,蛋白质和酶类等在脱盐过程中不易变性。适用的凝胶为 SephadexG-10、15、25 或 Bio-Gel-p-2、4、6,柱长与直径之比为 5～15,样品体积可达柱床体积的 25%～30%。为了防止蛋白质脱盐后溶解度降低形成沉淀吸附于柱上,一般用乙酸铵等挥发性盐类缓冲溶液使层析柱平衡,然后加入样品,再用同样的缓冲溶液洗脱,收集的洗脱液用冷冻干燥法除去挥发性盐类。

(二) 用于分离提纯

凝胶层析法已广泛用于酶、蛋白质、氨基酸、多糖、激素、生物碱等物质的分离提纯。凝胶对热源有较强的吸附力,可用来去除无离子水中的致热源制备注射用水。

(三) 测定高分子物质的相对分子质量

将一系列已知相对分子质量的标准品放入同一凝胶柱内,在同一条件下层析,记录每分钟成分的洗脱体积,并以洗脱体积对相对分子质量的对数作图,在一定相对分子质量范围内可得一直线,即相对分子质量的标准曲线。测定未知物质的相对分子质量时,可将此样品加在测定了标准曲线的凝胶柱内洗脱后,根据物质的洗脱体积,在标准曲线上查出它的相对分子质量。

(四) 高分子溶液的浓缩

通常将 SephadexG-25 或 50 干胶投入到稀的高分子溶液中,这时水分和低相对分子质量的物质就会进入凝胶粒子内部的孔隙中,而高分子物质则排阻在凝胶颗粒之外,再经离心或过滤,将溶胀的凝胶分离出去,就得到了浓缩的高分子溶液。

凝胶过滤层析在用于测定高聚物的相对分子质量和相对分子质量分布,从而可用以研究高聚物的聚合、降解等过程。例如,图 5-15 给出了天然橡胶相对分子质量分布随塑炼时间的变化。塑炼 21 min 后,橡胶的平均相对分子质量比塑炼 8 min 时降低近一半,橡胶被碎裂能够通过滤孔,故曲线 B 的高分子尾端出现小峰。随着塑炼时间进一步增加,平均相对分子质量下降,相对分子质量分布变窄,高分子的小峰消失。

凝胶过滤层析对于低相对分子质量物质的分离也是有效的,如图 5-16 所示。纵坐标为折射率的变化量,所用凝胶为 Bio-Beads Sx-8,是一种聚苯乙烯-聚乙烯苯共聚凝胶,渗透极限为 1 000。

凝胶过滤层析还大量用于生化领域,如蛋白质、核酸、核苷酸、氨基酸的分离和制备,去热原蛋白和酶制剂的脱盐浓缩,抗生素的分离、纯化,肝炎病毒的分离等。

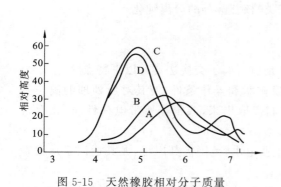

图 5-15　天然橡胶相对分子质量
分布随塑炼时间的变化

塑炼时间：A 8 min；B 21 min；C 56 min；D 76 min

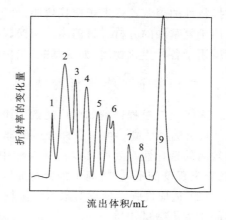

图 5-16　在 Bio-Beads SX-8 上分离测试混合物

柱为 120 cm×0.9 cm，填充 Bio-Beads SX-8，溶剂为苯，
样品 41 mg，流量为 24.5 mL/h

1-三硬酸甘油酯；2-三辛酸甘油酯；3-十九烷基苯；
4-十三烷基苯；5-壬基苯；6-正戊基苯＋异戊基苯；
7-正丁基苯；8-甲苯；9-甲醇

单元二　离子交换层析

一、认识离子交换层析

（一）离子交换层析的定义

图 5-17 为水的软化过程。在软水器内装有 Na 式阳离子交换树脂，含 Ca^{2+} 的原水流经软水器进入 Na 式阳离子交换树脂层，因 Ca^{2+} 与树脂的亲和力比 Na^+ 强，所以 Ca^{2+} 能被 Na 式阳离子交换树脂吸着，而能将 Na 式阳离子交换树脂上的 Na^+ 置换出来，软水器下面流出来的即为去 Ca^{2+} 的软化水。这一过程即为离子交换层析过程。

离子交换层析分离是利用带有可交换离子（阴离子或阳离子）的不溶性固体与溶液中带有同种电荷的离子之间置换离子，使溶液得以分离的单元操作。含有可交换离子的不溶性固体称为离子交换层析介质或离子交换剂、离子交换树脂，带有可交换阳离子的离子交换剂称为阳离子交换剂，如上面提到的 Na 式阳离子交换树脂；反之，带有可交换阴离子的离子交换剂称为阴离子交换剂，如 OH 式阴离子交换剂。

1848 年，Thompson 等在研究土壤碱性物质交换过程中发现离子交换现象。20 世纪 40 年代，出现了具有稳定

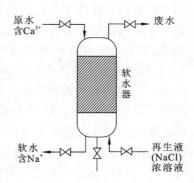

图 5-17　水的软化流程

交换特性的聚苯乙烯离子交换树脂。20世纪50年代,离子交换层析进入生物化学领域,应用于氨基酸的分析。目前离子交换层析仍是生物化学领域中常用的一种层析方法,广泛应用于各种生化物质,如氨基酸、蛋白质、糖类、核苷酸等的分离纯化。

(二)离子交换层析的特点

离子交换过程得到如此广泛的应用,主要是由于离子交换法具有以下特点:

(1)选择性高。可以选择合适的离子交换树脂和操作条件,使其对所处理的离子具有较高的选择性。因而可以从稀溶液中把它们提取出来,或根据所带电荷性质、化合价数、电离程度的不同,将离子混合物加以分离。

(2)适应性强。处理对象从痕量物质到工业电水,范围极其广泛,尤其适用于从大量样品小浓集微量物质。

(3)多相操作,分离容易。由于离子交换是在固相和液相间操作,通过交换树脂后,固、液相已实现分离,故易于操作,便于维护,交换层析中基质是由带有电荷的树脂或纤维素组成。带有正电荷的称为阴离子交换树脂;而带有负电荷的称为阳离子交换树脂。固定相是具有固定离子的树脂。若固定离子带负电荷,该树脂称为阳离子交换树脂;若固定离子带正电荷,该树脂称为阴离子交换树脂。由于电中性的要求,固定离子吸引等量电荷的反号离子。反号离子则因与固定离子亲和力大小的不同而分离。某些无机物也可作为离子交换剂。

(4)需再生。离子交换剂在使用后,其性能逐渐消失,需经酸、碱再生而恢复使用,同时也将被分离组分洗脱出来。

(5)离子交换反应是定量的。离子交换是溶液中被分离组分与离子交换剂中可交换离子进行离子置换反应的过程,且离子交换反应是定量进行的,即有1 mol的离子被离子交换剂吸附,就必然有1 mol的另一同性离子从离子交换剂中释放出来。

二、离子交换层析的原理

在柱式交换中,将某一离子型树脂装入柱中,让含有另外一种或几种离子的溶液通过。为简便起见,假定树脂柱是钠型阳离子交换树脂,通过的溶液是盐酸。这一柱上的过程可以看作是许许多多连续的静态平衡过程。每通过一级平衡,Na^+和H^+依它们所处置的溶液和树脂相条件,根据分配系数达成一种新的甲衡。尽管每一级的分配系数是有限的,但多级平衡的结果却对料液中离子的吸附绝对有利。可交换离子沿柱长每行进1 cm,都要遇到千百万个可交换位置,所以平衡级数非常多,溶液中的H^+终将把树脂中的Na^+全部清除并取而代之。盐酸溶液和钠型树脂发生交换的情形如图5-18所示。在通过一定量盐酸溶液后,柱上端已被盐酸饱和,而下端仍然是钠型。柱上端溶液中氢离子的浓度已同进入料液中氢离子的浓度c。相等,而柱下端溶液中的氢离子浓度却极低(理论上虽不能认为为零,但实际上可作零处理)。在中间区域,无论在树脂相中还是在溶液中,Na^+和H^+都是并存的。但溶液中H^+的浓度c沿柱的方向由c。逐渐变化至零。可以把中间这个区域称为工作区,其上部是饱和区,下部是未用区。

在树脂柱的流出液中,开始不含 H^+,因为它们在交换过程中被消耗掉了。但溶液中含有与被消耗掉的 H^+ 浓度相等的 Na^+。随着交换过程的进行,通过的溶液增多,柱上的工作区逐渐向下移动,终有一时刻会到达柱的下端。不断监测流出液中 H^+ 的浓度,会得到如图 5-18 所示的一条曲线。图中比值 c/c_0 开始从零上升的点,就是工作区已达到柱下端的信号,这一点称为 H^+ 的穿透点。过了穿透点之后,c/c_0 值呈 S 形曲线上升,最后到达 1.0,表明柱上所有 Na^+ 已被 H^+ 置换完毕。由于穿透在离子交换操作中非常重要,所以这样的曲线常称为穿透曲线。一个交换柱有多大的交换能力,由它的容量决定,这个容量与柱上树脂表现出的交换容量成正比。图5-19中流出体积 a 称为穿透体积,它代表的容量称为穿透容量。在穿透曲线为对称的情况下,体积 b 代表柱在该工作条件下的工作容量。但是穿透曲线通常并非是对称的,因而这个工作容量只是一个估计值。在上述例子的条件下,树脂为纯粹 Na 型,所用盐度浓度又足够高,如达到 1 mol/L,则根据体积 b 计算的容量可以认为是树脂的全交换容量。

体积 a 和 b 的差别,显然代表柱的利用率,即柱的容量对于一个交换过程能发挥的程度。柱的利用率 η 与 a、b 及柱中树脂层高 H 的关系为

$$\eta = \frac{H-(b-a)}{H} \tag{5-6}$$

式中,η——柱的利用率;

　　H——树脂层高;

　　a——穿透体积;

　　b——柱在该工作条件下的工作容量。

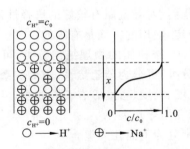

图 5-18 氢离子和钠离子在树脂上的交换

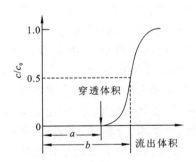

图 5-19 离子交换柱的穿透曲线

可见要提高柱的利用率就要减小 $(b-a)$,即压缩工作区的高度,增大穿透曲线的陡度。做到这一点重要的是要降低流速,但降低流速会使生产能力下降,实际过程只能取优化值。此外影响工作区高度的因素有溶液浓度、温度、树脂粒度等。高浓度、低温度意味着大的工作区高度。树脂粒度小一般会降低工作区高度,但如果粒度不均匀,大的树脂颗粒会产生不良影响,所以不但粒度,而且均一系数都起很大作用。如果装柱技术不佳,造成柱内有气泡和孔隙,则离子浓度分布不仅在纵向,而且在横向也会是不均匀的,穿透曲线因而变坏。

一个离子交换层析过程通常有以下五个步骤:

（1）溶液中的离子向交换剂的表面扩散，在均匀的溶液中此步骤进行的速率较快。

（2）溶液中离子进入交换剂颗粒内部，通过孔道向带电部位扩散，此扩散速率的大小受离子与孔道的相对大小的限制，对于尺寸较大的离子，扩散速率要慢一点，这一步骤是影响离子交换反应速率的主要因素。

（3）离子在颗粒的带电部位进行交换，此步骤可在瞬间完成。

（4）被交换下来的反离子扩散到交换剂颗粒的表面。

（5）这些离子从交换剂的表面扩散到溶液中。

三、离子交换层析介质

离子交换层析介质是一种具有离子交换功能的功能性材料。它主要有三部分组成：第一部分是交联的三维网状骨架，称为母体结构；第二部分是固定在骨架上的功能基团，是带电基团，表示离子交换层析介质的基本性能；第三部分是与功能基团带相反电荷、可移动、能进行交换的活动离子。这种可移动的活动离子称为反离子或抗衡离子、平衡离子，与骨架上固定基团的电荷极性相反，二者之间以静电力相结合，同时反离子可与溶液中带同种电荷的离子进行离子交换反应，且这种交换反应是可逆的，在一定的条件下被交换的离子可以"解吸"，使离子交换层析介质又恢复到原来的离子形态，所以离子交换层析介质通过交换或再生可以反复使用。

（一）离子交换层析介质的分类

具有离子交换功能的材料可分为有机的和无机的两大类。无机离子交换剂是一些水合氧化物、多价金属的酸性盐、杂多酸盐、铝硅酸盐或亚铁氰化物。这些无机离子交换剂与有机离子交换树脂相比，虽然具有耐高温、耐辐射、对碱金属有较好的选择性等优点，但它们的吸附容量小，一些物理和化学性能不够稳定，应用的方面是有限的。

离子交换树脂种类繁多，分类方法有如下几种：按树脂的物理结构分类，可分为凝胶型、大孔型和载体型；按合成树脂所用原料单体分类，可分为苯乙烯系、丙烯酸系、酚醛系、环氧系、乙烯吡啶系；按用途分类时，对树脂的纯度、粒度、密度等有不同要求，可以分为工业级、食品级、分析级、核等级、床层专用、混合床专用等几类。

最常用的分类法则是依据树脂功能基的类别分为下面几大类。

1. 强酸性阳离子交换树脂

此类树脂的功能基为磺酸基—SO_3H。它的酸性相当于硫酸、盐酸等无机酸，在碱性、中性乃至酸性介质中都有离子交换功能。

以苯乙烯和二乙烯苯共聚体为基础的磺酸型树脂是最常用的强酸性阳离子交换树脂。在生产这类树脂时，使主要单体苯乙烯与交联剂二乙烯苯共聚合，得到的球状基体称为白球。白球用浓硫酸或发烟硫酸磺化，在苯环上引入一个磺酸基。磺化后的树脂为H^+型，为储存和运输方便，往往转化为Na^+型。

2. 弱酸性阳离子交换树脂

此类树脂以含羧酸基的为多，母体有芳香族和脂肪族两类。用二乙烯苯交联的聚甲基丙烯酸可以作为一个代表,聚合单体除甲基丙烯酸外,也常用丙烯酸。

含磷酸基—PO_3H_2的树脂,酸性稍强,有人把它从弱酸类分出来,称为中酸性树脂。磷酸基树脂的离解常数在$10^{-3} \sim 10^{-4}$数量级,而羧酸基树脂的离解常数多在$10^{-5} \sim 10^{-7}$数量级。磷酸基树脂往往是交联聚苯乙烯用三氯化磷在$AlCl_3$催化下与之反应,然后经碱解和硝酸氧化而得到。

3. 强碱性阴离子交换树脂

此类树脂的功能基为季铵基,其骨架多为交联聚苯乙烯。在傅氏催化剂,如$ZnCl_2$、$AlCl_3$、$SnCl_4$等存在下,使骨架上的苯环与氯甲醚进行氯甲基化反应,再与不同的胺类进行季铵化反应。季铵化试剂有两种。使用第一种(三甲胺)得到Ⅰ型强碱性阴离子交换树脂,Ⅰ型树脂碱性很强,即对OH^-的亲和力很弱。当用NaOH使树脂再生时效率较低。为了略为降低其碱性,使用第二种季铵化试剂(二甲基乙醇胺),得到Ⅱ型强碱性阴离子交换树脂,Ⅱ型树脂的耐氧化性和热稳定性较Ⅰ型树脂略差。

4. 弱碱性阳离子交换树脂

此类树脂是一些含有伯胺—NH_2、仲胺—NRH或叔胺—NR_2功能基的树脂,基本骨架也是交联聚苯乙烯。经过氯甲基化后,用不同的胺化试剂处理,与六次甲基四胺反应可得伯胺树脂,与伯胺反应可得仲胺树脂,与仲胺反应可得叔胺树脂。有的胺化试剂可导致多种胺基的生成。例如,用乙二胺胺化时生成既含伯胺基又含仲胺基的树脂。交联聚丙烯酸用多烯多胺$H_2N(C_2H_4N)_mH_2$作胺化剂时,也生成含两种胺的树脂。除与碳相连的氮原子外,其余氮原子均有交换能力,所以这种树脂的交换容量较高。

弱碱性树脂的品种较多。

5. 螯合性树脂

此类树脂功能基为胺羧基—$N(CH_2COOH)_2$,能与金属离了生成六环螯合物。

6. 氧化还原性树脂

此类树脂功能基具氧化还原能力,如硫醇基—CH_2SH、对苯二酚基等。

7. 两性树脂

此类树脂同时具有阴离子交换基团和阳离子交换基团。例如,同时含有强碱基团—$N(CH_3)_3{}^+$和弱酸基团—COOH,或同时含有弱碱基团—NH_2和弱酸基团—COOH的树脂。

还有一些具有特殊功能或特殊用途的树脂,如热再生树脂、光活性树脂、生物活性树脂、闪烁树脂、磁性树脂等。

(二) 离子交换层析介质的选用

工业上进行离子交换层析操作,对离子交换层析介质的要求是:①交换容量高,以满足较大规模的生产的需求;②选择性好;③再生容易;④机械强度高,不易磨损破裂,能适合高流速的需要;⑤化学与热稳定性好,在很宽的pH范围内保持稳定,耐有机溶剂,耐高温;⑥具有亲水性,至少在颗粒的表面是亲水的;⑦价格低。

在进行离子交换层析操作分离产品时,对离子交换层析介质的选择,具体来说还应注意以下问题。

1. 离子交换层析介质种类的选择

离子交换层析介质的种类很多,根据被分离产物所带电荷种类、分子大小、物理化学性质等因素选择适宜的离子交换层析介质,包括选择适宜的功能基团。首先是对离子交换剂电荷基团的选择,确定是选择阳离子交换剂还是选择阴离子交换剂。这要取决于被分离的物质在其稳定的 pH 下所带的电荷,如果带正电,则选择阳离子交换剂;如果带负电,则选择阴离子交换剂。例如,待分离的蛋白质等电点为 4,稳定的 pH 范围为 6~9,由于这时蛋白质带负电,故应选择阴离子交换剂进行分离。强酸或强碱性离子交换剂适用的 pH 范围广,常用于分离一些小分子物质或在极端 pH 下的分离。由于弱酸性或弱碱性离子交换剂不易使蛋白质失活,故一般分离蛋白质等大分子物质常用弱酸性或弱碱性离子交换剂。其次是对离子交换剂基质的选择。前面已经介绍了,聚苯乙烯离子交换剂等疏水性较强的离子交换剂一般常用于分离小分子物质,如无机离子、氨基酸、核苷酸等。而纤维素、葡聚糖、琼脂糖等离子交换剂亲水性较强,适用于分离蛋白质等大分子物质。一般纤维素离子交换剂价格较低,但分辨率和稳定性都较低,适于初步分离和大量制备。葡聚糖离子交换剂的分辨率和价格适中,但受外界影响较大,体积可能随离子强度和 pH 变化有较大改变,影响分辨率。琼脂糖离子交换剂机械稳定性较好,分辨率也较高,但价格较贵。

2. 离子交换层析介质粒度的大小

离子交换层析介质的颗粒较细,交换速率快,交换过程达到平衡的时间也快;离子交换层析介质的颗粒较粗,交换速率慢,交换过程达到平衡的时间也慢;离子交换层析介质柱容易流穿。

3. 再生剂的消耗

强酸强碱离子交换层析介质需要较多的再生剂,弱酸和弱碱离子交换层析介质仅用相当于理论量的酸或碱就可以完全地再生,再生剂的消耗量对弱型离阳子交换层析介质的离子交换操作的影响较小。从经济的角度出发,再生剂的量不要过大,但同时再生剂过低也会影响离子交换层析介质的有效工作容量和处理液的纯度,所以应控制再生剂的消耗量。

（三）离子交换层析的制备

目前国内外离子交换层析介质或离子交换、或离子交换树脂的商品化的品种及牌号多达一百多个品种,年生产能力达 13 万 t,广泛应用于生物化工、医药和天然产物有效成分的提取上。

1. 苯乙烯系列的制备

以聚苯乙烯类为母体结构的离子交换层析介质是目前产量最多、品种最多、用途最广的一种离子交换层析介质。

聚苯乙烯经过功能基团化后,可以衍生出多种不同类型的离子交换层析介质,如图 5-20 所示。

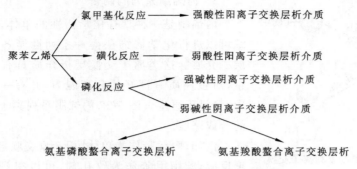

图 5-20　聚苯乙烯类离子交换层析介质

　　例如,聚苯乙烯以工业硫酸为磺化剂,在溶胀剂二氯乙烷存在下进行反应,磺化反应在分段升温下进行,在减压下蒸出溶胀剂,回收溶剂,磺化反应结束。然后采用不同浓度的废酸作为稀释剂滴加到磺化反应后的母液中,在不断稀释的过程中逐步进行水合,逐步膨胀,最后脱水烘干即可。

2. 丙烯酸系列的制备

　　丙烯酸类的离子交换层析介质具有交换容量高、抗有机污染强、易于再生等优点。通过多种功能化反应可衍生出弱酸性、弱碱性及强碱性等多种离子交换层析介质。图 5-21 为丙烯酸甲酯系列离子交换层析介质的合成路线。

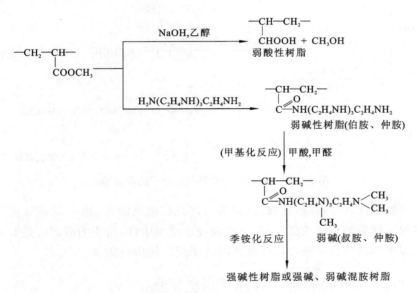

图 5-21　丙烯酸甲酯系列树脂的合成路线

　　例如,丙烯酸甲酯与二乙烯基苯进行悬浮共聚反应,得到交联的共聚物,若在聚合过程中加入致孔剂,就可得到大孔的共聚物珠体,交联共聚珠体在碱性或酸性溶液中进行水解反应,可以得到含有羧基的弱酸性阳离子交换层析介质(树脂)。

3. 丙烯腈系列的制备

丙烯腈是一种具有化学活性的单体,其中含有的氰基可以进行化学修饰获得一系列性能各异的离子交换层析介质。这类离子交换层析介质具有较高的交换容量,对蛋白质有良好的分离能力,并有一定的抗污染能力,且易于再生。图 5-22 丙烯腈系列离子交换层析介质的合成路线。

例如,丙烯腈作为单体,用新型交联剂 TAIC 进行共聚反应,若用甲苯作为致孔剂,可以得到孔径为 400～600 nm 的大孔型离子交换层析介质。

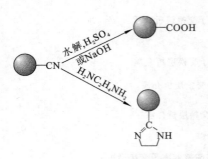

图 5-22 丙烯腈系列离子交换层析介质的合成路线

4. 多糖类系列的制备

以多糖为骨架的离子交换层析介质,是生物化工领域中经典的分离生物大分子的亲水性介质,它的高亲水性与生物大分子良好的相容性及网状结构,使其成为应用广泛的分离材料。其合成路线如图 5-23 所示。

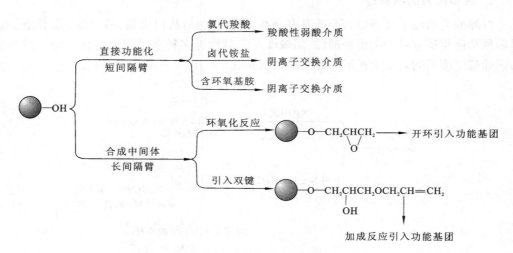

图 5-23 多糖类离子交换层析介质的合成路线

例如,多糖中加入氯乙酸,在碱性(碱液可以是碳酸钠溶液,也可以是氢氧化钠溶液)条件下,多糖中的羟基与氯乙酸反应,出料液经水洗至中性,所用的溶剂可是有机溶剂,也可以是水,即可得到带有弱酸性功能基团的离子交换层析介质。

(四)离子交换层析介质的物理化学性能

1. 粒度

离子交换层析介质一般都做成球形的,粒度是指离子交换层析介质颗粒的直径大小。一般的直径都在 $0.3～300\ \mu m$ 范围内。颗粒的大小直接关系到分离效果,颗粒越小,但交换的容量变小,压力增大,流速下降,这类情况比较适用于分析型的分离;颗粒越大,离子交换剂的柱高对应的理论塔板数就越小,分离效果就越差,但交换的容量得以提高,压力减小,这类情况比较适用于实验室小规模分离及大规模工业化分离。同时,颗粒的均匀程度对分离效果的影响也很大,颗粒直径越均匀,分离效果越好。

2. 交联度和网孔结构

离子交换层析介质是通过交联剂将线性大分子交联形成的网孔状颗粒。不同的离子交换层析介质使用不同的交联剂,如聚苯乙烯离子交换层析介质使用二乙烯苯作为交联剂,琼脂糖类使用二溴丙醇作为交联剂。交联度的大小影响着离子交换层析介质的很多特性,交联度大,离子交换层析介质的结构紧密,溶胀度就小,选择就高,稳定性也好;交联度越高,网孔的孔径越小;交联度越低,网孔的孔径越大。而网孔结构的孔径大小直接影响着被分离的分子能否进入颗粒的内部,与颗粒内部的功能基团结合,若分子的直径大于介质的孔径,只能排阻在外,与颗粒表面的功能基团结合,此时其交换容量会受到很大的影响。

3. 含水量

含水量是离子交换层析介质的固有性质,通常所说的含水量是指,将离子交换层析介质放入水中,使其吸收水分达到平衡,然后用离心法在规定的转速和时间内除去外部水分,得到的离子交换层析介质。再将此离子交换层析介质烘干即干燥,到达平衡状态,得到了含有平衡水分的离子交换层析介质,比较烘干前后离子交换层析介质的质量,蒸发掉的水分量占烘干前离子交换层析介质的质量百分数即为通常所说的含水量。离子交换层析介质是由亲水高分子构成的,含水量决定亲水基团的多少及离子交换层析介质孔隙的大小。它与离子交换层析介质的类别、结构、酸碱度、交联度、交换容量、离子形态等有关。所以含水量的变化也反映着离子交换层析介质内在质量的变化。

4. 密度

离子交换层析介质的密度有两种表示方式:湿视密度和湿真密度

将质量为 W 的除去外部水分的离子交换层析介质加到水中,观察其排开水分的量,得到的体积为离子交换层析介质的真体积 $V_真$。将质量为 W 的除去外部水分的离子交换层析介质装入量筒,敲击振动使体积达到极小,得到了离子交换层析介质的空间体积,即为 $V_视$。

湿视密度为

$$d_视 = \frac{W}{V_视} \tag{5-7}$$

湿真密度为

$$d_真 = \frac{W}{V_真} \tag{5-8}$$

5. 溶胀性（膨胀度）

离子交换层析介质的溶胀性又称为膨胀度。离子交换层析介质在水中由于溶剂化作用体积增大,称为溶胀(膨胀)。干燥的离子交换层析介质接触溶剂后的体积变化称为绝对膨胀度。湿的离子交换层析介质从一种离子形态转变为另一种离子形态时的体积变化称为相对膨胀度或转型膨胀度。离子交换层析介质的膨胀度与其交联度、交联结构、基团及反离子的种类有关,交联度大,膨胀度小。一些弱酸性和弱碱性的离子交换层析介质的膨胀度较大。

6. 稳定性

一般是指离子交换层析介质的热稳定性、化学稳定性和机械稳定性。机械稳定性是指离子交换层析介质在各种机械力的作用下抵抗破碎的能力。离子交换层析介质在使用中要经历交换再生周期操作,反复膨胀收缩,同时还要与器壁间不断摩擦碰撞,会使离子交换层析介质粉碎,影响操作和使用,所以离子交换层析介质的机械强度是实际使用中很重要的一个因素。离子交换层析介质的热稳定性是指离子交换操作过程中,受热而使离子交换层析介质分解,使操作无法进行,一般要求离子交换层析介质具有一定的热稳定性,避免受热分解,要求耐温达 120 ℃。而化学稳定性是指离子交换层析介质抗氧化剂和各种溶剂、试剂的能力。

7. 酸碱性

离子交换层析介质是聚电解质,其功能团释放出 H^+ 或 OH^- 能力的不同,表示它们的酸碱性的不同。离子交换层析介质可视为固态的酸或碱,用酸碱滴定的方法可以测出其酸碱性。

8. 交换容量

交换容量是指离子交换层析介质能够结合溶液中可交换离子的能力。通常分为总交换容量和有效交换容量。

总交换容量又称总离子容量或理论交换容量,是指单位质量(或体积)的离子交换层析介质中可以交换的化学基团的总数。实际操作时,溶液中的某种离子与离子交换层析介质中的离子进行交换的量称为有效交换容量(或工作交换容量),小于总交换容量。有效交换容量与离子交换层析介质的结构、溶液的组成、温度、流速及再生条件等操作因素有关。

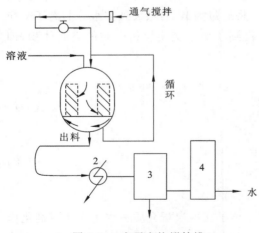

图 5-24 离子交换搅拌槽
1-搅拌槽;2-冷却器;3-分离器;
4-废水处理装置

9. 始漏量

需要分离的溶液流入离子交换层析的层析柱内,交换作用就不断地进行,但是当交换作用不能进行时,也就是流出液中出现未被交换的离子,这一工作点称为始漏点或流穿点。到达始漏点时交换柱的交换容量称为始漏量。如图 5-24 所示,达到始漏点,离子交换层析操作中的离子交换层析介质并未被全部交换,所以其始漏量总是小于总交换容量。对一定的离子交换操作而言,总交换量是一定的,而始漏量却与很多因素有关,离子交换操作过程式实际上只能进行到始漏点。因此,始漏量在操作过程中比总交换容量更为重要。

10. 选择性

选择性是离子交换层析介质对不同反离子亲和力强弱的反映。亲和力强的离子选择性高,在离子交换层析介质上的相对含量高,可取代离子交换层析介质上的亲和力弱的离子。离子交换层析介质的选择性与其本身的性质、反离子的特性、温度及溶液浓度等操作条件有关。一般在室温的低浓度溶液中高价离子的选择性好;对一等价离子,选择性随原子序数的增加而增加;能与离子交换层析介质中固定离子团形成键合作用的反离子具有较高的选择性。

四、离子交换层析设备

离子交换过程为液、固相间的传质过程,其交换过程中所用的设备有搅拌槽、流化床、固定床和移动床等形式。

(一)搅拌槽

搅拌槽是带有多孔支撑板的筒形结构,离子交换层析介质置于支撑板上。操作时,将液体通入槽中,通气搅拌,使溶液与离子交换层析介质均匀混合,进行交换反应,待过程接近平衡时,停止搅拌,将溶液排出。这种设备结构简单,操作方便,适用于小规模分离要求不高的场合。

(二)固定床

固定床是目前应用最广的一类离子交换设备。图 5-25 所示的活塞式固定床具有上、下两个支撑板。交换时,原液自下而上流动,依靠较大流速将离子交换层析介质层推到上方;再生时,再生剂自上而下流动,离子交换层析介质支撑在下部支撑板上。图 5-26 所示的部分流化的活塞式固定床的顶部是固定床,而下部是处于流化状态的离子交换层析介质。这类设备的主要缺点是离子交换层析介质的利用率低,使再生剂和洗涤液的用量大。

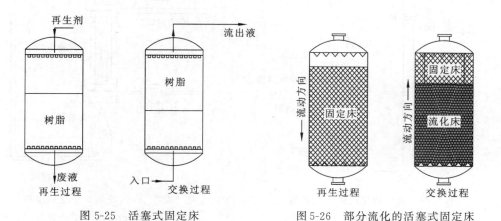

图 5-25 活塞式固定床   图 5-26 部分流化的活塞式固定床

（三）移动床

移动床的具体形式较多,图 5-27 和图 5-28 为两种不同形式的移动床。图 5-28 称为希金斯连续离子交换器。它是由交换区、返洗区、脉动柱、再生区、清洗区组成的循环系统,这些区彼此间以自动控制阀 A、B、C、D 分开。操作过程分两个阶段进行,即液体流动阶段和离子交换层析介质移动阶段。在液体流动阶段,各控制阀关闭,离子交换层析介质处于固定床状态,分别通入原水、返洗水、再生液和清洗水,同时进行交换、离子交换层析介质的清洗和再生、再生后的离子交换层析介质的清洗等过程;然后转入到离子交换层析介质移动阶段,此时停止溶液进入,打开阀门 A、B、C、D,依靠在脉动柱中脉动阀通入液体的作用使离子交换层析介质按反时针方向沿系统移动一段,即将交换区中已饱和的一部

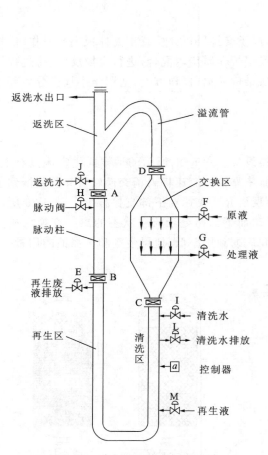

图 5-27　希金斯连续离子交换器

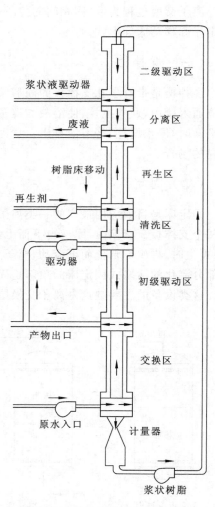

图 5-28　Avco 连续离子交换层析
移动床离子交换装置

分离子交换层析介质送入返洗区,返洗区已清洗的部分离子交换层析介质送入再生区,再生区内已再生的离子交换层析介质送入清洗区,清洗区内已清洗的部分离子交换层析介质重新送入交换区,如此循环操作。希金斯连续离子交换器的特点是离子交换层析介质的利用率高、用量少、再生剂消耗量少、设备紧凑、占地少。图 5-28 为 Avco 连续离子交换层析移动床离子交换装置,它的主体由反应区、清洗区和驱动区构成。介质连续地从下而上移动,在再生区、清洗区、交换区分别与再生液、清洗液、原水逆流接触完成分离过程,离子交换层析介质的移动靠两个驱动器完成。这种离子分离设备比希金斯连续离子交换器更为优越,利用率高,再生效率也高,但技术难度大。

(四)流化床

流化床离子交换设备主要有柱形和多级段槽形,还可分为单层和多层两种,可以间歇操作,也可以连续操作。

图 5-29 为连续逆流式多级流化床操作,用于水的软化处理。该流化床包括一系列的多孔配水盘,并带有导流管,用于离子交换剂的逆流,该设备相对较小,处理量通常为10~100 m^3/h。图 5-30 为 Himsley 连续逆流多级流化床,是改进的多层流化床。由离子交换层析介质和液体进口管组成垂直床层,对处理含有悬浮固体微粒的溶液很有潜力,可处理大约含 5 000 mg/h 悬浮固体微粒的溶液。

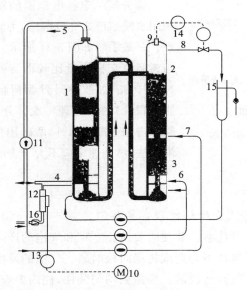

图 5-29 Fluicon 连续逆流式多级流化床操作工艺

1-负载柱;2-再生柱;3-洗涤柱;4-原水;5-软化水;6-洗涤水;7-再生水;8-盐水;
9-料面计;10-计量泵;11-循环泵;12-流量计;13、14-调节器;15-收集器;16-减压器

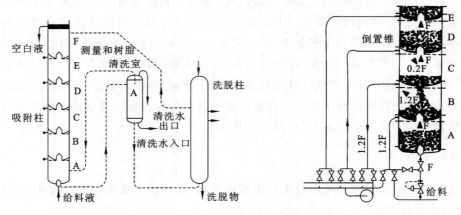

图 5-30　Himsley 连续逆流多级流化床

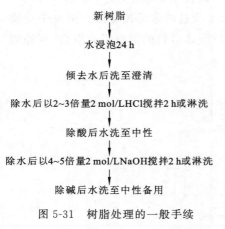

图 5-31　树脂处理的一般手续

五、离子交换层析操作

（一）树脂的处理

筛分至一定粒度范围的新的干树脂在使用前必须用水浸泡使之充分溶胀，为除去杂质还需经酸碱处理。一般手续如图 5-31 所示。图中酸、碱用量倍数是与树脂总交换容量比较而言的。这样处理得到的是 Na 型树脂，如欲得到 H 型树脂，再用 4～5 倍量（按树脂体积计）的酸处理一次。分析用树脂床要求较高，除水需用去离子水外，酸碱用量也要大些。如果采用淋洗法，淋洗速率应不大于 $1\ mL/(cm^2 \cdot min)$。

（二）装柱

较大型的离子交换床或交换柱比较容易装匀。小型柱的手工装填必须十分注意。装柱时要防止"节"和气泡的产生。"节"是指柱内产生明显的分界线。这是由于装柱不匀造成树脂时松时紧。气泡的发生往往是在装柱时没有一定量的液体覆盖而混入气体造成的。要做到均匀装柱，柱内要有一定高度的水面，树脂要与水混合倾入，借助水的浮力使树脂自然沉积，操作尽可能均匀连续。

离子交换层析要根据分离的物质量选择合适的层析柱，离子交换用的层析柱一般粗而短，不宜过长。直径和柱长比一般为 1∶10 到 1∶50，层析柱安装要垂直。

（三）通液

溶液准备好（包括温度控制）之后，便可进行通液（交换）操作。通液的目的可以是吸附、洗涤、洗脱、再生等。无论哪种操作，速率控制是十分重要的。流速可以通过计量泵、阀、闸、流量计、液位差等手段调节。小型实验中的简单装置可通过收集量和滴数等方法控制。

实验室常用线流速表示速率，单位为 $mL/(cm^2 \cdot min)$，即每分钟单位柱截面上通过的溶液的毫升数。工业上则常用空间流速（SV）

$$(SV) = W/V \tag{5-9}$$

式中，W——单位时间流出液的体积，mL；

V——交换树脂的体积，mL；

SV——空间流速，min^{-1}。

流速的选择应服从交换或洗脱的质量要求，一般应寻求在质量保证下的最大流速。正确的流速需要经实验确定。在实验室条件下，流速往往控制为 $1 \sim 2 \ mL/(cm^2 \cdot min)$。在分离过程中，往往要分部收集流出液以获得纯物质。

（四）洗脱缓冲溶液

在离子交换层析中一般常用梯度洗脱，通常有改变离子强度和改变 pH 两种方式。改变离子强度通常是在洗脱过程中逐步增大离子强度，从而使与离子交换剂结合的各个组分被洗脱下来；而改变 pH 的洗脱，对于阳离子交换剂一般是 pH 从低到高洗脱，阴离子交换剂一般是 pH 从高到低。由于 pH 可能对蛋白质的稳定性有较大的影响，故一般通常采用改变离子强度的梯度洗脱。梯度洗脱的装置前面已经介绍了，可以有线性梯度、凹形梯度、凸形梯度以及分级梯度等洗脱方式。一般线性梯度洗脱分离效果较好，故通常采用线性梯度进行洗脱。

洗脱液的选择首先是要保证在整个洗脱液梯度范围内，所有待分离组分都是稳定的；其次是要使结合在离子交换剂上的所有待分离组分在洗脱液梯度范围内都能够被洗脱下来；另外可以使梯度范围尽量小一些，以提高分辨率。

（五）洗脱速率

洗脱液的流速也会影响离子交换层析分离效果，洗脱速率通常要保持恒定。一般来说，洗脱速率慢比快的分辨率好，但洗脱速率过慢会造成分离时间长、样品扩散、谱峰变宽、分辨率降低等副作用，所以要根据实际情况选择合适的洗脱速率。如果洗脱峰相对集中某个区域造成重叠，则应适当缩小梯度范围或降低洗脱速率来提高分辨率；如果分辨率较好，但洗脱峰过宽，则可适当提高洗脱速率。

（六）再生和保存

树脂经过使用后欲使其恢复原状的操作就是再生。树脂再生可采用动态法，也可用静态法。静态法是将树脂倾入容器内再生。动态法是在柱上通过淋洗再生。动态法简便实用，效率也高。

要依据树脂失效原因选择再生剂。在通常情况下仍是酸和碱，有时是中性盐。再生时流速比通液交换时低。柱内如存在气泡和孔隙，再生时应予除去，通常是在通过再生剂前用水反洗，水流逆向通过交换柱，使树脂松动，排除气泡。

再生处理的程度依要求而定，有时不一定都经过酸、碱处理，只需转型即可。如果仅是恢复容量，为避免浪费再生剂，只达到一定再生程度即可。但在分析或容量测定中，再生必须进行彻底。

再生剂选择依树脂类型、离子形式及再生目的而定，具体内容可参见其他资料。

树脂使用过程中有时会发生中毒现象，其原因是被某些物质污染，致使交换容量下降，用一般洗涤方法不能使其复原。树脂中毒后，需在一定阶段予以处理，以恢复交换能力。中毒树脂的再生处理有时称为复活。

单宁酸、腐殖酸等物质的大相对分子质量阴离子，在被强碱性树脂吸附后很难再洗出来。它们使树脂颜色变深，能力下降，产品品质变坏。用 0.5％次氯酸钠溶液（浓度勿过高，否则会损伤树脂）或 1％双氧水溶液处理，可使树脂在很大程度上复原。在用双氧水处理时，宜用静态法，因为有气泡产生。

对阳离子交换树脂，高电荷离子表现很强的吸附能力，难以洗脱，Fe^{3+} 就是这样的离子。用浓 HCl 处理 Fe^{3+} 中毒的树脂发生如下反应：

$$(R—SO_3)_3Fe + 4HCl \longrightarrow 3R—SO_3H + H[FeCl_4]$$

在处理时，HCl 浓度以 9～10 mol/L 为宜，不加热，处理时间也不能过长。树脂在浓盐酸和水中溶胀情况有很大差别，解毒之后如骤然用水洗涤树脂颗粒会因突然膨胀而破碎，所以常相继用 6 mol/L 和 3 mol/L 的 HCl 洗涤作中间过渡，最后再用水洗。

树脂上微粒沉积使其中毒。含铁的沉积物可以用还原剂（$NaHSO_3$ 等）或盐酸破坏。胶体硅常损害强碱性树脂，可用温热的 NaOH 处理，但浓度、温度、时间都应适当控制。其他沉积物可用针对性的试剂使其转成可溶性配合离了而除去。

离子交换剂保存时应首先进行清洗，一般先用 2 个床体积的清水清洗，然后再用 2 个床体积的 20％乙醇过柱。对于 SP 强酸性阳离子介质，要用含有 0.2 mol/L 乙酸钠的 20％乙醇溶液清洗，再用脱气的乙醇-水溶液以较慢的速率清洗。经过处理后，可要室温下储存，或在 4～8℃下长期存放。储存过程中必须将层析柱全部封闭，以防止水分挥发，干柱。不用的介质必须储存在 20％的乙醇中，所有的离子交换层析介质，都要在 4～30℃储存，防止冷冻。

（七）离子交换层析操作时的故障及处理

离子交换层析操作中，有些故障在前面的凝胶层析过滤中已加以分析，不再重述。在离子交换层析操作时常见的故障及处理归纳如下，见表 5-4。

表 5-4　离子交换层析操作故障及处理

异常现象	原因	处理方法
层析过程中流速逐渐减慢	① 层析柱出口小 ② 起跑阻挡了洗柱缓冲溶液的流动 ③ 树脂顶部出现沉淀物 ④ 树脂的支撑物发生粘连 ⑤ 树脂被压太紧 ⑥ 层析柱太细 ⑦ 树脂滋生微生物 ⑧ 样品中或洗脱缓冲溶液中含有不溶颗粒将胶床表面阻塞	① 层析柱出口关小,再打开 ② 增加柱压,除去气泡 ③ 刮掉顶部 1～2 cm 的树脂,换之以新的树脂或层析时使用去垢剂 ④ 支撑物应取出并清洗 ⑤ 重新装柱,采用适当的操作压 ⑥ 调整层析柱长 ⑦ 层析柱不用时,在平衡缓冲溶液中加入 0.02% 叠氮钠或 0.002% 氯已定,并使其充满柱床体积,以抑制细菌生长,暂时不用的柱应定期用缓冲溶液过柱冲洗,也可以防止微生物生长 ⑧ 采用离心或过滤法除去不溶颗粒,用滴管移去柱床表面 1～2 cm 的凝胶,补加新凝胶至同样高度
层析柱床中有气泡	① 装柱前,未抽气或煮沸,在离子交换层析介质中混入空气 ② 加样不当使空气进入床层 ③ 装柱后被太阳暴晒	① 用细头长滴管或细塑料管将气泡取出或赶走 ② 小心加样防止带进气泡 ③ 避免太阳直射
工作容量下降	① 有效的功能基团减少 ② 较大的分子被卡在孔道内,堵塞孔道 ③ 大分子的多点带电与介质之间进行多点结合而难以洗脱 ④ 工作液中的黏性物质覆盖了功能基团 ⑤ 纱网堵塞	① 通适量的水清洗,除去黏性物质 ② 用乙醇或丙酮浸泡离子交换层析介质 ③ 用离子较大的缓冲溶液过柱 ④ 清洗纱网
分辨率不高	① 离子交换层析柱装得不均匀 ② 离子交换型号选择不当 ③ 加样量太大 ④ 柱床太短 ⑤ 样品浓度高,黏度大而形成拖尾 ⑥ 洗脱时流速太快 ⑦ 分部收集时每管体积过大	① 将离子交换层析柱取出重新装柱 ② 根据欲分离物质分离的情况,选择合适的离子交换型号与粒度 ③ 为提高分辨率,分析时加样量一般为柱长的 1%～2%,最多不能超过 5% ④ 将柱床高度适当加长 ⑤ 根据紫外测定的光吸收值将样品适当稀释 ⑥ 调节洗脱的流速 ⑦ 控制每管收集量,为便于紫外测定,每管收集量以 2.8～3 mL 为宜

续表

异常现象	原　因	处理方法
纯化的蛋白质产率低	① 树脂上的蛋白质未洗净 ② pH 不合适 ③ 蛋白质在初步过滤的时候有损失 ④ 辅助因子在层析时有损失 ⑤ 蛋白质水解酶破坏了目的蛋白 ⑥ 树脂中有微生物	① 增强溶液离子强度,更换活性高的反荷离子或使用去垢剂 ② 调整缓冲体系的 pH ③ 减少损失 ④ 避免微生物的生长
蛋白质分辨效果差	① 层析时流速太快 ② 层析柱过短 ③ 上柱蛋白质过多 ④ 梯度洗脱时洗脱液浓度变化太快 ⑤ 蛋白质可在脱离层析柱后再次混合 ⑥ 不均匀的装柱以致产生碎屑,上样和洗脱时的错误操作 ⑦ 树脂未进行适当平衡 ⑧ 树脂中有微生物	① 调整层析时的流速 ② 加长层析柱 ③ 减少上柱蛋白质过多 ④ 控制梯度洗脱时洗脱液浓度 ⑤ 避免蛋白质在脱离层析柱后再次混合 ⑥ 重新装柱 ⑦ 适当平衡树脂 ⑧ 避免微生物的生长

六、离子交换层析的工业应用实例

离子交换层析在实践中的作业方式可分为静态交换和动态交换两类。

静态交换是一种间歇式交换。将溶液和离子交换剂共同放入同一容器,利用振荡、搅拌、鼓气等方式使它们充分接触。在接近或达到平衡后,用倾析、过滤或离心等方法使固、液两相分离,然后分别处理。这种方式在测定分配系数等实验研究中能够用到。但实用意义不大,因为效率低、操作烦琐、时间消耗多。

动态交换是指溶液与树脂层发生相对移动,包括固定床柱式交换和活动床的连续交换。活动床连续交换的特点是交换、再生、清洗等操作在交换装置的不同部位同时进行,床层不断按一定方式移动。这种方式效率高、连续化,但装置和操作要求复杂,树脂磨损也较大。

实践中使用最多的是固定床柱式操作。它的效率比较高,操作简便,实用价值很大。主要应用有以下几个方面。

(一) 水处理

大量的离子交换树脂被用于水的净化处理,据统计,80%～90%的离子交换树脂用于此目的。目前,虽也有其他的水处理方法,但离子交换法仍是一种简便有效的方法。

水的净化处理在工业生产、科学研究中是经常遇到的问题。最普通的是锅炉用水的软化。天然水中含有悬浮杂质(如泥沙等)、细菌,还有一些无机盐类。水的硬度主要是指水中含有的钙盐和镁盐。天然水中不仅含有 Ca^{2+}、Mg^{2+}、Na^+、K^+ 等阳离子,也含有

HCO_3^-、SO_4^{2-}、Cl^- 等阴离子，而由它们形成的 $CaSO_4$、$CaCO_3$ 等将形成锅垢，给锅炉的运行带来严重影响，因而这些离子必须从水中事先除去。此外，随着科学技术的发展，对水质的要求不断提高。例如，高压锅炉、原子反应堆的锅炉都要求高纯度的水，纺织工业、电子工业也要求高纯水。

典型的离子交换脱盐流程如图 5-32 所示。这是由三个柱串联的复合式流程。原水首先通过阳柱，强酸性离子交换树脂事先已转变成 H^+ 型。由于 Na^+、K^+、Ca^{2+}、Mg^{2+} 等对树脂的亲和力大于 H^+，因此原水中的阳离子被吸附在树脂中，H^+ 则进入水中；故从阳柱中流出的水呈微酸性，其中的 H^+ 将与 HCO_3^- 或 CO_3^{2-} 发生

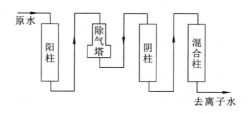

图 5-32　复合床式离子交换法处理水流程示意图

反应；生成的 CO_2 可在除气塔中除去，即在装有填料的塔中，使水在填料上形成水膜，吹入空气，水中的 CO_2 被带入气相。这样可除去大部分的 CO_3^{2-} 和 HCO_3^-，从而减少阴柱的负担。

除气后的水再进入阴柱，由于 Cl^-、SO_4^{2-}、HPO_4^{2-}、HCO_3^- 等对阴离子树脂的亲和力大于 OH^-，这些离子被吸附到树脂上。交换下的 OH^- 和水中存化的 H^+ 结合形成 H_2O。一般情况下从阴柱中出来的水呈中性或微弱碱性，绝大部分阴、阳离子均已除去。

若要进一步提高水的净化效果及中和水的酸、碱度，可使水再进入一个装有阴、阳两种树脂的混合柱，这样出来的水的电导率一般可达 $10^{-7}\Omega^{-1}\cdot cm^{-1}$ 左右，pH 近于 7。

树脂吸附饱和后，要分别用 HCl 或 NaOH 对阳、阴性进行再生处理。

显然，如果原水不是先通过阳柱，而是先通过阴柱，则交换出来的 OH^- 有可能使得 Ca^{2+}、Mg^{2+} 等离子沉淀，从而影响离子交换操作的正常进行。

除上述复合床式外，还有一种混合床式的脱盐方法，示意图如图 5-33 所示。混合床操作的关键是再生。再生时先返冲以使阴、阳离子交换树脂分层，阴树脂密度小，故在上层。分层后分别用酸、碱对阳、阴树脂进行再生，然后再用空气反吹使树脂混合。

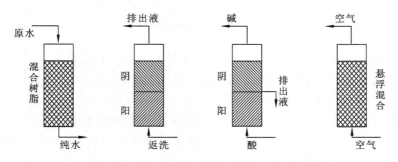

图 5-33　混合床式离子交换法处理水示意图

水处理还可使用移动床。在操作过程中，不仅水溶液，而且树脂层也是移动的。连续把饱和后的树脂送到再生柱和淋洗柱进行再生和淋洗，然后送回交换柱进行交换。移动

床的优点是树脂利用率高,便于自动化和连续运行,但设备复杂,操作要求严格,树脂的磨损也严重。

在实用中可以采取多种流程的组合方式,柱子的数目有时很大。

显然离子交换法只能用于水中除盐,而不能用于去除水中细菌或消毒,同时对于非电解质的去除效率也较低。

(二)稀土元素的分离

为取得单个高纯度的稀土元素,离子交换层析具有有一定的地位。这个流程中使用强酸性阳离子交换树脂,排代法操作,并应用延缓离子。由于所用淋洗剂是与稀土元素有很强结合能力的配合试剂乙二胺四乙酸(EDTA),如无任何阻挡,所有稀土元素都会较快地从柱中流出而不能达到有效分离。延缓离子如 Cu^{2+},它与淋洗剂的结合能力比稀土元素强,事先充满整个树脂柱,当淋洗剂与稀土元素形成的配合物下行遇到 Cu^{2+} 时,Cu^{2+} 即与淋洗剂结合而将稀土元素离子释放出来,使之滞留在树脂上。随着淋洗的继续,稀土元素经过反复地在淋洗剂和树脂间交换,最后按顺序在柱上排列,达到分离的目的。

EDTA 是四元酸,完全离解后的阴离子为

$$^-OOC-CH_2 \diagdown N-CH_2-CH_2-N \diagup CH_2-COO^-$$
$$^-OOC-CH_2 \diagup \qquad \diagdown CH_2-COO^-$$

以 Y^{4-} 代表。EDTA 与稀土元素形成的配合物稳定常数列于表 5-5。由表可见,配合物的稳定常数随原子序数的增大而增大。对 Cu^{2+},$\lg K=18.80$,因此 Cu^{2+} 对大多数稀土元素来说,都可起到延缓离子的作用。Cu^{2+} 的另一优点是它有鲜明的颜色,在操作中易于观察。

表 5-5　EDTA 与稀土元素的配合物稳定常数

元素	La^{3+}	Ce^{3+}	Pr^{3+}	Nd^{3+}	Sm^{3+}	Eu^{3+}	Gd^{3+}	Tb^{3+}	Dy^{3+}
$\lg K$	15.50	15.98	16.4	16.61	17.14	17.35	17.37	17.93	18.30
元素	Ho^{3+}	Er^{3+}	Tm^{3+}	Yb^{3+}	Lu^{3+}	Y^{3+}	Zn^{2+}	Cu^{2+}	
$\lg K$	18.74	18.85	19.32	19.51	19.83	18.09	16.50	18.80	

为了说明延缓离子的作用,安排两根离子交换柱,一根为吸附柱,一根为分离柱。分离柱的树脂事先已用 Cu^{2+} 饱和,即全部树脂已转变成 Cu^{2+} 型。La^{3+}、Pr^{3+}、Nd^{3+}、Sm^{3+} 四种离子的分离过程如下:

(1)首先让 La^{3+}、Pr^{3+}、Nd^{3+}、Sm^{3+} 料液流过吸附柱,使它们吸附在柱上。由于稀土元素的性质很相近,仅由 F 镧系收缩的原因,原子半径稍有差别,即重稀土元素的半径稍小,水化半径稍大,对树脂的亲和力由 La→Lu 稍有下降,故吸附时的分布基本上是均匀的,只是在柱子上部的轻的稀土元素稍多一些,柱子的下部中稍重的稀土元素稍多一些,并不能彼此分开。

(2)开始用 EDTA 淋洗。本来在吸附时,Sm^{3+} 就稍偏下,Sm^{3+} 与 EDTA 的结合能力

又稍强于其他离子,因此首先流出吸附柱。由于 EDTA 事先已转变成 NH_4^+ 盐的形式,故在反应式中有 NH_4^+ 的出现。淋洗下来的 SmY^- 进入分离柱,和分离柱上的进行交换,因为 Cu^{2+} 与 EDTA 的稳定常数大于 Sm^{3+} 与 EDTA 的稳定常数,所以 Cu^{2+} 与 EDTA 结合进入溶液,则重新被吸附在树脂上:

$$SmY^- + \overline{Cu^{2+}} \Longrightarrow \overline{Sm^{3+}} + CuY^{2-}$$

(3)继续淋洗,Nd^{3+} 开始从吸附柱上淋洗下来:

$$\overline{Nd^{3+}} + 3NH_4^+ + Y^{4-} \Longrightarrow NdY^- + 3\overline{NH_4^+}$$

NdY^- 进入分离柱,遇到吸附在分离柱上的 Sm^{3+},由于 SmY^- 比 NdY^- 更稳定,因此发生交换,Nd^{3+} 重新被吸附在分离柱上:

$$NdY^- + \overline{Sm^{3+}} \Longrightarrow \overline{Nd^{3+}} + SmY^-$$

交换下来的 SmY^- 在沿分离柱向下移动时,和延缓离子 Cu^{2+} 又发生交换,Sm^{3+} 又再次被吸附在树脂上:

$$SmY^- + \overline{Cu^{2+}} \Longrightarrow \overline{Sm^{3+}} + CuY^-$$

(4)再继续淋洗,Pr^{3+},La^{3+} 先后从吸附柱上解吸下来:

$$\overline{Pr^{3+}} + 3NH_4^+ + Y^{4-} \Longrightarrow PrY^- + 3\overline{NH_4^+}$$

$$\overline{La^{3+}} + 3NH_4^+ + Y^{4-} \Longrightarrow LaY^- + 3\overline{NH_4^+}$$

在分离中又依次发生了一系列交换反应:

$$LaY^- + \overline{Pr^{3+}} \Longrightarrow \overline{La^{3+}} + PrY$$

$$PrY^- + \overline{Nd^{3+}} \Longrightarrow \overline{Pr^{3+}} + NdY^-$$

$$NdY^- + \overline{Sm^{3+}} \Longrightarrow \overline{Nd^{3+}} + SmY^-$$

$$SmY^- + \overline{Cu^{2+}} \Longrightarrow \overline{Sm^{3+}} + CuY^{2+}$$

这样稀土离子在沿分离柱向下移动的过程中,不断地重复吸附、解吸,在某一阶段,相互之间经过重新分配,形成了各自单独的吸附带,最后逐一从分离柱中淋洗出来,达到分离的目的。整个过程如图 5-34 所示。

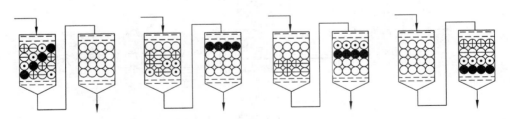

图 5-34 稀土元素排代分离过程

根据分离体系的不同,选择不同的淋洗剂和延缓离子。稀土元素分离中用到的其他淋洗剂还有氨三乙酸、酒石酸、乳酸、柠檬酸、α-羟基异丁酸等,这些试剂价格都较高。实用中也用到乙酸铵。延缓离子还可以是 Zn^{2+}、Fe^{3+}、Ni^{2+} 等,有时也可用 H^+ 作延缓离子。

为了达到完全逐个地分离,手续是很复杂的,需要很好地控制切换点,重叠部分要在适当位置返回处理。往往要许多柱子,整个流程的时间也较长。得到的纯溶液用高纯草酸沉淀,然后灼烧成氧化物。元素纯度能达到99.99％以上。

离子交换树脂在其他各种工艺、技术、材料中不同方式的应用还有很多,可查看其他资料。

单元三　吸附层析

一、认识吸附层析

(一)吸附层析

如图5-35所示,为一气体的干燥流程,流程中有两个固定床吸附器,可以分离空气中的氧和氮,图5-35为四塔变压吸附流程,四个塔完全相同循环使用,需要干燥的湿物料通入左边的吸附器后湿分被吸附剂(如活性氧化铝或硅胶)吸附掉,作为干成品送出,而右边的吸附器由于加热蒸汽的通入将吸附剂上吸附到湿分蒸发成为蒸汽而带出,完成了解吸过程。左、右两个吸附器交替工作,不断地除去气体中的湿分,是一个连续操作过程。这种通过某一吸附剂来吸附某一种物质而完成的分离过程,是一个吸附层析过程。

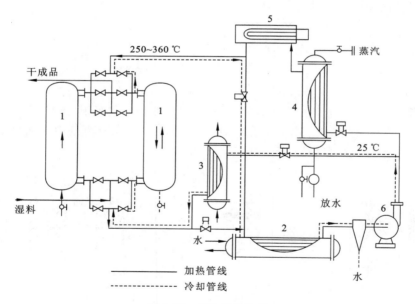

图5-35　气体干燥流程
1-吸附器;2、3-冷却器;4-加热器(蒸汽);5-电加热器;6-风机

固体表面对气体或液体的吸着现象称为吸附层析现象。固体称为吸附剂,被吸附的物质称为吸附质。

吸附层析主要是利用被分离组分对活性固体表面吸附亲和力的差异进行分离。亲和力则主要取决于物质分子极性的大小。有机化合物中基团的类别比碳链的长短对分离的影响更大。这种层析适于把混合物中各种物质按含基团的类型或数目分为若干类。

用氧化铝、硅胶等固态物质作吸附剂,用适当溶剂淋洗分离混合物的吸附层析法是一种古老的方法。在各种现代色谱法迅速发展的近几十年中,吸附层析法也通过层析理论的发展,设备的改良,特别是复杂混合物分离的需要,使吸附层析有了新的发展。无论是在高压下的高效色谱仪中,还是普通的利用重力的吸附柱中,都利用了吸附色谱的特性,使用了新型吸附剂,完成了许多复杂的分析和制备任务。

(二)吸附层析的特点

1. 选择性广泛

吸附操作过程中,大多数的吸附剂可以通过人为的设计,控制骨架结构,得到符合要求的孔径、比表面积等,使吸附操作对某些物质具有特殊的选择性,可以应用于水溶液、有机溶液及混合溶剂中,以及气体的吸附。可以用来分离离子型、极性及非极性的多种有机物。

2. 应用广,分离效果好

吸附层析分离的对象主要不是离子型物质,也不是高分子物质,而是中等相对分子质量的物质,特别是复杂的天然物质。这类物质的极性可以有很大的范围,从非极性的烃类化合物到水溶性的化合物均可。对于性质相近的物质,特别是异构体或有不同类型、不同数目取代基的物质,吸附层析往往能提供更好的分离效果,像分子筛吸附剂,它能将分子大小和形状稍有差异的混合物分开。被分离物质绝大多数是不挥发性的和热不稳定的。

3. 适用于低浓度混合物的分离或气体、液体深度提纯

即使在浓度很低的情况下,固体吸附气体或液体的平衡常数远大于气液或液液平衡常数,特别适用于低浓度混合物的分离和气体或液体的深度提纯。即使对于相对挥发度接近1的物系,一般总能找到一种吸附剂,使之达到比较高的分离效果,而且可以获得很高的产品纯度,这是其他方法难以做到的。不适用于分离高浓度体系。

4. 处理量小

吸附常用于稀溶液中将溶质分离出来,由于受固体吸附剂的限制,处理能力小。

5. 对溶质的作用小,吸附剂的再生方便

吸附操作过程中,吸附剂对溶剂的作用较小,这一点对蛋白质的分离较重要,吸附剂作为吸附操作过程中的重要介质,常要上百次甚至上千次的使用,其再生过程必须简便迅速。很多的吸附剂具有良好的化学稳定性,且再生容易。

(三)吸附操作的分类

吸附层析过程有物理吸附、化学吸附及交换吸附。

1. 物理吸附

物理吸附是被吸附的流体分子与固体表面分子间的作用力为分子间吸引力,即范德瓦耳斯力(van der waals force)。因此,物理吸附又称范德华吸附,它是一种可逆过程。

当固体表面分子与气体或液体分子间的引力大于气体或液体内部分子间的引力时,气体或液体的分子就被吸附在固体表面上。物理吸附由吸附质与吸附剂分子间引力引起,结合力较弱,吸附热比较小,容易脱附。例如,活性炭对气体的吸附。

2. 化学吸附

化学吸附是固体表面与被吸附物间的化学键力起作用的结果。这类型的吸附需要一定的活化能,故又称"活化吸附"。这种化学键亲和力的大小可以差别很大,但它大大超过物理吸附的范德瓦耳斯力。化学吸附放出的吸附热比物理吸附所放出的吸附热要大得多,达到化学反应热这样的数量级。而物理吸附放出的吸附热通常与气体的液化热相近。化学吸附往往是不可逆的,而且脱附后,脱附的物质常发生了化学变化不再是原有的性状,故其过程是不可逆的。例如,气相催化加氢中,镍催化剂对氢的吸附。

3. 交换吸附

吸附剂表面由极性分子或离子组成,会吸引溶液中带相反电荷的离子,它同时也要放出等当量的离子于溶液中,这种吸附过程称为交换吸附。

另外,根据吸附过程中所发生的吸附质与吸附剂之间的相互作用的不同,还可将吸附层析分成亲和吸附、疏水吸附、盐析吸附、免疫吸附等。

此外,根据吸附过程中所发生的吸附质与吸附剂之间吸附组分的多少,还可将吸附分为单组分吸附和多组分吸附。

这里讨论的是物理吸附过程。

二、吸附层析的原理

吸附层析主要是通过样品在固定相和流动相之间的吸附、脱附作用而实现分离的,是一种物理吸附过程,可以是在单分子层或双分子层或多分子层。被分离样品与吸附剂之间的静电引力、氢键、偶极分子之间定向力以及范德瓦耳斯力等,在不同的条件下各种作用力的作用强弱各不相同,占主导地位的可能是一种力,也有可能几种力同时作用。

一个吸附过程包括以下几个步骤。

1. 外部扩散

吸附剂周围的流体相中,溶质分子穿过流体膜表面,到达固体吸附剂表面。

2. 内部扩散

溶质分子从固体吸附剂表面进入吸附剂的微孔道,在微孔道的吸附流体相中扩散到微孔表面。

3. 吸附

进入到微孔表面的溶质分子被固体吸附剂吸附,主要是通过与固体吸附剂的静电引力、氢键、偶极分子之间定向力等相互作用,由吸附剂对不同物质的不同吸附力而使混合物分离,完成吸附过程。

4. 脱附

已被吸附的溶质分子从微孔内脱附,离开微孔道。

5．内反扩散

脱附的溶质分子从微孔道内的吸附流体相扩散至吸附剂外表面。

6．外反扩散

溶质分子从外表面反扩散穿过流体膜，进入外界周围的流体相，完成脱附。

如果以 C_s 表示溶质在固定相（吸附剂）中的浓度，C_m 表示溶质在流动相中的浓度，吸附平衡可用式(5-10)表示。

$$C_s \Leftrightarrow C_m \tag{5-10}$$

式中，C_s——溶质在固定相（吸附剂）中的浓度；

　　　C_m——溶质在流动相中的浓度。

以 C_m 为横坐标、C_s 为纵坐标，标绘出来的曲线称为吸附等温线，其斜率表示为 $K_D = \frac{C_s}{C_m}$（线性关系时可这样表示）称为分配系数，表示了溶质分子在互不相溶的两相中的分配状况。吸附剂表面上具有的吸附能力强弱不同的吸附中心，溶质在其上的分配系数是不同的，吸附能力较强的吸附中心，溶质在其上的分配系数较大，溶质分子首先占据它们，其次再占据较弱的、弱的和最弱的。就是说在一定温度和一定压力下，不同物质的分配系数不同，分配系数越大就越容易分离。

三、吸附剂的结构及分类

吸附剂是一种有吸附性能的多孔性物质，具有较大的比表面积和适当的孔结构。如图 5-36 所示为树脂类的吸附剂，是具有立体结构的多孔性海绵状、热固性聚合物。其中的化学孔是由交联链形成的，只有在水合状态下大分子链伸张才会形成，这类孔的孔径很小，在干态下孔收缩，聚合物成为凝胶态，是均相结构，由于它的不稳定

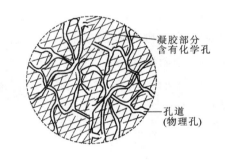

图 5-36　树脂类的吸附剂的结构示意图

性，称为化学孔或凝胶孔，可以通过交联剂的结构和交联剂的用量进行控制。另一类大孔称为物理孔，它是在非水溶液或干态下都存在的真正的毛细孔，其孔径比分子间的距离大得多，孔径可达 $3 \sim 50$ nm，是永久性孔道，而且还可以通过致孔剂的作用加以控制和调节孔结构，以满足孔道数量、大小及分布等特殊要求。当吸附剂处于溶胀态时，化学孔及物理孔两者同时存在。同时物理孔的存在，使这类吸附剂具有较大的比表面积，而吸附剂的比表面积越大，其吸附能力就越强。

（一）吸附剂的分类

1．极性分类

吸附层析所用吸附剂多是具有一定极性的物质。根据其吸附剂的极性可分为四类：非极性、极性、中极性和强性。

1）非极性吸附剂

由苯乙烯系单体制备的不带任何功能基团的吸附剂为非极性吸附剂。这类聚合物中电荷分布均匀，表面疏水性较强，与被吸附物质中的疏水部分相互作用达到吸附的目的，适用于极性溶剂中吸附非极性或弱极性物质。

2）中极性吸附剂

含有酯基基团类的吸附剂，由于骨架中酯基偶极的存在，吸附剂具有了一定的极性，丙烯酸酯系列吸附剂为中等极性吸附剂。这类大分子结构既有极性部分也有非极性部分，既可从极性溶剂中吸附非极性物质，又可从非极性溶液中吸附极性物质。

3）极性吸附剂

含有亚砜、酰氨基、腈基等功能基团的吸附剂为极性吸附剂。这类基团的极性比酯基强，是通过静电相互作用或氢键作用从极性溶液中吸附极性物质。

4）强极性吸附剂

含有吡啶基、酚基及氨基等含有氮、氧、硫极性功能基团的吸附剂为强极性吸附剂。由于这些极性基团的存在，聚合物结构单元存在大小不同的偶极矩，显示出各聚合物极性的不同。也是通过静电相互作用或氢键作用进行吸附，适用于从非极性溶液中吸附极性物质。

2. 骨架分类

吸附剂的骨架种类很多，以吸附剂的单体来分类的有苯乙烯系列、丙烯酸酯系列、丙烯腈系列、酚醛系列，还有新出来的碳质系列等。

3. 吸附机理

依据吸附机理可将吸附剂分为范德瓦耳斯力吸附剂、偶极吸附剂、静电吸附剂及氢键吸附剂等。

（二）吸附剂的选用

吸附可用于滤除毒气、精炼石油和植物油、防止病毒和真菌、回收天然气中的汽油以及食糖和其他带色物质脱色等。若对某一已知混合物体系，需通过吸附分离来实现其产物的提取与纯化、物料流的净化或毒物的去除等目的，对吸附剂的选择一般有以下要求：

（1）要有尽可能大的比表面积，以增强其吸附能力。同时被吸附的杂质应易于解吸，从而在短周期内达到吸附、解吸间的平衡，确保分离提纯。

（2）对待分离组分要有足够的选择性，以提高被分离组分的分离程度，分离系数越大，分离越容易，得到的产品纯度越高，同时回收率也高。

（3）合适的粒度及其粒度分布。粒度均匀能使分离柱中流量分布均匀，粒度小，表观传质速率大，对分离有利；但粒度小，填充床压力损失随之增大，操作压力增加。

（4）重复使用寿命长。吸附剂的寿命通常与其本身的机械强度有关，此外还与操作条件、原料和流动相的性质有密切关系，如原料中的杂质、细菌对吸附剂表面的污染，对吸附剂的溶胀或化学作用等。

（5）使用的吸附剂应有足够的强度，以减少破碎和磨损。

（6）分离组分复杂、类别较多的气体混合物，可选用多种吸附剂，这些吸附剂可按吸附分离性能依次分层装填在同一吸附床内，也可分别装填在多个吸附床内。

作为吸附剂，除要求对溶剂和被分离物质呈化学惰性外，它们应该在保持吸附可逆性的同时具有很高的吸附能力，吸附平衡要快，液相通过柱的速率均匀。经典吸附层析的吸附剂是多孔结而研制的吸附材料。吸附剂可按孔径大小、颗粒形状、化学成分、表面极性等分类，如粗孔和细孔吸附剂的颗粒，用在普通的重力层析上和高压层析上吸附剂的粒度是不同的。后者可以容许小粒度的吸附剂。

（三）吸附剂的制备

工业上常用的吸附剂有硅胶、活性氧化铝、活性炭、分子筛等，另外还有针对某种组分选择性吸附剂，粉状、粒状、条状吸附剂，碳质和氧化物吸附剂，极性和非极性吸附剂等。常用的吸附剂有以碳质为原料的各种活性炭吸附剂和金属、非金属氧化物类吸附剂（如硅胶、氧化铝、分子筛、天然黏土等）。

1. 硅胶

硅胶是一种坚硬、无定形链状和网状结构的硅酸聚合物颗粒，分子式为 $SiO_2 \cdot nH_2O$，为一种亲水性的极性吸附剂。它是用硫酸处理硅酸钠的水溶液，生成凝胶，并将其水洗除去硫酸钠后，经干燥便得到玻璃状的硅胶，控制 pH、温度和时间可得到比表面积小、孔径大的硅胶。硅胶结构中的羟基是它的吸附中心，其吸附特性取决于羟基与吸附质分子之间相互作用力的大小。硅胶易于吸附极性物质，难以吸附非极性物质，它主要用于干燥、气体混合物及石油组分的分离等。工业上用的硅胶分成粗孔和细孔两种。粗孔硅胶在相对湿度饱和的条件下，吸附量可达吸附剂质量的 80% 以上，而在低湿度条件下，吸附量大大低于细孔硅胶。

2. 活性氧化铝

活性氧化铝是一种极性吸附剂，对水有较大的亲和力，是由铝的水合物（铝盐、金属铝、碱金属铝盐、氧化铝等）加热脱水制成，具有高的比表面积。它的性质取决于最初氢氧化物的结构状态，部分水合无定形的多孔结构物质，其中不仅有无定形的凝胶，还有氢氧化物的晶体。由于它的毛细孔通道表面具有较高的活性，故又称活性氧化铝。它重要的工业应用是气体和液体的干燥，油品和石油化工产品的胶水干燥，是一种对微量水深度干燥用的吸附剂。在一定操作条件下，它的干燥深度可达露点－70 ℃以下。

3. 活性炭

活性炭是具有非极性的表面，为疏水性和亲有机物质的吸附剂，是一种非极性吸附剂，是将木炭、果壳、煤等含碳原料经炭化、活化后制成的。活化方法可分为两大类，即药剂活化法和气体活化法。药剂活化法就是在原料里加入氯化锌、硫化钾等化学药品，在非活性气氛中加热进行炭化和活化。气体活化法是把活性炭原料在非活性气氛中加热，通常在 700 ℃以下除去挥发组分以后，通入水蒸气、二氧化碳、烟道气、空气等，并在 700～1 200 ℃温度范围内进行反应使其活化。活性炭含有很多毛细孔构造，吸附容量大，抗酸耐碱，化学稳定性好，解吸容易，在较高温度下解吸再生其晶体结构没有什么变化；热稳定性好,经多次吸附和解吸操作,仍能保持原有的吸附性能。因而它用途遍及水处理、脱色、气体吸附等各个方面。

4. 沸石分子筛

沸石分子筛又称合成沸石或分子筛,是硅铝四面体形成的三维硅铝酸盐金属结构的晶体,是一种孔径大小均一的强极性吸附剂。其化学组成通式为

$$[M_2(\text{I})M(\text{II})]O \cdot Al_2O_3 \cdot nSiO_2 \cdot mH_2O$$

式中,$M_2(\text{I})$和$M(\text{II})$分别为为一价和二价金属离子,多半是钠和钙,n称为沸石的硅铝比,硅主要来自于硅酸钠和硅胶,铝则来自于铝酸钠和氢氧化铝等,它们与氢氧化钠水溶液反应制得胶体物,经干燥后便成沸石,一般$n=2\sim10$,$m=0\sim9$。

沸石的特点是具有分子筛的作用,它有均匀的孔径,如3Å、4Å、5Å、10Å细孔。有4Å孔径的4Å沸石可吸附甲烷、乙烷,而不吸附三个碳以上的正烷烃。具有很高的选择吸附能力,而且在较高的温度和湿度下,仍具有较高的吸附能力。它已广泛用于气体吸附分离、气体和液体干燥以及正、异烷烃的分离。其不足之处是耐热稳定性、抗酸碱的能力、化学稳定性、耐磨损性能都较差。

5. 碳分子筛

实际上也是一种活性炭,它与一般的碳质吸附剂不同之处在于,其微孔孔径均匀地分布在一狭窄的范围内,微孔孔径大小与被分离的气体分子直径相当,微孔的比表面积一般占碳分子筛所有表面积的90%以上。碳分子筛的孔结构主要分布形式为:大孔直径与碳粒的外表面相通,过渡孔从大孔分支出来,微孔又从过渡孔分支出来。在分离过程中,大孔主要起运输通道作用,微孔则起分子筛的作用。

以煤为原料制取碳分子筛的方法有炭化法、气体活化法、碳沉积法和浸渍法。其中炭化法最为简单,但要制取高质量的碳分子筛必须综合使用这几种方法。碳分子筛在空气分离制取氮气领域已获得了成功,在其他气体分离方面也有广阔的前景。

四、吸附剂的物理化学性能

1. 孔体积 V_t

孔体积又称孔容,吸附剂中孔的总体积称为孔体积或孔容,通常以单位质量吸附剂中吸附剂的孔的容积来表示(m^3/kg)。

注意,有的书上所说的孔容是吸附剂的有效体积,它是用饱和吸附量推算出来的值,也就是吸附剂能容纳吸附质的体积,所以孔容以大为好。吸附剂的孔体积不一定等于孔容,吸附剂中不是所有的孔都能起到有效吸附的作用,所以孔容要比总体积小,由于这种有效体积难以测算,现在所说的孔体积和孔容认为都是吸附剂中孔的总体积。

2. 比表面积

比表面积指单位质量吸附剂所具有的表面积,常用单位是m^2/kg。总的表面积是外表面积和内表面积之和,由于吸附剂是一种多孔结构的物质,内表面积是很大的,吸附剂

表面积每千克有数百至千余平方米。吸附剂的表面积主要是微孔孔壁的表面,吸附剂外表面是很小的。

3. 孔径与孔径分布

在吸附剂内,孔的形状极不规则,孔隙大小也各不相同。直径为数埃(Å)至数十埃的孔称为细孔,直径在数百埃以上的孔称为粗孔。细孔越多,则孔容越大,比表面也大,有利于吸附质的吸附。粗孔的作用是提供吸附质分子进入吸附剂的通路。粗孔和细孔的关系就像大街和小巷一样,外来分子通过粗孔才能迅速到达吸附剂的深处,所以粗孔也应占有适当的比例。活性炭和硅胶之类的吸附剂中粗孔和细孔是在制造过程中形成的。沸石分子筛在合成时形成直径为数微米的晶体,其中只有均匀的细孔,成型时才形成晶体与晶体之间的粗孔。孔径分布表示孔径大小与之对应的孔体积的关系。由此来表征吸附剂的孔特性。

4. 密度

(1)表观密度(ρ_l)又称视密度。

吸附剂颗粒的体积(V)由两部分组成:固体骨架的体积(V_g)和孔体积(V_t),即

$$V = V_g + V_t \tag{5-11}$$

表观质量就是吸附颗粒的本身质量(W)与其所占有的体积(V)之比,表示为

$$\rho_l = \frac{W}{V} \tag{5-12}$$

(2)真实密度(ρ_g)。

又称真密度或吸附剂固体的密度,即吸附剂颗粒的重量(W)与固体骨架的体积 V_g 之比,表示为

$$\rho_g = \frac{W}{V_g} \tag{5-13}$$

(3)堆积密度(ρ_b)。

又称填充密度,即单位体积内所填充的吸附剂质量。此体积中还包括有吸附颗粒之间的空隙,堆积密度是计算吸附床容积的重要参数。

5. 孔隙率(ε_k)

即吸附颗粒内的孔体积与颗粒体积之比,表示为

$$\varepsilon_k = \frac{V_t}{V} \tag{5-14}$$

常用吸附剂的物理性能如表 5-6 所示。

表 5-6　常用吸附剂的一些物理性质

	粒度/mm	比表面积/(m²/g)	平均孔径/nm
硅胶	0.04~0.5	400~600	30~100
氧化铝	0.04~0.21	70~200	60~150
合成硅酸镁	0.07~0.25	300	—
活性炭	0.04~0.05	300~1 000	20~40
聚酰胺	0.07~0.16		

吸附剂的多孔结构、粒度和粒子形状是影响层析系统特性的基本因素。普通的吸附剂由于颗粒中都有许多深孔，液体在其中扩散较慢，色谱峰区带变宽，粒子的不规则使峰扩展更为严重。后来发展的新型吸附剂对这些缺点有很大改善。这些新型吸附剂颗粒中心是一个非多孔的核，外面涂有一层合适的多孔吸附剂，其厚度为 $1\sim 2~\mu m$，整个粒子大小为 $5\sim 10~\mu m$。用在高效液相层析上可以大大改善分离性能。其缺点是容量小（约为普通吸附剂的 1/20）。

吸附剂表面有时有一些具有特强吸附力的点。为使吸附能力较均匀，可以用"缓和剂"减活，最常用的就是依一定的办法对吸附剂加适量的水。还可以通过化学键合改变吸附剂表面特性。例如，硅胶上的 OH 与三甲基氯硅烷反应，生成一种表面覆盖一层有机分子的硅胶，使其成为非极性的吸附剂，这个过程称为硅烷化。

吸附剂大致可分为极性和非极性两类。极性吸附剂包括所有氧化物和盐。在吸附过程中，离子与偶极、偶极与偶极的相互作用起主导作用。非极性溶剂如活性炭、经化学键合的活性炭或硅胶，吸附作用主要是色散力作用的结果。吸附剂极性不同，被吸附分子中各基团与之作用的强度也就不同。对一种吸附剂，各基团吸附强度可以排出一个顺序。在硅胶上测定的各基团吸附强度按下列顺序递增：

$$-CH_2-<-CH_3<-CH=<-S-R-<-O-R<-NO_2<-NH（咔唑）<-COOR<-CHO<-COR<-OH<-NH_2<-COOH$$

即使对硅胶，这个顺序也是粗略的。脂肪族和芳香族上的基团就有差别，分子的极性和偶极矩也造成差异。对于不同的吸附剂，各基团吸附顺序可能不同。吸附剂的酸碱性、位阻因素、使用淋洗溶剂的特性对这个顺序也会有影响。在非极性吸附剂上，吸附主要受分子大小（随相对分子质量增大增至某一极大值然后又减小）和空间排列的影响。

大多数应用中，特别是分析中，吸附剂应当标准化。吸附剂应当具有一定的制备方法，使制得的吸附剂具有相同的孔径和孔径分布、相同的表面基团、相同的活度。生产厂家应对产品粒度分级，使用者还应经过筛分或沉淀分离，必要时要用化学试剂和水洗涤并经干燥。加入水或醇类减活时，加入量决定减活的程度。

吸附剂的活度可用薄层法测定，其数值由某些偶氮染料在用四氯化碳为展开剂所得到的比移值确定。干燥的最大活度的产品定为活度 I 级。随着含水量不同，级别也不同，表 5-7 是氧化铝、硅胶和硅酸镁不同含水量时的活度级别。

表 5-7　氧化铝、硅胶和硅酸镁的活度级别与加入水量的关系

活动级别	加入水量/Wt%		
	氧化铝	硅胶	硅酸镁
I	0	0	0
II	3	5	7
III	6	15	15
IV	10	25	25
V	15	38	35

五、吸附层析设备

常用的吸附层析设备有搅拌槽、固定床、移动床和流化床。

（一）搅拌槽吸附器

搅拌槽主要是用于液体的吸附分离。将要处理的液体与粉末状吸附剂加入搅拌槽内,在良好的搅拌下,固液形成悬浮液,在液固充分接触中吸附质被吸附。可以连接操作,也可以间歇操作,如图 5-37 所示。

（二）固定床吸附器

固定床吸附器中,吸附剂颗粒均匀地堆放在多孔撑板上,流体自下而上或自上而下地通过颗粒床层。固定床吸附器一般使用粒状吸附剂,对床层的高度可取几十厘米到十几米。固定床吸附器结构简单,造价低,吸附剂磨损少,操作方便,可用于从气体中回收溶剂,气体净化和主体分离、气体和液体的脱水以及难分离的有机液体混合物的分离,如图 5-38所示。

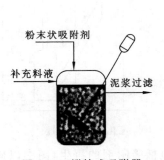

图 5-37　搅拌式吸附器

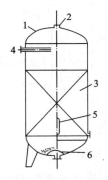

图 5-38　固定床吸附器
1-壳体;2-排气口;3-吸附剂床层;4-加料;5-视镜;6-出料

（三）移动床吸附器

移动床吸附器又称超吸附塔,如图 5-39 所示,使用硬椰壳或果核制成的活性炭作固体吸附剂,进料气从吸附器的中部进入吸附段的下部,在吸附段中较易吸附的组分被自上而下的吸附剂吸附,顶部的产品只含难吸附的组分。

（四）流化床吸附器

流化床吸附分离常用于工业气体中水分脱除,排放废气如 SO_2、NO_2 等有毒物质脱除和回收溶剂。一般用颗粒坚硬耐磨、物理化学性能良好的吸附剂,如活性氧化铝、活性炭等。流化床吸附器的流化床(沸腾床)内流速高,传质系数大,床层浅,压降低,压力损失小。

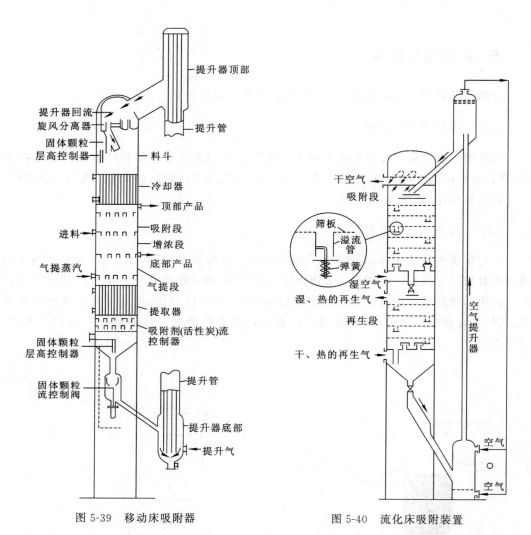

图 5-39　移动床吸附器　　　　图 5-40　流化床吸附装置

图 5-40 所示为多层逆流接触的流化床吸附装置,它包括吸附剂的再生,图中以硅胶作为吸附剂以除去空气中的水汽。全塔共分为两段,上段为吸附段,下段为再生段,两段中均设有一层层筛板,板上为吸附剂薄层。在吸附段湿空气与硅胶逆流接触,干燥后的空气从顶部流出,硅胶沿板上的逆流管逐板向下流,同时不断地吸附水分。吸足了水分的硅胶从吸附段下端进入再生段,与热空气逆流接触再生,再生后的硅胶用气流提升器送至吸附塔的上部重新使用。

六、吸附层析操作

在吸附系统的典型操作流程主要有搅拌式操作、循环固定床层操作(间歇操作)、移动床操作、流化床操作、此外,还有参数泵法吸收操作等。

按照吸附剂与溶液的物流方向和接触次数,吸附过程又可分为一次接触吸附、错流吸附、多段逆流吸附等过程。

（一）吸附操作

1. 固定床吸附器操作

如图 5-41 所示为两个固定床吸附器轮流切换操作的流程示意图。对需要干燥的原料气进行干燥的过程中，可以采用这种吸附操作。需要干燥的原料气由下方进入吸附器 I，经吸附后成为干燥气从顶部排出；同时吸附器 II 处于再生阶段，再生所用气体经加热器加热至要求的温度，从顶部进入吸附器 II，再生气携带从吸附剂（干燥剂）上脱附出来的溶剂从吸附器 II 的底部出来，再经冷却器，使再生气降温，溶剂冷凝成液体排出（大部分溶剂为水）。再生气可循环使用，加热后的再生气由顶部进入，在吸附器内的流向与原料气相反。

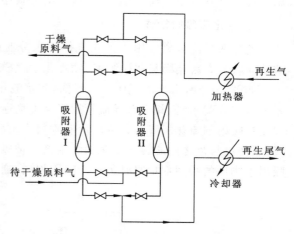

图 5-41　固定床吸附器流程示意图

但若是间歇操作，再生时，设备就不能处理原料气，操作过程必须不断地周期性切换，这样相对比较麻烦。其次在处于生产运行的设备里，为保证吸附区高度有一定的富余，需要放置比实际需要更多的吸附剂，因而总吸附剂用量很大。此外，静止的吸附剂床层传热性差，再生时要将吸附剂床层加热升温，而吸附剂所产生的吸附热传导出去也不容易。所以固定床吸附操作中往往会出现床层局部过热的现象，影响吸附，再生加热和再生冷却的时间就长了。

2. 移动床吸附操作

在石油化工、食品工业和精细化工中，常遇到一些沸点相近、相对分子质量大、热敏性的有机物，以及难以液化的气体的分离问题。例如，前面叙述的乙烯的精制，就需要在深冷并在较高的压力下才能完成。C.Bery 用移动的活性炭为吸附剂，吸附分离焦炉气的乙烯，其处理能力达 45 300 m^3/h。

如图 5-39 所示，原料从吸附段的下部进入，在吸附段中较易吸附的组分被自上而下的吸附剂吸附，顶部的产品只包含着难吸附组分。吸附着一定物质的吸附剂在下降到加料点下面的增浓段，与上升的气流接触，将被吸附的易吸附组分置换出来。置换出来的物质上升，离开增浓段，在增浓段的固体吸附剂就起到了提浓作用。在下面的气提段，被吸附的物质在此段中被加热并吹扫出，脱附出的物质一部分作为产品，另一部分回至增浓段作为回流。热的吸附剂在吸附柱外用气体提升至柱顶，经冷却后再进入吸附段循环使用。

这种连续循环移动床的操作特点是吸附剂受重力作用自上而下移动，原料气连续输入，轻组分和重组分在分离柱不同位置不断放出，在床层内形成稳定的浓度曲线。原料气的处理量大，产品纯度和回收率高，易于自动控制。缺点是大量的固体吸附剂在吸附柱内外循环,给操作上带来了不便,而且吸附剂的磨损和消耗也会增大,增大了设备的运行费用。现在已开发出了模拟移动床,这里不再叙述。

3. 流化床吸附操作

流化床吸附分离常用于工业气体中水分脱除,排放废气中 SO_2、NO_2 等有毒物质和溶剂回收。它采用颗粒坚硬耐磨,物理化学性质良好的吸附剂,如活性氧化铝、活性炭等。

如图 5-42 所示为流化床的示意图,利用流化床操作处理水的工艺。该流化床包括一系列的多孔配水盘,并带有导流管用于吸附剂逆流。原水进入流化床,并在内停留一段时间便被吸附剂流化沉降。柱内的所有物料靠重力流动或沿给料流动相反方向用泵向下抽吸,以便盘与盘之间能转移更多的吸附剂。被吸附后的水(软水)从吸附器的顶部排出,已吸附了物质的吸附剂抽吸到另一个吸附器内,通过再生柱和洗涤柱后的吸附剂循环使用。

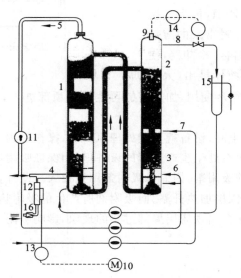

图 5-42　Fluicon 连续逆流式多级流化床操作工艺

1-负载柱;2-再生柱;3-洗涤柱;4-原水;5-软化水;6-洗涤水;7-再生水;8-盐水;

9-料面计;10-计量泵;11-循环泵;12-流量计;13、14-调节器;15-收集器;16-减压器

流化床吸附的主要特点是流化床内流体的流速高,传质系数大,床层浅,因而压降低,压力损失小;能连续或半连续操作,液体的沟流小,吸附剂相和液体相的流量控制相对比较简单;吸附物质通常采用加热方法解吸,经解吸的吸附剂冷却后重复使用。它的处理量通常为 $10 \sim 100 \ m^3/h$。它的实际工业应用不多。目前有磁性拟稳态流化床操作。

4. 参数泵法吸附操作

参数泵法是一种循环的非稳态操作过程。如果采用温度这个热力学参数作为其变换参数就称为热参数泵法。它分为两类,一类是直接式的,另一类是间接式的,后者其温度参数的变化是随流动相输入而作用于两相的,吸附器本身是绝热的。以间歇直接式热参数泵为例加以说明。如图 5-43 所示,吸附器内装有吸附剂,进料为组分 A 和 B 的混合物。对所选用的吸附剂而言,认为 A 为强吸附质,B 为弱吸附质或者是不能被吸附的物质。A 在吸附剂上的吸附平衡常数只是温度的函数,吸附器的顶端和底端各与一个泵连接,吸附器外夹套与温度调节系统连接。参数泵每一个循环分前、后两个半周期,吸附床温度有高温和低温,流动方向分别为上流和下流。当循环开始时,床层内两相在较高的温度下平衡,流动相中吸附质 A 的浓度与底部储槽内的溶液浓度相同,第一个循环的前半期,床层温度保持在高温下,流体由底部泵输送自下而上流动。床层温度等于循环开始前的温度,吸附质 A 既不在吸附剂上吸附,也不从吸附剂上脱吸出来。床层顶端流入到顶部储槽内的溶液浓度就等于循环开始之前储存于底部储槽内的溶液浓度。到半个周期终了,改变流体的流动方向,同时改变床层温度为低温,开始后半个周期,流体由顶部泵输送由上而下流动,吸附质 A 由流体相向固体吸附剂相转移,吸附剂相上 A 的浓度增加,床层底端流入到底部储槽内的溶液的浓度低于原来此储槽内溶液的浓度。接着开始第二个循环,前半个周期,在较高床层温度的条件下,A 由固体吸附剂相向液相转移,床层顶端流入到顶端储槽内的溶液的浓度高于第一个循环前半个周期收集到的溶液浓度。如此重复循环,组分 A 在顶端储槽内的浓度增浓,相应地组分 B 在底部储槽内增浓。在外加能量的作用下,可使吸附质 A 从低浓度区流向高浓度区,达到 A、B 组分的分离。

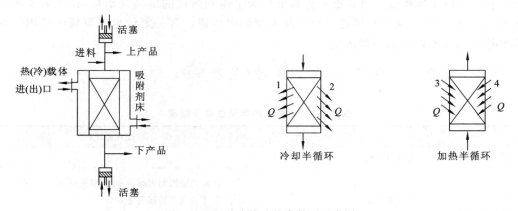

图 5-43　间歇直接式热参数泵示意图

这种以温度作为参数的参数泵,由于流体正反流动,会造成设备的机械结构的复杂,加上固体的热容量大,传热系数小,效率低。目前工业尚未应用,但由于其在分离过程中无需引入另一种流体更新吸附剂床层,在较小的设备中可获得很高的分离效果。近年来已用于烷烃和芳烃异构物、果糖与葡萄糖的分离研究。

(二) 溶剂

为了获得物质的最佳分离,尤其是极性相差大的物质,应采用洗脱能力递增的流动相。由于竞争作用的存在,凡吸附力强的溶剂也就是较强的洗脱剂。量度溶剂洗脱能力大小的是溶剂强度 ε^0,它代表溶剂在单位标准活度吸附剂表面上的吸附能。对各种溶剂来说,采用以戊烷的 ε^0 为零的相对值。通过工具书可以查到一系列溶剂在氧化铝层析系统中的 ε^0 值,同时给出它们的一些物理性质。吸附剂不同,ε^0 值也不同,与氧化铝的 ε^0 值有一个折算系数。折算关系为：$\varepsilon^0(SiO_2)=0.77\varepsilon^0(Al_2O_3)$，$\varepsilon^0$（硅酸镁，florisil）$=0.52\varepsilon^0$（$Al_2O_3$），$\varepsilon^0(MgO)=0.58\varepsilon^0(Al_2O_3)$。

对非极性吸附剂来说，非特异性的色散力是决定性因素，在这些情况下洗脱能力大概是随溶剂相对分子质量增加而增加的。碳的洗脱能力的顺序与表 5-6 给出顺序相反，其递增顺序为水、甲醇、乙醇、丙酮、丙醇、乙醚、丁醇、乙酸乙酯、正己烷、苯。对聚酰胺来说，递增顺序是水、甲醇、丙酮、甲酰胺、二甲基甲酰胺、氢氧化钠的水溶液。

低黏度溶剂可以提高柱效。一般选择黏度在$(0.4\sim0.5)\times10^{-3}$ Pa·s的溶剂并不困难。有很多溶剂的黏度为$(0.2\sim0.3)\times10^{-3}$ Pa·s，它们可与黏度较大的溶剂混合，以降低流动相黏度。

实用中，为了有效调节溶剂洗脱强度，常使用二元溶剂。好的溶剂搭配往往能提高分辨能力。洗脱强度直接与容量因子 k' 相关，而不同的"溶剂对"组成的流动相，即使强度相同，却可以有不同的分离因子。正确的溶剂选择是层析条件优化的重要方面。

吸附剂是用一定量水减活的，在操作过程中如果含水量变化，会使柱性能变坏。要使吸附剂中的水分不变化，就要求溶剂中有适当的含水量。从理论上说，要维持一定的含水量就要使溶剂中水的热力学活度与吸附剂上水的热力学活度相等，这样才能避免水的宏观迁移。实践中做到这一点是很不容易的。为了得到溶剂的适当含水量，往往需要细心地调整，使吸附柱对某一检测物质有重复不变的保留值。含一定量水的溶剂往往用饱和了水的溶剂与不含水的溶剂来配制。

（三）吸附操作中常见故障及处理（见表 5-9）

表 5-9　吸附操作中常见故障及处理

异常现象	原　因	处理方法
吸附柱堵塞	① 粗物料堵塞	
吸附剂污染	① 吸附剂上堆积了杂质 ② 吸附剂结块 ③ 吸附剂受到不可逆污染 ④ 合成的吸附剂中残留物质的污染	① 除去吸附剂表面的杂质，浸泡清洗 ② 疏松或填补新的吸附剂 ③ 吸附剂的复苏处理，再生 ④ 浸泡或反复冲洗
吸附能力下降	① 吸附过程中气相的压力的波动 ② 温度的影响 ③ 通气吹扫不干净 ④ 冲洗解吸不完全 ⑤ 置换解吸不完全 ⑥ 吸附剂的再生不完全 ⑦ 料液的性质和料液的流速 ⑧ 发生沟流或局部不均匀现象 ⑨ 溶剂的影响	① 调整吸附过程中的压力 ② 调整温度 ③ 通气吹扫干净 ④ 冲洗解吸完全 ⑤ 置换解吸完全 ⑥ 吸附剂的再生完全 ⑦ 控制料液的性质和料液的流速 ⑧ 避免沟流或局部不均匀现象 ⑨ 选择合适的溶剂

续表

异常现象	原　因	处理方法
床层局部过热	① 床层的热量输入和导出均不容易 ② 吸附床层导热性差 ③ 吸附剂磨损不均匀性 ④ 发生沟流或局部不均匀现象	① 再生后还需冷却,延长了再生时间 ② 选择适宜的吸附剂 ③ 减少磨损或更换吸附剂 ④ 避免沟流或局部不均匀现象
操作不稳定	① 固定床切换频率 ② 床层中的吸附量不断增加 ③ 床层中各处的浓度分布不均和变化 ④ 发生沟流或局部不均匀现象 ⑤ 料液的性质和料液的流速	① 调整固定床切换频率 ② 及时地进行再生操作 ③ 避免床层中各处的浓度分布不均和变化 ④ 避免发生沟流或局部不均匀现象 ⑤ 控制料液的性质和料液的流速

七、吸附层析的工业应用实例

（一）氧化铝对芳香族化合物的分离

虽然硅胶有很多优点,如化学惰性高,线性容量高(增加样品量时保留时间恒定)、柱效高,容易得到,但对某些类别的化合物,氧化铝有更高的分离因子 α,此时吸附剂类型的选择就变得重要了。对于苯系物,氧化铝的分离比硅胶好得多,氧化铝对于相似的苯系物,甚至同分异构体都能很好地分离。图 5-44 给出了氧化铝分离苯系异构体的 α 值。α 与溶剂有关,图中给出的是所得到的最大值。可以看到,给出的 α 有时是非常大的,一般液体色谱都难以达到。

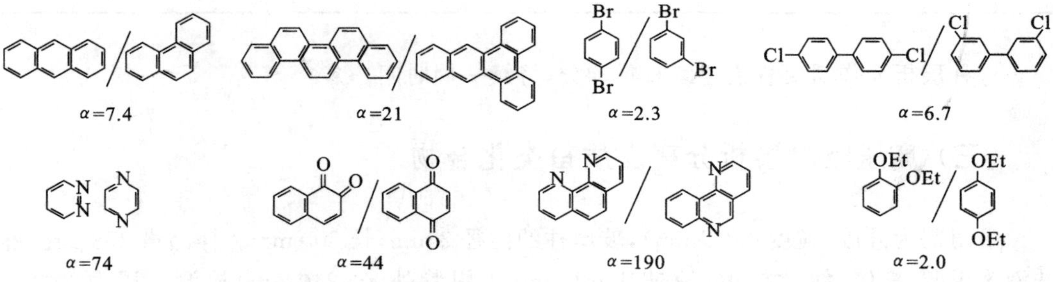

图 5-44　以氧化铝为吸附剂分离芳香族异构体

（二）倍半萜烯物的分离

这是一个较大规模分离的例子。25 kg 含有倍半萜烯的植物组织经磨碎,以石油醚萃取,得 200 g 萃出物。分离用的柱了内径 6 cm,装 Al_2O_3 5.5 kg,含水 6%。用洗脱能力递增的溶剂进行分步淋洗,萃出物被分成 14 个馏分,见表 5-10。

用石油醚-乙醚（4∶1）硅胶薄层层析法对各馏分进行分析，表明在馏分 4、5～7 和 11～14 中含有呋喃倍半萜烯化合物。

25 g 馏分 11 用 5 kg 中性氧化铝装成的柱通过石油醚-乙醚（1∶1）再次进行分离，每一馏分是 10～15 mL。这些馏分用硅胶 G(merck)薄层层析，用石油醚-乙醚（6∶4）经 5 次展开，适当合并之后得到下列纯物质：

(1) 森林千里光素 A，R_f＝ 0.57，7.2 g。
(2) 森林千里光素 B，R_f＝ 0.55，3.4 g。
(3) 森林千里光素 C，R_f＝ 0.52，2.9 g。

这里的 R_f 值是薄层上组分斑点的比移值。

表 5-10　吸附层析分离倍半萜烯馏出液的 14 个馏分

馏　分	淋洗剂	体积/mL	含萃出物/g
1	石油醚	2 000	0
2	石油醚	2 000	3.5
3	石油醚-苯(1∶1)	3 000	16.4
4	苯	1 500	9.5
5	苯	2 500	5.4
6	苯	1 000	8.0
7	苯	1 500	8.5
8	苯	2 500	10.8
9	苯	2 500	3.5
10	苯-5%乙醇	2 000	10.8
11	苯-5%乙醇	2 000	77.3
12	苯-5%乙醇	1 000	16.0
13	苯-5%乙醇	500	4.5
14	苯-5%乙醇	1 500	2.6

这种层析操作需要昼夜连续收集馏分，持续一周时间。

（三）高压吸附层析分离皮质甾类化合物

吸附剂为硅胶（粒度 0.04 mm），玻璃柱的内径 2 mm，长 300 mm。样品量 278 μg。淋洗液为甲醇-氯仿，线性梯度，流速 1 mL/min。用紫外光（240 μm）检测。压力 3.4～4.08 MPa。流出曲线如图 5-45 所示。横坐标是流出时间（t），纵坐标是检测器响应。

高压液相层析所用时间比重力层析大大缩短。在本例中操作的物质量是很少的，主要用于分析目的。在许多情况下增大柱径会导致好的效果，这是因为吸附剂可以填充得更均匀，此外还有"无限直径"效应，即溶液在洗脱过程中难以接触柱壁，使流速变得均匀。图 5-46 是用制备规模的高压吸附色层柱分离三个皮质甾体人工混合物的流出曲线。吸附剂为硅胶 H(merck)，粒度 20～50 pm，样品脱氧皮质甾酮共 200 mg。淋洗液为二氯甲烷-甲醇（9∶1），流速 60 mL/min，压力 1.05 MPa，用紫外光（254 nm）检测，纵坐标是透射比。

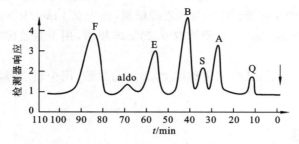

图 5- 45 皮质甾类混合物的高压吸附层析分离

被分离物质：A 11-脱氢皮质甾酮；B 皮质甾酮；E 皮质酮；
F 皮质醇；Q 脱氧皮质甾酮；S 11-脱氧皮质醇；aldo 醛固酮

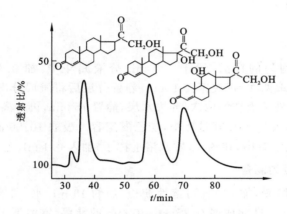

图 5-46 制备高压层析分离皮质甾体

更大规模的制备色层的分离技术也是可能的，有可能分离数克乃至数百克的物质。对于某些生化物质和药物而言，这样的量是颇为可观的。

技能训练一 薄层层析法测定果酱中苯甲酸、山梨酸的含量

一、实验原理

先将样品酸化，然后用乙醚提取苯甲酸和山梨酸。再将提取液浓缩，点样于聚酰胺板上，经展开、显色后，并与标准点比较可进行定量计算。

二、实验试剂

6 mol/L HCl（1∶1），乙醚（除去过氧化物），4％ NaCl 酸性溶液，无水乙醇，无水硫酸钠，聚酰胺粉（200 目）。

展开剂：正丁醇：氨水：无水乙醇(7+1+2)，异丙醇：氨水：无水乙醇(7+1+2)。

显色剂：0.04%溴甲酚紫(用50%的乙醇配制，并用0.1 mol/L NaOH调至pH＝8)。

苯甲酸标准液(2 mg/mL)：精密称取0.20 g苯甲酸，用少量乙醇溶解后移入100 mL容量瓶中定容。

山梨酸标准液(2 mg/mL)：精密称取0.20 g山梨酸，用少量乙醇溶解后移入100 mL容量瓶中定容。

三、实验仪器

玻璃板(10 cm×18 cm)，微量注射器(10 μL,20 μL)，层析缸，喷雾器，吹风机。

四、实验操作

1. 样品处理

称取25 g混合均匀的样品，置于100 mL分液漏斗中，加0.5 mL HCl酸化，用15 mL、10 mL乙醚提取两次，每次振摇1 min，静置分层后将醚层分出，合并乙醚提取液。用3 mL 4% NaCl酸性溶液洗涤两次，弃去水层，静置15 min，再分离出水层，将乙醚提取液通过无水硫酸钠移入25 mL容量瓶中，加乙醚定容。吸取10.00 mL乙醚提取液分两次置于10 mL具塞离心管中，在约40 ℃水浴上挥干，加入0.1 mL乙醇溶解残渣，备用。

2. 聚酰胺薄层板的制备

称取1.6 g聚酰胺粉，加0.4 g可溶性淀粉，加约15 mL水，研磨3 min，在10 cm×20 cm玻璃板上使其均匀即涂成厚0.25～0.30 mm的薄层，室温下干燥1 h，置于烘箱内80 ℃干燥1 h，取出后置干燥器中备用。

3. 点样

在距薄层板下端2 cm的基线上，用微量注射器点1 μL、2 μL样品液，同时分别点1 μL、2 μL苯甲酸、山梨酸标准溶液，点间距1.5 cm。

4. 展开显色

将点样后的薄层板放入预先盛有展开剂的展开槽中，展开槽内壁贴有滤纸，待溶剂前沿上展至10 cm，取出挥干，喷显色剂，斑点黄色，背景蓝色。

5. 定性与定量

把样品斑点与标准斑点比较，若与标准斑点同一位置线上出现样品斑点，说明样液中存在苯甲酸或山梨酸。然后根据斑点的面积大小及颜色深浅确定样品点的苯甲酸、山梨酸的含量，再进行计算。

五、计算

样品中苯甲酸(山梨酸)的含量：

$$(g/kg) = \frac{A \times 1000}{m \times 10 \div 25 \times V_2 \div V_1 \times 1000}$$

式中，A——点样用样液中苯甲酸(山梨酸)的含量，mg；

m——称取的样品质量，g；

V_1——溶解残渣时加乙醇体积，mL；

V_2——点样的体积，mL。

阅 读 材 料

其他层析分离法

一、分配层析

分配层析是利用被分离组分在固定相或流动相中的溶解度的差别即两相间的分配系数不同而实现分离的。

这种层析法主要在气-液层析或液-液层析系统中实现。在支持物上形成部分互溶的两相系统。一般是水相和有机溶剂相。常用支持物是硅胶、纤维素和淀粉等，这些亲水物质能储留相当量的水。被分离物质在两相中都能溶解，但分配比例不同时，展层就会形成以不同速率向前移动的区带。由于待分离物(溶质)在流动相和固定相溶解度不同而造成的分配不同是分配层析分离的根据。对液-液层析而言，流动相的极性比固定相要小。例如，用吸附在硅胶上的水作固定相，用氯仿作流动相，分离乙酰化的氨基酸。如果把这个关系颠倒过来，用极性强的液体作流动相，则称为反相分配层析。如果把某种萃取剂附于一定支持物上，用水溶液作流动相分离金属离子就是上反相分配色层的一种，称为萃取层析。

二、亲和层析

生物体中许多大分子具有能与相对应的专一分子进行可逆结合的亲和反应的特点。例如，抗体与抗原、基因与核酸、酶与辅酶、激素与细胞受体等。亲和层析是利用生物分子间专一的亲和力进行分离的一种层析技术。人们很早就认识到蛋白质、酶等生物大分子物质能和某些相对应的分子专一而可逆地结合，可以用于对生物分子的分离纯化。但由于技术上的限制，主要是没有合适的固定配体的方法，所以在实验中没有广泛的应用。直到 20 世纪 60 年代末，溴化氰活化多糖凝胶并偶联蛋白质技术的出现，解决了配体固定化的问题，使得亲和层析技术得到了快速的发展。亲和层析是分离纯化蛋白质、酶等生物大分子最为特异而有效的层析技术，分离过程简单、快速，具有很高的分辨率，在生物分离中有广泛的应用。同时它也可以用于某些生物大分子结构和功能的研究。亲和层析的基本过程如图所示。

（1）亲和吸附剂固定相制备。这是亲和色谱的关键技术。将与纯化对象 x 能专一地相互作用的配基 L 连接在不溶于水的载体上，制得固定化配基，称为亲和吸附剂。

（2）亲和吸附有利于进入色谱柱。亲和吸附含有纯化对象 x 的溶液，在有利于 x 与配基 L 形成配合物的条件下进入色谱柱。在柱中只有 x 能被吸附到吸附剂上，其余物质流出吸附柱。用缓冲溶液洗涤吸附柱,进一步除去杂质。

（3）亲和吸附有利于配合物离解。解吸用另一种与 x 有亲和力的 C 溶液或改变反应条件,促使 x 与配基形成的配合物离解而使 x 释放出来。

（4）柱再生。柱经过充分洗涤后可再生使用。

（一）亲和层析的基本原理

生物分子间存在很多特异性的相互作用,如我们熟悉的抗原-抗体、酶-底物或抑制剂、激素-受体等,它们之间都能够专一而可逆地结合,这种结合力就称为亲和力。

亲和层析的分离原理简单地说就是通过将具有亲和力的两个分子中的一个固定在不溶性基质上,利用分子间亲和力的特异性和可逆性,对另一个分子进行分离纯化。被固定在基质上的分子称为配体,配体和基质是共价结合的,构成亲和层析的固定相,称为亲和吸附剂。亲和层析时首先选择与待分离的生物大分子有亲和力的物质作为配体。例如,分离酶可以选择其底物类似物或竞争性抑制剂为配体,分离抗体可以选择抗原作为配体等。并将配体共价结合在适当的不溶性基质上,如常用的 Sepharose-4B 等。将制备的亲和吸附剂装柱平衡,当样品溶液通过亲和层析柱的时候,待分离的生物分子就与配体发生特异性地结合,从而留在固定相上;而其他杂质不能与配体结合,仍在流动相中,并随洗脱液流出,这样层析柱中就只有待分离的生物分子。通过适当的洗脱液将其从配体上洗脱下来,就得到了纯化的待分离物质。

前面介绍的一些层析方法,如吸附层析、凝胶过滤层析、离子交换层析等都是利用各种分子间物理化学特性的差异,如分子的吸附性质、分子大小、分子的带电性质等进行分离。由于很多生物大分子之间的这种差异较小,所以这些方法的分辨率往往不高。要分离纯化一种物质通常需要多种方法结合使用,这不仅使分离需要较多的操作步骤、较长的时间,而且使待分离物的回收率降低,也会影响待分离物质的活性。亲和层析是利用生物分子所具有的特异的生物学性质——亲和力进行分离纯化的。由于亲和力具有高度的专一性,亲和层析的分辨率很高,是分离生物大分子的一种理想的层析方法。

选择并制备合适的亲和吸附剂是亲和层析的关键步骤之一。它包括基质和配体的选择、基质的活化、配体与基质的偶联等。

（二）基质

基质构成固定相的骨架,亲和层析的基质应该具有以下一些性质:

（1）具有较好的物理化学稳定性。在与配体偶联、层析过程中配体与待分离物结合,以及洗脱时的 pH、离子强度等条件下,基质的性质都没有明显的改变。

（2）能够和配体稳定的结合。亲和层析的基质应具有较多的化学活性基团,通过一定的化学处理能够与配体稳定的共价结合,并且结合后不改变基质和配体的基本性质。

（3）基质的结构应是均匀的多孔网状结构,以使被分离的生物分子能够均匀、稳定的通透,并充分与配体结合。基质的孔径过小会增加基质的排阻效应,使被分离物与配体结合的概率下降,降低亲和层析的吸附容量。所以多选择较大孔径的基质,以使待分离物有充分的空间与配体结合。

（4）基质本身与样品中的各个组分均没有明显的非特异性吸附,不影响配体与待分离物的结合。基质应具有较好的亲水性,以使生物分子易于靠近并与配体作用。

一般纤维素以及交联葡聚糖、琼脂糖、聚丙烯酰胺、多孔玻璃珠等用于凝胶排阻层析的凝胶都可以作为亲和层析的基质，其中以琼脂糖凝胶应用最为广泛。纤维素价格低，可利用的活性基团较多，但它对蛋白质等生物分子可能有明显的非特异性吸附作用，另外它的稳定性和均一性也较差。交联葡聚糖和聚丙烯酰胺的物理化学稳定性较好，但它们的孔径相对比较小，而且孔径的稳定性不好，可能会在与配体偶联时有较大的降低，不利于待分离物与配体充分结合，只有大孔径型号的凝胶可以用于亲和层析。多孔玻璃珠的特点是机械强度好，化学稳定性好，但它可利用的活性基团较少，对蛋白质等生物分子也有较强的吸附作用。琼脂糖凝胶则基本可以较好地满足上述四个条件，它具有非特异性吸附低、稳定性好、孔径均匀适当、易于活化等优点，因此得到了广泛的应用，如 Pharmacia 公司的 Sepharose-4B、6B 是目前应用较多的基质。

这种方法建立在某些生物学和生物化学过程的特异性相互作用的基础上。这种特异相互作用选择性极高，如抗体和抗原，酶与其底物或抑制剂都是这样。将这样一对物质中的一种键合于固定相，就可以从流动相中高选择性地吸附另一种，而很少受其他物质的影响。

由于亲和吸附剂对目标组分具有高度的结合专一性，亲和层析具有极高的分离因子。能从含目标产物很稀的溶液中，一步提取得到纯度较高的产品，而且流程简单，分离迅速。它的产品回收率也比较高。亲和层析尤其适合于提取分离生化产品，是生化下游产品的重要分离手段，目前正受到国内外研究者的重视。

思 考 题

1. 解释下列名词：凝胶层析、离子交换层析、吸附层析、亲和层析、分配层析。
2. 凝胶层析中对凝胶有何要求？举例说明凝胶的性能。
3. 凝胶层析中为何要进行洗脱？怎样洗脱？
4. 查阅资料说明如何利用凝胶萃取技术分离牛血清蛋白和牛血红蛋白。
5. 离子交换树脂是怎样分类？
6. 大孔离子交换树脂与凝胶离子交换树脂相比，有何特点？
7. 怎样处理树脂？怎样装柱？分别需要注意什么？
8. 说明阳离子交换树脂和阴离子交换树脂的交换过程和洗脱过程。
9. 查阅资料说明如何利用离子交换树脂完成盐水（进入离子膜）的精制。
10. 吸附过程是怎样完成的？
11. 常用的吸附有哪些？举例说明。对吸附剂有何要求？
12. 吸附剂的再生方法有哪些？
13. 什么是阳离子交换剂？什么是阴离子交换剂？
14. 离子交换层析的基本原理是什么？
15. 简述亲和层析的基本原理和主要步骤。
16. 什么是配基？为什么要将配基偶联到载体上？
17. 什么是洗脱体积？凝胶层析中 K_d 对洗脱体积有何影响？

18. 在纸层析和薄层层析点样技术中,要求点样直径最好小于 2 mm,目的是什么?若点样斑点过大,会有何影响?

19. 一位学生做薄层层析时,没有找到层析缸,就想到用烧杯代替层析缸,这样可以吗?并说明原因。

20. 利用 R_f 值来鉴定化合物,要注意什么问题?

21. 什么是层析技术中的两相?

本模块主要符号及说明

英文字母

A/B——表示某一凝胶;

K——分配系数;

V_g——凝胶过滤介质的体积,m^3;

V_i——内水体积,m^3;

V_t——凝胶过滤层析的总床层柱的体积,m^3;

V_e——洗脱体积,m^3;

V_p——孔体积。m^3;

ρ_p——堆密度,kg/m^3;

ρ_g——骨架密度,kg/m^3;

W_s——加入的溶剂的质量,kg;

ρ_s——溶剂的密度,kg/m^3;

φ——孔度;

N——柱效,塔板/m;

W——峰宽;

L——层析柱长,m;

$d_{视}$——湿视密度,kg/m^3;

$d_{真}$——湿真密度,kg/m^3;

b——柱在该工作条件下的工作容量;

H——树脂层高;

W——单位时间流出液的体积,mL;

a——穿透体积;

ρ_1——吸附剂的表观密度,kg/m^3;

ρ_g——吸附剂的真实密度,kg/m^3;

ϵ_k——孔隙率;

V——交换树脂的体积,mL;

SV——空间流速,min^{-1};

C_s——溶质在固定相(吸附剂)中的浓度;

K_D——分配系数;

C_m——表示溶质在流动相中的浓度；

R_f——比移值；

η——柱的利用率；

α——分离因子；

ε——孔隙率。

下标

g——骨架；

i——内部的；

l——表观的；

t——总的；

m——流动相；

e——洗脱的；

s——吸收剂。

模块六　膜分离技术

知识目标

1. 了解膜分离特点和化工生产中的应用。
2. 学习分离膜的分类和特征。
3. 学习膜分离原理。
4. 掌握膜分离组件和流程。

能力目标

1. 理解膜使用要求。
2. 掌握膜分离系统组成。
3. 掌握膜分离操作和故障分析解决。

素质目标

1. 遵守操作规程和操作法。
2. 培养革新意识和创新思想。

　　膜分离过程是利用天然或人工合成的、具有选择透过能力的薄膜,在外界推动力作用下,将双组分或多组分体系进行分离、分级、提纯或富集的过程。分离膜可以是固体或液体膜。膜分离过程可用于液相和气相混合物的分离。对于液相分离,可用于水溶液体系、非水溶液体系、水溶胶体系以及含有其他微粒的水溶液体系。

　　膜分离现象在自然界特别是在生物体内广泛存在,但人类对其认识、利用、模拟直至人工制备的历史却很漫长。按照其开发的年代先后,膜分离过程有微孔过滤(MF,1930)、透析(D,1940)、电渗析(ED,1950)、反渗透(RO,1960)、超滤(UF,1970)、气体分离(GP,1980)和纳滤(NF,1990)。

　　膜分离技术被公认为 20 世纪末至 21 世纪中期最有发展前途的高新技术之一。膜分离技术目前已广泛应用于各个工业领域,并已使海水淡化、烧碱生产、乳品加工等多种传统的工业生产面貌发生了根本性的变化。膜分离技术已经形成了一个相当规模的工业技术体系。

单元一　认识膜分离

一、膜分离的分类

膜分离（membrane separation）是以选择性透过膜为分离介质，在膜两侧一定推动力的作用下，使原料中的某组分选择性地透过膜，从而使混合物得以分离，以达到提纯、浓缩等目的的分离过程。

膜分离所用的膜可以是固体、液体，也可以是气体，而大规模工业应用中多数为固体膜，本活动主要介绍固体膜的分离过程。

根据膜的性质、来源、相态、材料、用途、形状、分离机理、结构、制备方法等的不同，膜有不同的分类方法。

（1）按膜孔径的大小分为多孔膜和致密膜（无孔膜）。

① 多孔膜内含有相互交联的曲曲折折的孔道，膜孔大小分布范围宽，一般为 $0.1 \sim 20 \ \mu m$，膜厚 $50 \sim 250 \ \mu m$。对于小分子物质，微孔膜的渗透性高，选择性低。当原料中一些物质的分子尺寸大于膜平均孔径，另一些分子尺寸小于膜的平均孔径时，用微孔膜可以实现这两类分子的分离。微孔膜的分离机理是筛分作用，主要用于超滤、微滤、渗析或用作复合膜的支撑膜。

② 致密膜又称无孔膜，是一种均匀致密的薄膜，致密膜的分离机理是溶解扩散作用，主要用于反渗透、气体分离、渗透气化。

（2）按膜的结构分为对称膜（symmetric membrane）、非对称膜（asymmetric membrane）和复合膜（composite membrane）。

① 对称膜。膜两侧截面的结构及形态相同，且孔径与孔径分布也基本一致的膜称为对称膜。对称膜可以是疏松的微孔膜或致密的均相膜，膜的厚度在 $10 \sim 200 \ \mu m$ 范围内，如图 6-1（a）所示。致密的均相膜由于膜较厚而导致渗透通量低，目前已很少在工业过程中应用。

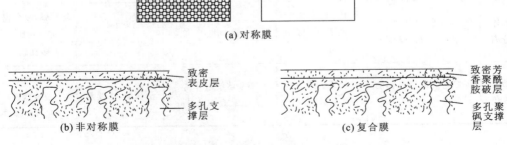

(a) 对称膜

(b) 非对称膜　　　　　　　　　　(c) 复合膜

图 6-1　对称膜、非对称膜和复合膜断面结构示意图

② 非对称膜。非对称膜由致密的表皮层及疏松的多孔支撑层组成,如图 6-1(b)所示。膜上、下两侧截面的结构及形态不相同,致密层厚度为 $0.1\sim0.5\ \mu m$,支撑层厚度为 $50\sim150\ \mu m$。在膜过程中,渗透通量一般与膜厚成反比,由于非对称膜的表皮层比致密膜的厚度($10\sim200\mu m$)薄得多,故其渗透通量比致密膜大

③ 复合膜。复合膜实际上也是一种具有表皮层的非对称膜,如图 6-1(c)所示,但表皮层材料与用作支撑层的对称或非对称膜材料不同,皮层可以多层叠合,通常超薄的致密皮层可以用化学或物理等方法在非对称膜的支撑层上直接复合制得。

对膜材料的要求是:具有良好的成膜性、热稳定性、化学稳定性,耐酸、碱、微生物侵蚀和耐氧化性能。反渗透、超滤、微滤用膜最好为亲水性,以得到高水通量和抗污染能力。气体分离,尤其是渗透蒸发,要求膜材料对透过组分优先吸附溶解和优先扩散。电渗析用膜则特别强调膜的耐酸、碱性和热稳定性。目前的膜材料大多是从高分子材料和无机材料中筛选得到的,通用性强,专用性强。

膜分离操作的推动力可以是膜两侧的压力差、浓度差、电位差、温度差等。依据推动力不同,膜分离又分为多种过程,表 6-1 列出了几种主要膜分离过程的基本特性。

表 6-1 膜分离过程主要特征

过程	分离目的	透过组分	截留组分	推动力	膜类型
微滤	溶液脱粒子 气体脱粒子	溶液 气体	$0.02\sim10\ \mu m$	压力差 100 kPa	多孔膜
超滤	溶液脱大分子 大分子溶液脱小分子	小分子溶液	$1\sim20$ nm 大分子	压力差 100~1 000 kPa	非对称膜
纳滤	溶剂脱有机组分、脱高价离子、软化、脱色、浓缩、分离	溶剂、低价小分子溶质	1 nm 以上溶质	压力差 500~1 500 kPa	非对称膜或复合膜
反渗透	溶剂脱溶质、含小分子溶质溶液浓缩	溶剂、可被电渗析的截留组分	$0.1\sim1$ nm 小分子溶质	压力差 1 000~10 000 kPa	非对称膜或复合膜
电渗析	溶液脱小离子、小离子溶质的浓缩、小离子分级	小离子组分	同性离子、大离子和水	电压	离子交换膜
气体分离	气体混合物分离、富集、特殊组分脱除	气体、较小组分或膜中易溶组分	较大组分	压力差 1 000~10 000 kPa	均质膜、复合膜、非对称膜、多孔膜
渗透气化	挥发性液体混合物的分离	膜内易溶组分或挥发组分	不易溶解组分或较大、较难挥发组分	分压差、浓度差	均质膜、复合膜、非对称膜

反渗透、纳滤、超滤、微滤均为压力推动的膜过程,即在压力的作用下,溶剂及小分子通过膜,而盐、大分子、微粒等被截留,其截留程度取决于膜结构。

反渗透膜几乎无孔,可以截留大多数溶质(包括离子)而使溶剂通过,操作压力较高,一般为 2~10 MPa;纳滤膜孔径为 2~5 nm,能截留部分离子及有机物,操作压力为 0.7~3 MPa;超滤膜孔径为 2~20 nm,能截留小胶体粒子、大分子物质,操作压力为 0.1~1 MPa;微滤膜孔径为 0.05~10 μm,能截留胶体颗粒、微生物及悬浮粒子,操作压力为 0.05~0.5 MPa。

电渗析采用带电的离子交换膜,在电场作用下膜能允许阴、阳离子通过,可用于溶液去除离子。气体分离是依据混合气体中各组分在膜中渗透性的差异而实现的膜分离过程。渗透气化是在膜两侧浓度差的作用下,原料液中的易渗透组分通过膜并气化,从而使原液体混合物得以分离的膜过程。

传统的分离单元操作,如蒸馏、萃取、吸收等,也可以通过膜来实现,即为膜蒸馏、膜萃取、膜吸收与气提等,实现这些膜过程的设备统称为膜接触器,包括液-液接触器、液-气接触器等。

二、膜分离的特点

膜分离技术目前已普遍用于化工、电子、轻工、纺织、冶金、食品、石油化工等领域。主要用于物质分离,如气体及烃类的分离、海水和苦咸水淡化、纯水及超纯水制备、中水回用和污水处理;生物制品提纯等。这些膜分离过程在应用中所占的比例大体为微滤35.7%,反渗透 13.0%,超滤 19.1%,电渗析 3.4%,气体分离 9.3%,血液透析 17.7%,其他17%。另外,膜分离技术还将在节能技术、生物医药技术、环境工程领域发挥重要作用。在解决一些具体分离对象时可综合利用几个膜分离过程或者将膜分离技术与其他分离技术结合起来,使之各尽所长,以达到最佳分离效率和经济效益。例如,微电子工业用的高标准超纯水要用反渗透、离子交换和超滤综合流程;从造纸工业黑液中回收木质素磺酸钠要用絮凝、超滤和反渗透。

膜分离技术需要解决的课题是进一步研制更高通量、更高选择性和更稳定的新型膜材料,以及更优的膜组件设计,这在很大程度上决定了未来膜技术的发展。

膜分离过程是以选择性透过膜为分离介质,原料组分则选择性地透过膜,以达到分离或纯化的目的,不同过程膜两侧推动力性质和大小不同。

微滤、超滤、纳滤和反渗透相当于过滤技术,用来分离含溶解的溶质或悬浮微粒的液体,其中溶剂和小溶质透过膜,而大溶质和大分子被膜截留。

电渗析用的是带电膜,在电场力推动下从水溶液中脱除离子,主要用于苦咸水的脱盐。反渗透、超滤、微滤、电渗析是工业开发应用比较成熟的四种膜分离技术,这些膜分离过程的装置、流程设计都相对成熟。

气体膜分离可以用来分离 H_2、O_2、N_2、CH_4、He,以及其他酸性气体 CO_2、H_2S、H_2O、SO_2 等。目前已工业化的气体膜分离体系有空气中氧、氮的分离,合成氨厂氮、氩、甲烷混合气中氢的分离,以及天然气中二氧化碳与甲烷的分离等。

渗透气化是唯一有相变的膜过程,在组件和过程设计中均有其特殊之处。膜的一侧为液相,在两侧分压差的推动下,渗透物的蒸气从另一侧导出。渗透气化过程分两步;一是原料液的蒸发;二是蒸发生成的气相渗透通过膜。渗透气化膜技术主要用于有机物-水、有机物-有机物分离,是最有希望取代某些高能耗精馏技术的膜分离过程。20世纪80年代初,有机溶剂脱水的渗透气化膜技术就已进入工业规模的应用。

三、典型膜分离原理

(一)渗透与反渗透

在一容器中,如果用半透膜把它隔成两部分,膜的一侧是溶液,另一侧是纯水(溶剂),由于膜两侧具有浓度差,纯水自发通过半透膜向溶液侧扩散,将这种分离现象称为渗透。渗透的推动力是渗透压。对于只能使溶剂或溶质透过的膜称为半透膜。半透膜只能使某些溶质或溶剂透过,而不能使另一些溶质或溶剂透过,这种特性称为膜的选择透过性。

反渗透是利用半透膜只透过溶剂(如水)而截留溶质(盐)的性质,以远大于溶液渗透压的膜两侧静压差为推动力,实现溶液中溶剂和溶质分离的膜分离过程。

许多天然或人造的半透膜对于物质的透过具有选择性。如图6-2所示,在容器中半透膜左侧是溶剂和溶质组成的浓溶液(如盐水),右侧是只有溶剂的稀溶液(如水)。渗透是在无外界压力作用下,自发产生水从稀溶液一侧通过半透膜向浓溶液一侧流动的过程。渗透的结果是使浓溶液侧的液面上升,一直到达一定高度后保持不变,半透膜两侧溶液的静压差等于两个溶液间的渗透压。不同溶液间有不同的渗透压。当在浓溶液上施加压力,且该压力大于渗透压时,浓溶液中的水就会通过半透膜流向稀溶液,使浓溶液的浓度更大,这一过程就是渗透的相反过程,称为反渗透。

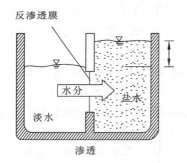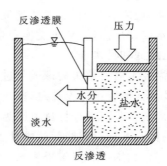

图6-2　渗透与反渗透示意图

反渗透过程有两个必备条件:一是要有一种高选择性、高透过率的膜;二是要有一定的操作压力,以克服渗透压和膜自身的阻力。

(二)反渗透和纳滤过程机理

反渗透技术已大量应用在不同溶液的分离中,不同溶质、不同膜的分离机理各不相同。目前,反渗透膜有两种截然不同的渗透机理,一种认为反渗透膜具有微孔结构,另一种则不认为反渗透膜存在微孔结构;选择性吸附毛细流动理论属于第一种机理的代表,氢键理论则属于第二种机理的代表。

1. 选择性吸附——毛细流动理论

选择性吸附——毛细流动理论把反渗透膜看作是一种微细多孔结构物质,这符合膜表面致密层的情况。该理论以吉布斯(Gibbs)吸附方程为基础,认为当盐的水溶液与多孔的反渗透膜表面接触时,如果膜具有选择吸附纯水而排斥溶质(盐分)的化学特性,即膜表面由于亲水性原因,可在固-液表面上形成厚度为 1 个水分子厚(0.5 nm)的纯水层。在施加压力作用下,纯水层中的水分子便不断通过毛细管流过反渗透膜;盐类溶质则被膜排斥,化合价越高的离子被排斥越远。膜表皮层具有大小不同的极细孔隙,当其中的孔隙为纯水层厚度的 1 倍(约 1 nm)时,称为膜的临界孔径。当膜表层孔径在临界孔径范围以内时,孔隙周围的水分子就会在反渗透压力的推动下,通过膜表皮层的孔隙流出纯水,因而达到脱盐的目的。当膜的孔隙大于临界孔径时,透水性增加,但盐分容易从孔隙中漏过,导致脱盐率下降;反之,若膜的孔隙小于临界孔径时,脱盐率增大,而透水性则下降。

2. 氢键理论

氢键理论把膜视为一种具有高度有序矩阵结构的聚合物,具有与水等溶剂形成氢键的能力,盐水中的水分子能与半透膜羰基上的氧原子形成氢键,形成"结合水"。在反渗透力推动的作用下,以氢键结合进入膜表皮层的水分子能够从第一个氢键位置断裂,转移到下一个位置,形成另一个新的氢键。这些水分子通过一连串的形成氢键和断裂氢键而不断移位,直至离开膜的表皮致密活性层进入多孔性支撑层,由于多孔层含有大量毛细管水,水分子畅通流出膜外,产生流出的淡水。

(三) 超滤和微滤的基础理论

超滤和微滤都是在静压差的推动力作用下进行的液相分离过程,从原理上说为筛孔分离过程。在一定的压力作用下,当含有高分子溶质和低分子溶质的混合溶液流过膜表面时,溶剂和小于膜孔的低分子溶质(如无机盐)透过膜,成为渗透液被收集;大于膜孔的高分子溶质被膜截留而作为浓缩液回收。膜孔的大小和形状对分离起主要作用,一般认为膜的物理化学性质对分离性能影响不大。

(四) 电渗析原理

电渗析法是在外加直流电场作用下,利用离子交换膜的选择透过性(阳膜只允许阳离子透过,阴膜只允许阴离子透过),使水中阴、阳离子做定向迁移,从而达到离子从水中分离的一种物理、化学过程。

图 6-3 为电渗析原理示意图。在阴极与阳极之间,将阳膜与阴膜交替排列,并用特制的隔板将这两种膜隔开,隔板内有水流的通道;进入淡化室(淡室)的含盐水,在两端电极接通直流电源后,即开始了电渗析过程,水中阳离子不断透过阳膜向阴极方向迁移,阴离子不断透过阴膜向阳极方向迁移,结果是含盐水逐渐变成淡化水。而进入浓缩室的含盐水,由于阳离子在向阴极方向迁移中不能透过阴膜,阴离子在向阳极方向迁移中不能透过阳膜,于是含盐水却因不断增加由相邻淡化室迁移透过的离子而变成浓盐水。这样,在电渗析器中分成

了淡水和浓水两个系统。同时,电极上发生氧化、还原反应,即电极反应。电极反应的结果是在阴极上不断产生氢气,在阳极上产生氯气。阴极室溶液呈碱性,生成 $CaCO_3$ 和 $Mg(OH)_2$ 水垢,集结在阴极上,而阳极室溶液呈酸性,对电极造成强烈的腐蚀。

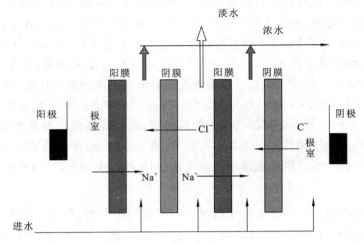

图 6-3　电渗析原理示意图

总体上,电渗析有三个不流系统:淡水室系统、浓水室系统、极水系统。淡化室出水为淡水,浓化室出水为浓盐水,极室产生 H_2、Cl_2、碱沉淀等电解反应产物。

电渗析膜分离技术的关键是离子交换膜,离子交换膜可以说是固态化的膜状离子交换树脂,是一种具有网状结构的立体而多孔的高分子聚合物,它是在高分子结构中引入了固定离解基因,其主要特点是具有离子选择透过性与导电性,在电渗析、扩散渗析及电解隔膜中得到广泛应用。离子交换膜分为阳离子交换膜(CM)和阴离子交换膜(AM)两种。用阳离子交换树脂制成的膜称为阳膜;用阴离子交换树脂制成的膜称为阴膜。导电性隔膜,除在有机电解合成,金属表面处理等方面,作电解隔膜应用外,在能量领域中的应用也在研究。

离子交换膜应有的特性有:对某类离子具有高的渗透选择性,低电阻,高机械稳定性,高化学稳定性。

四、膜性能参数

膜的性能包括膜的分离透过性能和理化稳定性两方面。膜的理化稳定性是指膜对压力、温度、pH 以及对有机溶剂和各种化学药品的耐受性。

膜的分离透过特性包括分离效率、渗透能量和和渗透通量衰减系数三个方面。

1. 分离效率

对于不同的膜分离过程和对象可以用不同的表示方法。对于溶液中盐、微粒和某些高分子物质的脱除等可以用脱盐率或截留率 R 表示。

$$R = \frac{C_1 - C_2}{C_1} \times 100\%$$

(6-3)

式中,C_1、C_2——原料液和透过液中被分离物质(盐、微粒或高分子物质)的浓度。

对于某些混合物的分离,可以用分离因子 α 或分离系数 β 表示。

$$\alpha = \frac{\dfrac{y_A}{1-y_A}}{\dfrac{x_A}{1-x_A}} \tag{6-4}$$

$$\beta = \frac{y_A}{x_A} \tag{6-5}$$

式中,y_A、x_A——原料液(气)和透过液(气)中组分 A 的摩尔分数。

2. 渗透通量

能够使被分离的混合物有选择地透过是分离膜的最基本条件。表征膜透过性能的参数是渗透通量,是指单位时间内通过单位面积的透过物质量。对于水溶液体系,又称透水率或水通量,以 J 表示。

$$J = \frac{V}{At} \tag{6-6a}$$

式中,J——透过速率,$\text{m}^3/(\text{m}^2 \cdot \text{h})$ 或 $\text{kg}/(\text{m}^2 \cdot \text{h})$;

V——透过组分的体积或质量,m^3 或 kg;

A——膜有效面积,m^2;

t——操作时间,h。

膜的透过速率与膜材料的化学特性和分离膜的形态结构有关,且随操作推动力的增加而增大。此参数直接决定分离设备的大小。

3. 通量衰减系数

因过程的浓差极化、膜的压密以及膜污染等原因,膜的渗透通量将随时间而减小,可用式(6-6b)表示。

$$J_\theta = J_0 \theta^m \tag{6-6b}$$

式中,J_0——初始时间的渗透通量,$\text{kg}/(\text{m}^2 \cdot \text{h})$;

J_θ——时间 θ 时的渗透通量,$\text{kg}/(\text{m}^2 \cdot \text{h})$;

θ——使用时间,h;

m——衰减系数。

对于任何一种膜分离过程,总是希望膜的分离效率高,渗透通量大,这二者之间往往存在矛盾:分离效率高,渗透能量小;渗透通量增加,分离效率低。实际生产中选择膜需在二者之间作出权衡。

单元二 膜分离装置

一、反渗透和纳滤装置

(一) 反渗透装置

反渗透膜分离技术研究方向主要是开发各种形式的膜组件。在工程应用中使用的是膜组件。膜组件是指将膜、固定膜的支撑材料、间隔物或管式外壳等组装成的一个单元。工业上应用反渗透膜组件有板框式、管式、中空纤维式和螺旋卷式。最常用的形式为螺旋卷式和中空纤维。4种膜组件性能及操作条件见表6-2。

表6-2　4种膜组件性能及操作条件

项目	螺旋卷式	中空纤维式	管式	板框式
填充密度/(m^2/m^3)	245	1830	21	150
料液流速/[($m^3/(m^2 \cdot s)$]	0.25~0.5	0.005	1~5	0.25~0.5
料液压降/MPa	0.3~0.6	0.01~0.03	0.2~0.3	0.3~0.6
易污染程度	易	易	难	中等
清洗难易	差	差	非常好	好
预过滤脱除组分/μm	10~25	5~10	不需要	10~25
相对价格	低	低	高	高

膜组件是将一定膜面积的膜以某种形式组装在一起的器件,在其中实现混合物的分离。

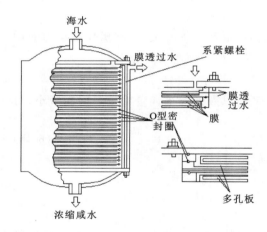

图 6-4　板框式膜组件

1. 板框式膜组件

采用平板膜,其结构与板框过滤机类似,用板框式膜组件进行海水淡化的装置如图6-4所示。在多孔支撑板两侧覆以平板膜,采用密封环和两个端板密封、压紧。海水从上部进入组件后,沿膜表面逐层流动,其中纯水透过膜到达膜的另一侧,经支撑板上的小孔汇集在边缘的导流管后排出,而未透过的浓缩咸水从下部排出。

2. 螺旋卷式膜组件

也是采用平板膜,其结构与螺旋板式换热器类似,如图 6-5 所示。它是由中间为多孔支撑板、两侧是膜的"膜袋"装配而成,膜袋的三个边黏封,另一边与一根多孔中心管连接。组装时在膜袋上铺一层网状材料(隔网),绕中心管卷成柱状,再放入压力容器内。原料进入组件后,在隔网中的流道沿平行于中心管方向流动,而透过物进入膜袋后旋转着沿螺旋方向流动,最后汇集在中心收集管中再排出。螺旋卷式膜组件结构紧凑,装填密度可达$830 \sim 1660 \ m^2/m^3$。缺点是制作工艺复杂,膜清洗困难。

3. 管式膜组件

膜和支撑体均制成管状,使二者组合,或者将膜直接刮制在支撑管的内侧或外侧,将数根膜管(直径10~20mm)组装在一起就构成了管式膜组件,与列管式换热器类似。若膜刮在支撑管内侧,则为内压型,原料在管内流动,如图 6-6 所示;若膜刮在支撑管外侧,则为外压型,原料在管外流动。管式膜组件的结构简单,安装、操作方便,流动状态好,但装填密度较小,为 $33\sim330\ m^2/m^3$。

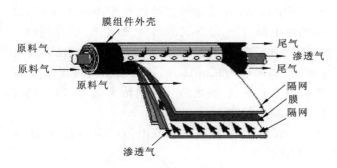

图 6-5　螺旋卷式膜组件

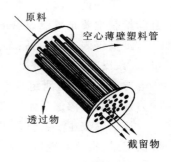

图 6-6　管式膜组件

将膜材料制成外径为 $80\sim400\ \mu m$、内径为 $40\sim100\ \mu m$ 的空心管,即为中空纤维膜。将大量的中空纤维一端封死,另一端用环氧树脂浇注成管板,装在圆筒形压力容器中,就构成了中空纤维膜组件,也形如列管式换热器,如图 6-7 所示。大多数膜组件采用外压式,即高压原料在中空纤维膜外侧流过,透过物则进入中空纤维膜内侧。中空纤维膜组件装填密度极大($10\ 000\sim30\ 000\ m^2/m^3$),且不需外加支撑材料;但膜易堵塞,清洗不容易。

(二)反渗透系统主要部件

1. 压力容器

压力容器(膜壳)用于容纳 $1\sim7$ 个膜元件,承受给水压力,保护膜元件。按照容纳的膜元件数,构成单元件组件至七元件组件。经过合理的排列组合,构成一个完整的脱盐体系。材质一般为增强玻璃钢,也有不锈钢。

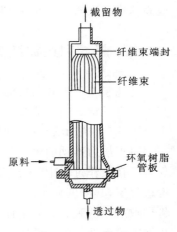

图 6-7　中空纤维膜组件

2. 高压泵

在反渗透系统中,高压泵提供反渗透膜脱盐时必需的驱动力。反渗透进水压力要远大于溶液的渗透压和膜的阻力。反渗透系统采用的高压泵大多为多级离心泵,也有用高速离心泵的。高速离心泵的特点是转速高、扬程大、体积小、维修方便,缺点是效率较低。对海水脱盐有时也选用柱塞泵,柱塞泵体积较大、结构复杂、维修较难、振动大、安装要求高,优点是流量与扬程无关、效率高,最高达 87%。

3. 保安过滤器

保安过滤器也称精密过滤器,一般置于多介质过滤器之后,是反渗透进水的最后一级过滤。要求进水浊度在 $2\ mg/L$ 以下,其出水浊度可达 $0.3\sim0.1\ mg/L$。在实际应用中,用于反渗透前置过滤时,可选用 5 μm 或 10 μm 滤芯。保安滤器的设计原则是安装方便、开启灵活、配水均匀、密封性好、留有余量。

4. 自动控制与仪器仪表

为了保证反渗透工程的安全运行和产水质量,对工程的自动化程度要求越来越高。自动控制主要是控制设备的启停、设备的再生和清洗、设备间的切换、加药系统的控制等。

测量仪表主要包括:①流量表,测定进水和产水的流量;②压力表,测定保安滤器进出口压力、反渗透组件进出口压力、产水压力、浓水压力;③pH 计,测定反渗透进出水 pH;④电导(阻)率仪,测定反渗透进水、产水的电导率,有些场合还包括浓水电导率的测量;⑤另外还有反渗透进水需要的温度计、SDI、氯表等。

控制仪表主要有低压开关、高压开关、水位开关、高氧化还原电位(ORP)表等,还有数据记录、报警系统以及各种电器指示、控制按钮。

5. 辅助设备

反渗透系统的辅助设备主要是停机冲洗系统和化学清洗装置。高压操作的海水淡化或高盐度苦咸水淡化系统,为节约能耗,需配备能量回收系统。

二、超滤和微滤装置

超滤膜组件形式与反渗透组件基本相同,有板框式、螺旋卷式、管式和中空纤维式。其中中空纤维式用得最多。中空纤维式分内压式和外压式两种操作模式,由于内压式进水分配均匀,流动状态好,而外压式流动不均匀,所以中空纤维超滤多用内压式。

对于压力推动的膜过程,无论是反渗透,还是超滤与微滤,在操作中都存在浓差极化现象。在操作过程中,由于膜的选择透过性,被截留组分在膜料液侧表面都会积累形成浓度边界层,其浓度大大高于料液的主体浓度,在膜表面与主体料液之间浓度差的作用下,将导致溶质从膜表面向主体的反向扩散,这种现象称为浓差极化,如图 6-8 所示。浓差极化使得膜面处浓度 c_i 增加,加大了渗透压,在一定压差 Δp 下使溶剂的透过速率下降,同时 c_i 的增加又使溶质的透过速率提高,使截留率下降。

膜污染是指料液中的某些组分在膜表面或膜孔中沉积导致膜透过速率下降的现象。组分在膜表面沉积形成的污染层将产生额外的阻力,该阻力可能远大于膜本身的阻力而成为过滤的主要阻力;组分在膜孔中的沉积,将造成膜孔减小甚至堵塞,实际上减小了膜的有效面积。膜污染主要发生在超滤与微滤过程中。

如图 6-9 所示的是超滤过程中压力差 Δp 与透过速率 J 之间的关系。对于纯水的超滤,其水通量与压力差成正比;而对于溶液的超滤,由于浓差极化与膜污染的影响,超滤通量随压差的变化关系为一曲线,当压差达到一定值时,再提高压力,只是使边界层阻力增大,却不能增大通量,从而获得一极限通量 J_∞。

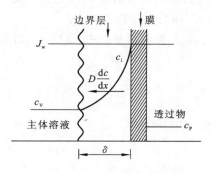

图 6-8　浓差极化模型

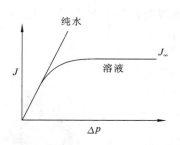

图 6-9　超滤通量与操作压力差的关系

　　由此可见,浓差极化与膜污染均使膜透过速率下降,是操作过程的不利因素,应设法降低。减轻浓差极化与膜污染的途径主要有:①对原料液进行预处理,除去料液中的大颗粒;②增加料液的流速或在组件中加内插件以增加湍动程度,减薄边界层厚度;③定期对膜进行反冲和清洗。

　　超滤装置基本操作模式有两种,即死端过滤和错流过滤。工业超滤装置大多采用错流式操作,在小批量生产中也采用死端过滤操作。错流操作流程可以分为间歇式和连续式两种。间歇操作适用于小规模生产过程,将一批料投入料液槽中,用泵加压后送往膜组件,连续排出渗透液,浓缩液则返加槽中循环过滤直到浓缩液浓度达到设定值为止。间歇操作浓缩速率快,所需面积最小。间歇操作又可以分为开式回路和闭式回路,后者可以减少泵的能耗,尤其是料液需经预处理时更有利。间歇操作流程如图 6-10 和图 6-11 所示。连续超滤操作常用于大规模生产产品的处理。闭式回路循环的单级连续操作效率较低,可采用多级串联操作。多级连续操作流程如图 6-12 所示。

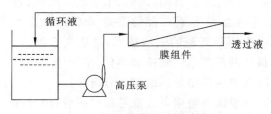

图 6-10　间歇操作开式回路流程

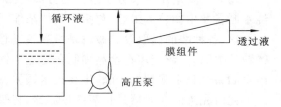

图 6-11　间歇操作闭式回路流程

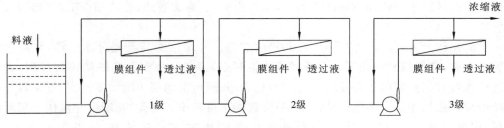

图 6-12　多级连续操作流程

微孔过滤与超滤、反渗透都是以压力为推动力的液相膜分离过程。三者并无严格的界限,它们构成了一个从可分离离子到固态微粒的三级分离过程。

微孔滤膜制备时大都制成平板膜,在应用时普遍采用褶页式折叠滤芯,如图 6-13 所示。

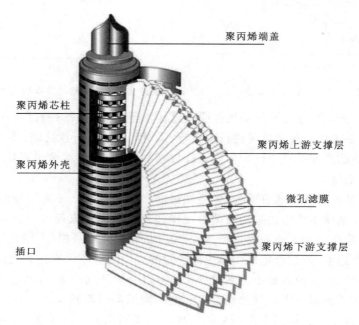

聚丙烯端盖

聚丙烯芯柱

聚丙烯上游支撑层

聚丙烯外壳

微孔滤膜

聚丙烯下游支撑层

插口

图 6-13 折叠滤芯结构图

超滤主要适用于大分子溶液的分离与浓缩,广泛应用在食品、医药、工业废水处理、超纯水制备及生物技术工业,包括牛奶的浓缩、果汁的澄清、医药产品的除菌、电泳涂漆废水的处理、各种酶的提取等。微滤是所有膜过程中应用最普遍的一项技术,主要用于细菌、微粒的去除,广泛应用在食品和制药行业中饮料和制药产品的除菌和净化,半导体工业超纯水制备过程中颗粒的去除,生物技术领域发酵液中生物制品的浓缩与分离等。

比较先进的微滤器是自清洗过滤器,将微孔滤膜像制造褶页式滤芯那样折叠,内径远大于普通滤芯,以便清洗头在里面运作。也有制成 PE 烧结管的形式,在工业应用时通过黏结达到设计长度,将很多烧结管排列在金属壳体里,构成一定处理能力的过滤装置。常规微滤膜组件以平板式和折叠滤芯为主,也有板框式、螺旋卷式、管式和中空纤维式(或毛细管式)。

微滤操作分为死端过滤(全过滤)和错流过滤。死端过滤与普通过滤一样,原料液置于膜的上游,在原料液侧加压或在透过液侧抽真空,溶剂和小于膜孔的颗粒透过膜,大于膜孔的颗粒被膜截留沉积在膜面上。随着过滤的进行,沉积层不断增厚压实,过滤阻力将不断增加。在操作压力不变的情况下,膜渗透能量将减小。因此,死端过滤操作必须间歇进行,定期对膜组件进行冲洗和反冲洗。全过滤方式的进水压力变化为 0.05～0.25 MPa,当进水压力增大到设计值时,需要进行反冲洗,死端过滤工艺能耗为 0.1～

$0.5\ kW\cdot h/m^3$ 渗透液。死端过滤优点是回收率高,缺点是膜污染严重。

错流过滤的原料液流动方向与滤液的流动方向呈直角交叉状态。在错流过滤操作中,原料液与膜面平行流动,所产生的湍流能够将膜面沉积物带走,因而不易将膜表面覆盖,避免膜速下降和膜污染程度减轻。错流方式的缺点是,为保证高回收率要有部分浓缩液回流至进料液,增加能耗。

固体含量小于 0.1% 的进料液通常采用死端过滤;固体含量为 0.1%~0.5% 的进料液要进行预处理或采用错流过滤;固体含量高于 0.5% 的进料液只能采用错流过滤。

三、透析装置

渗析(也称透析)是物理现象,用半透膜将容器分隔成两部分,如图 6-14 所示,一侧是含盐的蛋白质溶液,另一侧是纯水。蛋白质不能通过半透膜,故浓度没有变化;溶液中的低分子盐则通过半透膜向纯水侧扩散;而纯水侧的水也通过半透膜向溶液侧渗透,一直到两侧的盐和水达到动态平衡。

渗析是最早应用于工业生产的膜分离过程。渗析过程以溶质的浓度差为推动力,溶质顺浓度梯度的方向从浓溶液透过膜向稀溶液扩散。如果溶液含有两种以上的溶质,有的容易通过,有的不容易通过,则根据渗析速率的差异,可以实现组分的分离。扩散渗析的特点是不会产生像超滤(或反渗透)那样的高剪切力或高过滤压力以及电渗析的高电能等,而这些作用将使物质(氨基酸、乳状液、血球等)变质或产生机械破裂。

渗析可以分批操作或连续操作,连续渗析时有两种流动液体,一种是渗析液,另一种是水接收透过的溶质,称为扩散液。分批渗析时,在渗析膜两侧分别是渗析液和扩散液,易渗溶质从渗析液透过膜向扩散液移动,难渗溶质留在渗析液中,达到了溶质组分分离的目的。在渗析的同时,还伴有渗透,就是溶剂透过膜的迁移。渗透也是浓度差推动过程,是从扩散液向渗析液移动,与渗析相反。

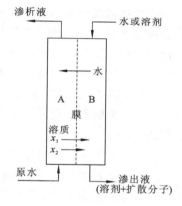

图 6-14　渗析原理

渗析分离的机理是膜对溶质分子的选择透过性。能通过低分子溶质而不能通过高分子溶质的半透膜可以作为渗析膜。渗析膜有两类,一类是不带电荷的微孔膜,它利用筛分和位阻的原理来选择透过溶质;另一类是带电荷的离子交换膜,除筛分和位阻作用外,还有电场的作用,对离子物质所荷电位作选择。

不带电荷的微孔膜对溶质的选择透过取决于膜的孔径和溶质分子的直径。主要用于从大分子溶液中洗脱盐分子等,或者从大分子溶液中分离、回收无机分子或小分子有机溶质。

离子交换膜的渗析则是依据膜的微孔壁面上所带的正负性来分离离子,阴离子交换膜带有固定的阳离子基团,能透过阴离子而阻滞阳离子,阳离子交换膜带有固定的阴离子交换基团,能透过阳离子而阻滞阴离子。根据电中性原则,电解质溶液中阴离子和阳离子必须配对存在。为此,在浓差渗析进行中,阴离子将带着阳离子透过阳膜,反之阳离子则将带着阴离子透过阴膜。基于氢离子和氢氧根离子的离子半径小,扩散系数大,故而它们胜过其他阴阳离子作为伴带离子而透过膜。渗析的结果是阴膜透过酸,阳膜透过碱。中性膜有渗析,是筛分过程,离子交换膜的渗析则是速率分离过程。离子交换膜对离子的选择透过性体现在各离子渗析速率的差别,渗析速率大的溶质透过膜的数量多,从而被分离出来。

根据离子膜的特性,阴膜渗析用于混合溶液的脱酸或废酸回收,阳膜渗析则用于碱的回收。离子膜渗析分离不需外加热量,不需外加化学品,操作简便,不产生二次污染。

单元三　膜分离操作流程

一、预处理过程

反渗透膜分离过程是所有膜分离过程中对进水水质要求最高的分离过程,完善的预处理过程是保证反渗透膜元件长期顺利运行的关键。反渗透膜对进水的 pH、温度、微量化学物质、悬浮物质、胶体物、乳化油等有明确的要求。预处理的目的:

（1）除去水中的悬浮物质和胶体物质。

（2）除去乳化油、浮油和有机物等。

（3）抑制和控制钙镁盐类化合物的形成,防止它们沉淀堵塞进水的通道或在膜表面形成涂层。

（4）调节并控制进水的 pH 和温度。

（5）防止微生物对膜组件的侵害和污染。

在上述预处理中,主要考虑两个方面:一方面是防止悬浮物质和胶体物质和微生物对膜和管道内部的污染与堵塞;另一方面是要防止难溶盐的沉淀结垢。两方面的处理结果都达到要求时,才能保证反渗透装置的正常运转。

（一）经常采用的反渗透预处理方法

（1）采用絮凝、沉淀、过滤或生物处理法去除水中的悬浮固体和胶体。

（2）用氯、紫外线或臭氧杀菌,以防止微生物、藻类和细菌的侵蚀。

（3）加阻垢剂或酸,防止钙、镁离子沉淀结垢。

（4）按照所用反渗透膜的种类和要求,严格控制进水 pH 和余氯含量,防止膜的水解和氧化。

（5）控制水温,保证膜处于良好的操作条件。

（二）预处理一般原则

（1）地表水中悬浮物、胶体类杂质多,可根据悬浮物含量采用不同的处理工艺。如悬浮物含量小于 50 mg/L 时,可采用直流混凝、过滤法。当悬浮物含量大于 50 mg/L 时,可采用直流混凝、澄清、过滤法。

（2）地下水含悬浮物、胶体类杂质较少,浊度和 SDI 值较低,由于长期缺氧,地下水存在 Fe^{2+}、Sr^{2+}、H_2S 等还原性成分。如果地下水含铁量小于 0.3 mg/L,悬浮物含量小于 20 mg/L 时,可采用直接过滤法。如果地下水含铁量大于 0.3 mg/L,应考虑曝气或锰砂过滤除铁,再考虑其他专家过滤工艺。

（3）原水中有机物含量较高时,采用加氯、混凝、澄清和过滤处理。若仍不能满足要求,可进一步采用活性炭过滤除去有机物。

（4）原水中碳酸盐硬度较高时,加药处理仍阻止不了 $CaCO_3$ 在反渗透膜上沉淀时可采用石灰软化处理。

（5）原水中硅酸盐硬度较高时,可加入石灰、氧化镁进行处理。

目前,采用微滤或超滤技术作反渗透系统预处理的"双膜法"技术,可以减少设备投资,提高水质,是行之有效的方法。

二、膜的选择及操作

在膜分离过程中,膜元件是整个系统的关键。根据进水水质、产水量和对产水水质的要求选择合适的膜元件,是工程质量的保证。目前,在国内膜市场上,反渗透膜和超滤膜以进口膜元件占主要份额,微滤膜是膜产品中用量最大产品,国内有很多微孔滤膜生产厂家,用途广泛。具体选择原则可参看膜过程实例部分及相关公司产品手册。

膜元件的安装、保存和运行必须遵循相关膜的操作规程,不正确的操作方法可能对膜元件造成不同程度的操作损伤,并导致膜元件性能下降。生产上膜装置不尽相同,其操作规程也有变化。生产操作中应严格执行操作规程,以反渗透装置和连续微滤装置为例介绍其操作过程。

（一）反渗透系统运行

反渗透系统安装完毕需经试运行后,方可进行投产运行。

1. 初次运行

（1）通过冲洗管道以及在高压泵前安装保安过滤器,防止金属屑、沙粒、纤维等异物进入膜组件内,并确认其有效性。

（2）确认预处理过程有效,保证进水满足膜对水质的要求。水质监测主要项目包括残留氯、低溶解度盐类、硅酸类、二氧化硅、进水 pH 和进水温度。

（3）反渗透装置的冲洗,排出残留在膜元件及膜壳内的空气。进行冲洗时,调节进水流量,以低压低流量直到浓水管出口或流量计不再有气泡冒出后,将流量逐渐升高,冲洗 30 min 左右。冲洗时,浓水侧和产水侧的阀门不能全部关闭,如果关闭产水侧的阀门则会造成膜元件的破裂。

（4）启动高压泵制水。高压泵启动前,通过调节高压泵出口阀的开度,防止瞬间的高流量和高压力损伤膜元件。启动高压泵后,尽量均速开启进水阀门,逐渐提高反渗透装置的进水压力,使浓水流量达到设计值。

(5)装置连续运行 1 h 后,进行水质分析,将合格的产水引入产水箱内,并记录装置初始运行数据。

2. 正常启动

(1)启动。浓水侧及产水侧阀门全部打开,关闭进水阀门后启动高压泵。慢慢打开进水阀门,使流量增加到冲洗流量,保持 1 min 以排除膜壳内的空气。

(2)运行调整。逐渐调节高压泵出口的反渗透装置进水阀,慢慢关闭反渗透装置浓水阀。在保持流量等于设计值的同时,注意产水流量的上升,并逐步调节,使回收率到达设计值。

3. 停止运行

(1)关闭进水泵。先关闭反渗透装置的进水阀,再停止高压泵。

(2)冲洗。打开全部浓水阀和产水阀,启动冲洗水泵,逐渐打开进水阀,直至冲洗流量达到设计值。冲洗 5 min,将装置内的浓水换成冲洗水。

(3)停止运行。逐渐关闭进水阀后,停止高压泵的运行。

(二)连续微滤系统操作

超滤和微滤装置基本操作模式有两种,死端过滤(全过滤)和错流过滤。超滤大多采用错流式操作,在小批量生产中也采用死端过滤操作。微滤操作根据固含量确定采用死端过滤和错流过滤。固体含量小于 0.1% 的物料通常采用死端过滤;固体含量 0.1%～0.5% 的原料液要进行预处理;固体含量大于 0.5% 的进料液只能采用错流过滤。死端过滤为间歇操作过程,错流过滤为连续过滤过程。

MEMCOR4/6/7M 10x 连续微滤(CMF)设备用于除去大于 0.2 μm 固体杂质。系统由微孔滤膜元件、进水泵、配套阀门、管道、仪表和控制系统构成。所有组件均固定在金属框架上,只需要简单将电路接线、进水管、压缩空气、排放和过滤管道连接到相应设备的接头即可。

1. 启动

在设备启动时,由 PLC(逻辑控制器)的启动控制步骤执行。进水罐的进水阀在液位开关控制下自动开关以维持液位。当进水罐的水到达中间液位时,启动 CMF 设备进水泵。在开始过滤前,系统必须运行 20 s 的空气清洗循环。

2. 过滤

原料液(进水)经泵进入过滤元件的膜壳侧。在过滤时,上边的进水阀和下边的进水阀都开启。滤液(产水)经由顶端和底端的产水出口流出,并流经过滤阀和控制阀到滤液流量计。滤液可以送往下一工序或再循环进水罐。

3. 反冲洗

微孔过滤存在膜污染和浓差极化,运行一定时间后,过滤速率会下降。通过反冲洗可以将沉积在膜表面的杂质从表面清除掉。反冲洗过程采用高压气体循环的方式进行,高压气体通入微孔滤膜纤维内并通过膜表面,以去除膜外表面吸附的微粒。进气由下到上流经膜元件,将洗脱下来的微粒冲出膜元件并带到反冲洗出口。

反冲洗在通常情况下是由 PLC 控制,按设定的时间间隔自动进行。反冲洗也可以手动方式进行。

4. 重新浸润

对于新膜或反冲洗后长时间未使用的膜,在微孔滤膜的毛细孔中可能会存有气泡。为保证膜元件的最大效率,必须使毛细孔完全充满液体。重新浸润过程可以驱走这些气泡。重新浸润是用液体将气体压到微孔滤膜的滤出液侧。被加压的液体将膜毛细孔吸附的气体赶至微滤膜元件壳侧,从而保证膜孔内完全充满水。

通常,在反冲洗后,自动进行两次重新浸润过程。在某些情况下,可以由 PLC 调节,从而在反冲洗后只进行一次重新浸润,也可以在过滤状态下手动进行。

5. 停止运行

在停机时,进水泵和所有的电磁阀都关闭。打开排气阀以使装置与大气连通,其目的是避免微生物的存在使内部压力升高。

三、膜的污染及清洗

尽管工程技术人员在设计时尽了最大努力,预处理方案也考虑得比较周全。在实际工程应用中,反渗透膜表面会由于原水中亚细微粒、胶体、有机物、微生物等污染物质的存在及运行过程中对难溶盐类的成倍浓缩而产生的沉积,形成对反渗透膜的污染。反渗透膜被污染后,就会出现系统产水量减少、脱盐率下降等膜性能方面的变化。另有 SiO_2、$MgCO_3$、MgSO4、$Al(OH)_3$、CaF_2 也会引起结垢。

(一)膜污染的发生与预防

对于反渗透膜来说,膜污染是指在膜表面形成污物层或膜孔被污物堵塞等外因而导致的膜性能下降。膜表面形成的污物层主要有水溶性大分子形成的凝胶层、难溶的无机物形成的结垢层以及水溶性大分子形成的吸附层。膜孔堵塞是由于水溶性大分子的表面吸附,以及难溶的小分子无机物在膜孔中结晶或沉淀。膜污染的特点是它所产生的产水量衰减是不可逆的,虽然可以根据不同污染原因采用相应的清洗方法使膜性能得到恢复,但是 100% 恢复是不可能的。

另一种应该竭力避免的现象是膜的劣化,膜的劣化是膜自身发生了不可逆转的损害,这种损害原因有三种:一是由于膜在强氧化剂或高 pH 下产生的化学反应,如水解、氧化;二是物理性变化,如长期高压操作导致膜压密以及长期停用时保管不善造成膜干燥;三是微生物造成的生物降解反应。

反渗透膜发生污染的原因有:①预处理不恰当,即设计的预处理系统不适合现有的原水水质及流量,或在系统内缺少某些必要的工艺装置和工艺环节;②预处理装置运行不正常,即预处理系统对原水浊度、胶状物等去除能力较低,达不到设计的预处理效果;③预处理系统设备(泵、配管及其他)选择不恰当或设备材质选择不正确;④加药(酸、絮凝/助凝剂、阻垢/分散剂、还原剂及其他)系统发生故障;⑤设备间断运行或系统停止使用后未采取适当的保护措施;⑥运行管理人员不合理的操作与运用;⑦膜组件内的难溶沉淀物长时间堆积;⑧原水组分变化较大或水源特性发生了根本的改变;⑧反渗透膜组件已发生了一定程度的微生物污染。

在膜的应用过程中很难完全避免膜污染和膜的劣化,但是这些产生膜污染和劣化的原因基本都为外界因素,所以可以根据工程的实际情况采取相应措施延缓或防止膜的污染与劣化。可采取的措施有:①完善预处理,在设计时按照用户提供的原水资料选择最佳预处理方案,絮凝、杀菌、调解 pH 等手段有助于除去大多数对膜有害的物质,合适的过滤和吸附设备也是保证进水质量的有效措施;②优化操作方式,对操作人员要进行培训,提高责任意识,尽量使反渗透系统在设计条件下操作;③使用抗污染膜元件,对于有些中水回用或污水处理项目要考虑使用抗污染膜元件,在选择时根据工程实际情况与膜厂家代表协商,以便对症下药;④有效的化学清洗,尽管采取各种措施只是延缓膜的污染速率,但是定期对膜进行必要的化学清洗,也是一种防止膜污染的方法。

(二)膜污染后的处理方法

当膜污染发生后,对于可能发生的膜污染情况进行分析,首先应认真研究所记录的、能反映设备运行状况的运行记录资料。确认原水水质情况,分析测定 SDI 值时残留在滤膜上的物质,分析反渗透保安滤器滤芯上的截留物。检查进水管内和反渗透膜组件进水端的沉积物。根据分析结果要尽快采取措施进行处理,可以使膜的性能恢复到更接近原性能。采用的方法分为物理方法和化学方法。

1. 物理方法

最简单的方法是采用反渗透产水冲洗膜表面,也可以采用水和空气混合流体在低压下冲洗膜面 15 min,这种处理方法简单,对于初期受有机物污染的膜的清洗是有效的。在设计时要设计停机冲洗设施,利用反渗透产水或者反渗透进水对反渗透膜组件进行冲洗,即置换出高倍浓水,又可以将膜面一些沉积物冲走。

2. 化学方法

每个膜厂家在其膜技术手册中,都会介绍他们允许的膜清洗剂配方。按照厂家提供的配方,首先要了解化学试剂的性能和使用方法。

(1)清洗试剂清洗试剂选择,必须考虑的是该试剂与所用反渗透膜的相容性,如膜的耐氧化性、适用 pH 范围、许用的最高温度等。

(2)清洗配方。膜污染是多种污染物一起沉淀在膜面上,因此清洗剂也是多种药品组成的。

清洗与否判断依据一般是按照膜提供商提供的资料,一般当有下述情况之一发生时应对反渗透膜系统予以清洗:

① 标准化后的产水量减少了 10%～15%;
② 标准化后的系统运行压力增加了 15%;

③ 标准化后膜的盐透过率较初始正常值增加了 10%～15%；

④ 运行压差比刚运行时增加了 15%。

建议以反渗透系统最初运行 25～48 h 所得到的运行数据为标准化后对比依据。反渗透设备的性能与压力、温度、pH、系统水回收率及原水含盐浓度等因素有关。因此，根据刚开车时得到的产水流量、进出水压力、膜前后压差及系统脱盐率数据与现有系统数据标准化后进行比较是非常重要的。对于设计优良和管理完善的反渗透系统来说，化学清洗的最短周期均应保证连续运行 3 个月以上，一般应达到 6～12 个月，否则就必须考虑对预处理系统或其运行管理方法进行改善。

（三）膜清洗过程

（1）首先用反渗透产水冲洗反渗透膜组件和系统管道。

（2）彻底清洗配药箱，在清洗过滤器中安装新滤芯。

（3）按照膜厂家推荐的配方用反渗透产水配制清洗液，并且保证混合均匀。在清洗前应反复确认清洗液 pH 和温度是否适宜。

（4）用清洗泵按照不大于 9 m^3/(h·每支 4 英寸组件压力容器)、2.3 m^3/(h·每支 4 英寸组件压力容器)的清洗流量向反渗透组件打入清洗液，压力小于 0.35 MPa，并把刚开始循环回来的部分清洗液排掉，防止清洗液被稀释。

（5）在保证流量和压力稳定的情况下，将清洗液循环 45～60 min，并注意保持清洗液温度稳定在室温至 40 ℃。对回流清洗液的浊度、颜色等直观情况进行观察，并随时检查回流清洗液 pH 变化情况。

（6）如果膜污染比较严重，可以在循环结束后停泵并关掉阀门，将膜元件浸泡在清洗液中，浸泡时间大致为 1h 或适当延长。为保证浸泡时的清洗液温度，也可采用反复进行循环与浸泡相结合的方式。一般来说，清洗液的温度至少应保持在 20～40 ℃，适宜的清洗液温度可增强清洗效果，温度过低的清洗液可能在清洗过程中发生药品沉淀。当清洗液温度过低时，应将清洗液温度升高到较为合适的温度后再进行清洗。

（7）在结束清洗液的浸泡之后，一般以推荐清洗流量再次循环清洗 20～45 min 为宜。然后用反渗透产水对反渗透膜组件进行冲洗，并将冲洗水排入下水道中。在确认冲洗干净后，即可重新运行反渗透设备。系统重新运行后 15 min 内的产水应排放掉，并检测系统的各项指标，决定是否进行下一配方的清洗。在采用多种药品进行清洗时，为防止化学药品之间的化学反应，在每次进行清洗前产水侧排出的水最好也应排净。

（8）对于多段排列的反渗透装置，应该分段进行清洗，可以防止在第一段被洗掉的污染物进入下一段，造成二次污染。

在停止冲洗前，按下述条件检验浓水：

① 浓水 pH 与进水 pH 相差 1 以内；

② 浓水电导与进水电导相差 100 以内；

③ 浓水无泡沫。

若以上三个条件均符合，则清洗完成。可以进行下步清洗或运行。

性能稳定的反渗透膜可适应较宽范围内的清洗药品，现在对于不同药品对膜的性能有无影响并没有明显的界限。但有一点是肯定的,那就是频繁的化学清洗会缩短膜的寿命。

按照正常情况,碱性清洗剂用于去除生物污染及有机物污染,而酸性清洗剂则用于去除铁铝氧化物等其他难溶性无机盐污染。

用户应尽可能使用在技术上比较先进的、专业公司提供的清洗药品。在不清楚所使用的药品对膜性能的影响,甚举还没有完全了解药品的清洗使用条件(温度及 pH)和有关清洗效果时,就盲目地、大规模地在系统中使用这种药剂是非常危险的。用户不仅要谨慎选择清洗药品,而且在清洗时应严格遵守药品的使用说明和工艺,并要仔细观察清洗时清洗液的 pH 和温度的变化。

超滤过程中,膜污染的主要原因是进料液中的微粒、胶体和大分子与膜之间存在的物理作用或机械作用,引起膜表面的沉积或膜孔堵塞。在工程应用上,必须定期对超滤膜进行冲洗和化学清洗。

(1)超滤膜反冲洗方法。超滤操作周期取决于进水质量,可以根据进水质量,按膜要求设定反冲洗时间间隔,可以是每小时 1 次到每天 1 次不等,反冲洗时间约为 30s。根据膜的污染情况,可以在反冲洗水中添加氯或过氧化物,有助于延缓膜的污染。反冲洗时采用"上"、"下"交替的方式,以保证反冲洗效果。

(2)超滤膜化学清洗。正常化学清洗是每年 2 次,采用静态浸泡和循环相结合的方法,可达到更好的清洗效果。普适清洗配方和过程如下:

首先,配制 200 mg/L NaClO 溶液,用 NaOH 调节 pH=11~12,用清洗泵循环 10~30 min,监测氯含量。然后用 200 mg/L NaClO 溶液静态浸泡,时间根据污染情况加以调整。进而用柠檬酸或硝酸冲洗,pH=1.5~2.5,时间 10~30 min。最后用超滤产水反冲洗 30 s,反冲洗水排放。清洗时,温度维持在 25~50 ℃。

微孔滤膜组件在运行过程中,遇到的重要问题同样是膜污染。微孔滤膜污染的主要原因是膜面滤饼层的形成和膜孔的堵塞。为防止和减缓膜污染,可以对进料液进行适当的预处理,如沉淀、过滤、吸附等;在操作方式上尽量采用错流过滤,采用全过滤时应设置定期反冲洗手段,可以是水(过滤液)洗或气洗,也可以两者结合;在微孔滤膜制备时可以考虑制备成不对称膜,减少膜孔堵塞;另外也可以在膜面施加电场,通过电场作用促进带电的微粒随料液流走。虽然采用上述的许多措施,微孔滤膜还是需要在污染严重时采用化学清洗,常用的化学清洗剂有酸(如 H_3PO_4 或乳酸)、碱(如 NaOH)、表面活性剂、酶、杀菌剂(如 H_2O_2 和 NaClO)、EDTA 等。

四、膜的再生

由于制造时造成的膜表面缺陷,以及在使用时产生的磨损、化学侵蚀(清洗剂、氧化剂)或水解,膜的脱盐率明显下降。为了恢复脱盐率特性,尝试采用化学处理法。

一般膜恢复过程的程序如下:

(1)对反渗透系统进行彻底清洗。

(2)重新运行系统,监测各项性能指标。

（3）分析判断有无机械问题。例如，形环、盐水密封圈是否损伤，如有则予以更换。对于高产水量、低脱盐率的膜元件应予以更换，或进行恢复处理。

（4）将进水 pH 调到 7.0～8.0（或停掉注酸泵）。

（5）制作恢复过程的溶液。根据膜使用手册推荐清洗液，配制符合要求的 pH 和浓度。

（6）用计量泵添加。严密监控产水 TDS、产水量和 d/p。

（7）当性能稳定，产水量减少或 d/p 增加超过规定时，则间断添加（一般在 1h 内）。

（8）用产水彻底冲洗化学药品配药槽和管路 15 min。

（9）正常工作，并开始添加酸。

（10）制备氯化锌溶液。将粉状氯化锌和产水配成 5%（质量分数）溶液，用盐酸调节 pH 至 4.0。

（11）持续将配好的溶液加入反渗透水，浓度为 10 mg/L，然后连续操作。

（12）考核性能，应在 72 h 内保持稳定。

技能训练一　纳滤反渗透膜分离实验

一、实验目的

1. 了解膜的结构和影响膜分离效果的因素，包括膜材质、压力和流量等。
2. 了解膜分离的主要工艺参数，掌握膜组件性能的表征方法。
3. 掌握膜分离流程。
4. 掌握电导率仪等检测方法。

二、基本原理

1. 膜分离简介

膜分离是以对组分具有选择性透过功能的膜为分离介质，通过在膜两侧施加（或存在）一种或多种推动力，使原料中的某组分选择性地优先透过膜，从而达到混合物的分离，并实现产物的提取、浓缩、纯化等目的的一种新型分离过程。其推动力可以为压力差（也称跨膜压差）、浓度差、电位差、温度差等。膜分离过程有多种，不同的过程所采用的膜及施加的推动力不同，通常称进料液流侧为膜上游、透过液流侧为膜下游。

微滤（MF）、超滤（UF）、纳滤（NF）与反渗透（RO）都是以压力差为推动力的膜分离过程，当膜两侧施加一定的压差时，可使一部分溶剂及小于膜孔径的组分透过膜，而微粒、大分子、盐等被膜截留下来，从而达到分离的目的。

四个过程的主要区别在于被分离物粒子或分子的大小和所采用膜的结构与性能。微滤膜的孔径范围为 $0.05～10\ \mu m$，所施加的压力差为 $0.015～0.2\ MPa$；超滤分离的组分是大分子或直径不大于 $0.1\ \mu m$ 的微粒，其压差范围为 $0.1～0.5\ MPa$；反渗透常被用于截留溶液中的盐或其他小分子物质,所施加的压差与溶液中溶质的相对分子质量及浓度有关,通常的压差在 2 MPa 左右,也有高达 10 MPa 的;介于反渗透与超滤之间的为纳滤过程,膜的脱盐率及操作压力通常比反渗透低,一般用于分离溶液中相对分子质量为几百至几千的物质。

2. 纳滤和反渗透机理

对于纳滤和超滤,筛分理论被广泛用来分析其分离机理。该理论认为,膜表面具有无数个微孔,这些实际存在的不同孔径的孔眼像筛子一样,截留住分子直径大于孔径的溶质和颗粒,从而达到分离的目的。应当指出的是,在有些情况下,孔径大小是物料分离的决定因素;但对另一些情况,膜材料表面的化学特性却起到了决定性的截留作用。例如,有些膜的孔径既比溶剂分子大,又比溶质分子大,本不应具有截留功能,但令人意外的是,它却仍具有明显的分离效果。由此可见,膜的孔径大小和膜表面的化学性质将分别起着不同的截留作用。纳滤分离作为一项新型的膜分离技术,技术原理近似机械筛分。但是纳滤膜本体带有电荷性。这是它在很低压力下仍具有较高脱盐性能和截留相对分子质量为数百的膜也可脱除无机盐的重要原因。

反渗透是一种依靠外界压力,使溶剂从高浓度侧向低浓度侧渗透的膜分离过程,其基本机理为 Sourirajan 在吉布斯吸附方程基础上提出的优先吸附——毛细孔流动机理,而后又按此机理发展为定量的表面力——孔流动模型(详见教材)。

3. 膜性能的表征

一般而言,膜组件的性能可用截留率(R)、透过液通量(J)和溶质浓缩倍数(N)表示。

$$R=\frac{C_0-C_p}{C_0}\times 100\% \tag{6-7}$$

式中,R——截流率;

　C_0——原料液的浓度,$kmol/m^3$;

　C_p——透过液的浓度,$kmol/m^3$。

对于不同溶质成分,在膜的正常工作压力和工作温度下,截留率不尽相同,因此这也是工业上选择膜组件的基本参数之一。

$$J=\frac{V_p}{St}[L/(m^2\cdot h)] \tag{6-8}$$

式中,J——透过液通量,$L/(m^2\cdot h)$;

　V_p——透过液的体积,L;

　S——膜面积,m^2;

　t——分离时间,h。

其中,$Q=V_p/t$,即透过液的体积流量,在把透过液作为产品侧的某些膜分离过程中(如污水净化、海水淡化等),该值用来表征膜组件的工作能力。一般膜组件出厂,均有纯水通量这个参数,即用日常自来水(显然钙离子、镁离子等成为溶质成分)通过膜组件而得出的透过液通量。

$$N=\frac{C_R}{C_p} \tag{6-9}$$

式中, N——溶质浓缩倍数;

C_R——浓缩液的浓度, kmol/m³;

C_P——透过液的浓度, kmol/m³。

该值比较了浓缩液和透过液的分离程度,在某些以获取浓缩液为产品的膜分离过程中(如大分子提纯、生物酶浓缩等)是重要的表征参数。

三、实验装置与流程

本实验装置均为科研用膜,透过液通量和最大工作压力均低于工业现场实际使用情况,流程图见 6-15。实验中不可将膜组件在超压状态下工作。主要工艺参数见表 6-3 所示。

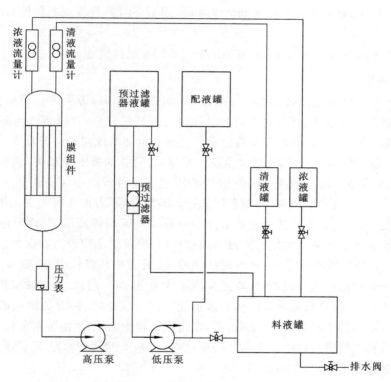

图 6-15 膜分离流程示意图

表 6-3 膜分离装置主要工艺参数

膜组件	膜材料	膜面积/m²	最大工作压力/MPa
纳滤(NF)	芳香聚纤胺	0.4	0.7
反渗透	芳香聚纤胺	0.4	0.7

反渗透可分离相对分子质量为 100 级别的离子,实验取 0.5%(质量分数)硫酸钠水

溶液为料液,浓度分析采用电导率仪,即分别取各样品测取电导率值,然后比较相对数值即可(可根据实验前作的浓度-电导率值标准曲线获取浓度值)。

四、实验步骤和注意事项

1. 实验步骤

(1)用清水清洗管路,通电检测高低压泵,温度、压力仪表是否正常工作。

(2)在配料槽中配制实验所需料液,打开低压泵,料液经预过滤器进入预过滤液槽。

(3)在低压预过滤5～10 min 后,开启高压泵,分别将清液、浓液转子流量计打到一定的开度,实验过程中可分别取样。

(4)若采用大流量物料(与实验量有关),可在底部料槽中配制相应浓度料液。

(5)实验结束,可在配料槽中配制消毒液(常用1%甲醛,根据物料特性),打入各膜芯中。

(6)对于不同膜分离过程实验,可采用安装不同膜组件实现。

2. 注意事项

(1)每个单元分离过程前,均应用清水彻底清洗该段回路,方可进行料液实验。清水清洗管路可仍按实验单元回路,对于微滤组件则可拆开膜外壳,直接清洗滤芯,对于另一个膜组件则不可打开,否则膜组件和管路重新连接后可能造成漏水情况发生。

(2)整个单元操作结束后,先用清水洗完管路,之后在储槽中配制 0.5%～1%浓度的甲醛溶液,用水泵逐个将保护液打入各膜组件中,使膜组件浸泡在保护液中。

该步操作如下:打开高压泵,控制保护液进入膜组件,压力也在膜正常工作下;调节清液流量计开度,可观察到保护液通过清液排空软管溢流回保护液槽中;调节浓液计开度,可观察到保护液通过浓液排空软管溢流回储槽中,说明反渗透膜浸泡在保护液中。

(3)对于长期使用的膜组件,其吸附杂质较多,或者浓差极化明显,则膜分离性能显著下降。对于预过滤和微滤组件,采取更换内芯的手段;对于超滤、纳滤和反渗透组件,一般先采取反清洗手段,即将低浓度的料液溶液逆向进入膜组件,同时关闭浓液出口阀,使料液反向通过膜内芯而从物料进口侧出液,在这个过程中,料液可溶解部分溶质而减少膜的吸附。若反清洗后膜组件仍无法恢复分离性能(如基本的截留率显著下降),则表面膜组件使用寿命已到尽头,需要更换新内芯。

五、思考题

1. 膜组件中加保护液有何意义?

答:为了防止灰尘或者微生物进入膜组件,造成堵塞或者破坏,从而起到膜的保护作用。

2. 查阅文献,什么是浓度极差? 有什么危害? 有哪些消除方法?

答:在超滤过程中,待浓缩循环液加压于膜面,由于小分子物质的透过,以及每根膜管内壁边界层的存在,膜内表面形成高浓区,其高浓度区呈圆筒状,以膜管中心为对称轴,均梯度地分布于膜内表面。在高浓度区内附着于膜内壁形成一个新的"皮",使小分子物质透过膜的阻力大大增加,因此产生了浓度极差。危害:小分子物质透过后,高浓度区内产生的浓度极差化是影响小分子物质透过速率的最主要因素。消除方法:选择更大流量,使流体流动状态处于或者接近于湍流,扩大分子对流,以破坏浓度极差的形成。

3. 为什么随着分离时间的进行,膜的通量越来越低?

答:随着小分子物质的透过,在膜内表面上形成一个高浓度区,浓度达一定程度时,形成膜内表面的二次薄膜,这层膜极大地增加了小分子物质的透过阻力,也使膜的有效管径变小,使之更易堵塞,因此膜的通量也越来越低。

4. 实验中如果操作压力过高或流量过大会有什么结果?

答:压力虽然是超滤的推动力,但压力也增加了浓度极差化的程度,所以超滤时,不能无限增加压力。流量越小,流体在膜管内的流动状态就越接近于层流,边界层就越厚。这显然增加了浓度极差化。

思 考 题

1. 膜分离技术的主要优缺点是什么?

2. 试比较膜分离的主要特征。

3. 工业应用的膜组件主要有哪几类?并比较其优缺点和主要应用。

4. 浓差极化是如何形成的?对膜分离有什么影响?工业上减弱浓差极化的措施有哪些?

5. 膜污染是如何形成的?主要判断标准是什么?如何清理污染和沉淀物?

6. 膜分离操作应主要注意哪些事项?

7. 膜分离的流程中的级和段是何含义?在分离中起什么作用?画出反渗透和电渗析主要流程。

8. 举例说明电渗析的应用。

9. 反渗透装置的主要设备是什么?请画出装置流程。

10. 描述膜过程的预处理过程。

11. 查阅资料设计纯水制备工艺。

12. 试说明阴、阳离子交换膜的特性。

13. 膜材料为什么具有选择渗透性?

14. 电渗析工作原理和离子交换膜的性能是什么?

15. 膜性能指标有哪些?膜的分离特性是如何表征的?

16. 什么是膜污染?如何减轻膜的污染?

17. 微滤膜的特点有哪些?

18. 简述超滤的分离机理与分离性能。

19. 膜污染的控制方法及膜的清理方法有哪些?

20. 制备无机膜常用的方法有哪些?

21. 浸没沉淀技术制备高分子中空纤维膜的过程,多孔膜的骨架和孔是怎么形成的?

市模块主要符号及说明

英文字母

C_b、C_m、C_p——组分在料液主体、膜表面和透过侧浓度;

C_1、C_2——原料液和透过液溶质浓度;

D——溶质在水中的扩散系数,$cm^2/(s \cdot Pa)$;

J_v——从边界层透过膜的溶质通量;$cm^3/(cm^2 \cdot s)$;

x_A——原料液(气)摩尔分数;

J_0——初始时间的渗透通量,$kg/(m^2 \cdot h)$;

m——衰减系数;

J_θ——时间 θ 时的渗透通量,$kg/(m^2 \cdot h)$;

y_A——透过液(气)摩尔分数。

希腊字母

α——分离因子;

β——分离系数;

θ——使用时间,h;

δ——膜的边界层厚度。

下标

0——初始;

A——表示组分 A;

1——原料液;

2——透过液。

参 考 文 献

陈欢林.2005.新型分离技术.北京:化学工业出版社.

邓修,吴俊生.2000.化工分离工程.北京:科学出版社.

法琪瑛,黄伯琴.2006.乙烯.北京:中国石化出版社.

贾绍义,柴诚敬.2007.化工传质与分离过程.北京:化学工业出版社.

蒋维钧,余立新.2005.化工分离工程.北京:清华大学出版社.

靳海波,徐新,何广湘,等.2008.化工分离工程.北京:中国石化出版社.

刘成梅,游海.2003.天然产物有效成分的分离与应用.北京:化学工业出版社.

刘茉娥.1998.膜分离技术.北京:化学工业出版社.

廖传华.2008分离过程与设备.北京:中国石化出版社.

潘文群.2006.传质与分离操作实训.北京:化学工业出版社.

宋华,陈颖.化工分离工程.2003.哈尔滨:哈尔滨工业大学出版社.

K·松德马赫尔.2004.反应蒸馏.朱建华,译.北京:化学工业出版社.

汤金石,赵锦全.1996.化工过程及设备.北京:化学工业出版社.

田亚平.2006.生化分离技术.北京:化学工业出版社.

王湛.2000.膜分离技术基础.北京:化学工业出版社.

伍钦,钟理,邹华生,等.2005.传质与分离工程.广州:华南理工大学出版社.

姚玉英,陈常贵,刘邦孚等.1992.化工原理(下册).天津:天津科学技术出版社.

易卫国,禹练英.2006.化工原理(下册).长沙:湖南科学技术出版社.

张文清.2007.分离分析化学.上海:华东理工大学出版社.

周立雪,周波.2002.传质与分离技术.北京:化学工业出版社.